高等教育“十三五”规划教材
陕西省“一流专业”矿物加工工程专业建设项目资助
陕西省教育科学“十三五”规划课题(SGH17H097)资助

采选概论

主　编　李　振　王纪镇
副主编　吕文玉　刘　博

中国矿业大学出版社
·徐州·

内容提要

本书包括采矿和选矿两部分。采矿部分主要以煤矿井田开拓和采煤方法为核心，兼顾井巷掘进与支护以及矿井准备方式等基础知识，同时涵盖部分非煤固体矿床地下开采和露天开采的基本概念。选矿部分主要讲述了选矿的基本概念、基本原理和主要选矿设备，重点讲述了重选、磁电选以及浮选的基本知识，同时涵盖了部分固液与尾矿处理的相关知识。本书可作为普通高等院校采矿工程和矿物加工工程专业的教材，也可供相关工程技术人员阅读和参考。

图书在版编目(CIP)数据

采选概论 / 李振，王纪镇主编. —徐州 ：中国矿业大学出版社，2019.12

ISBN 978 - 7 - 5646 - 2657 - 0

Ⅰ. ①采… Ⅱ. ①李… ②王… Ⅲ. ①矿山开采—高等学校—教材②选矿—高等学校—教材 Ⅳ. ①TD8②TD9

中国版本图书馆 CIP 数据核字(2019)第 249046 号

书　　名 采选概论
主　　编 李　振　王纪镇
责任编辑 褚建萍
出版发行 中国矿业大学出版社有限责任公司
(江苏省徐州市解放南路　邮编 221008)
营销热线 (0516)83884103　83885105
出版服务 (0516)83995789　83884920
网　　址 http：//www.cumtp.com　**E-mail**：cumtpvip@cumtp.com
印　　刷 江苏淮阴新华印务有限公司
开　　本 787 mm×1092 mm　1/16　**印张** 14.25　**字数** 356 千字
版次印次 2019 年 12 月第 1 版　2019 年 12 月第 1 次印刷
定　　价 35.50 元

前　言

本书介绍了采矿和选矿的基本知识。其中，采矿部分包括井田开拓的基本知识、井巷掘进与支护、准备方式、采煤方法、非煤固体矿床地下开采以及露天开采等内容；选矿部分介绍了选矿的基本概念、基本原理，主要选矿设备，重点讲述重选、磁电选以及浮选的基本知识，还适当讲述了固液与尾矿处理的相关知识。本书可作为采矿工程、矿物加工工程专业本科生专业教材，也可作为从事采矿、矿物加工行业的工程技术人员的参考书。

本书由李振和王纪镇担任主编，吕文玉和刘博担任副主编。本书编写分工如下：第一、四章由西安科技大学吕文玉编写；第二、三章由西安科技大学李季编写；第五章由西安科技大学孙伟博编写；第六章由西安科技大学肖双双编写；第七章由西安科技大学刘博编写；第八、九、十、十二章由西安科技大学王纪镇编写；第十一章由西安科技大学李振编写；第十三章由中煤西安设计工程有限责任公司史培宁编写。

感谢西安科技大学、中国矿业大学出版社、自然资源部煤炭资源勘查与综合利用重点实验室等单位的大力支持和帮助。

感谢陕西省“一流专业”矿物加工工程专业建设项目、陕西省教育科学“十三五”规划2017年度课题（课题编号：SGH17H097）“矿物加工工程新工科模式下校企合作协同育人机制的研究与实践”与陕西省高等教育学会2017年度高等教育科学研究项目（项目编号：XGH17082）“以‘校企合作、协同育人’为特征的矿物加工工程新工科模式研究”在本书出版时提供的经费支持。

本书在写作过程中还参考或引用了国内外诸多专家学者的文献、研究成果，在此表示真挚的感谢和敬意。

由于水平所限，书中疏漏和不妥之处在所难免，恳请读者不吝批评指正。

编　者

2019年9月

目　录

第一章 井田开拓

井田开拓是矿井建设的关键组成部分，是指为整个矿井和各水平开采进行的总体性的井巷布置、工程实施和开采部署。井巷布置和工程实施包括设计和开掘由地表通达采区、盘区或带区的各种井巷。开采部署是对井田内各开采煤层的开采方法和顺序作出总体性的安排。井田开拓解决的是矿井全局性的生产建设问题，是矿井开采的战略部署。

第一节 井田开拓基本知识

一、煤田开发的基本概念

（一）煤田、井田和矿井

煤田，是指含煤地层比较连续或不连续、在同一成矿条件下形成的、一般分布范围较广的产煤地。

煤田的范围一般相当广阔。受地质条件和生产技术条件的限制和影响，一个矿井往往难以开采整个煤田。因此，一般将一个煤田划归若干个煤矿进行开采。划归一个煤矿开采的范围称为井田。有时煤田范围小，不划分井田。

矿井是形成地下煤矿生产系统的井巷、硐室、装备、地面建筑物和构筑物的总称。

（二）矿井设计生产能力与矿井井型

矿井设计生产能力是指矿井设计时确定的煤炭年产量，单位为 Mt/a，应根据资源条件、外部建设条件、国家对煤炭资源配置及市场需求、开采条件、技术装备、煤层及采煤工作面生产能力、经济效益等因素确定，是全面反映矿井面貌的一个重要的综合指标。

矿井年产量是矿井每年实际生产出的煤炭数量，以万 t/a 表示，常常不同于矿井设计生产能力，有时高，有时低。由于开采煤层地质条件变化，每年的矿井年产量也不一定相同。

矿井井型是根据矿井设计生产能力不同而划分的矿井类型。

我国目前按设计生产能力将煤矿矿井分为特大型、大型、中型、小型四种类型，其类型划分应符合下列规定：

特大型矿井：10.00 Mt/a 及以上；

大型矿井：1.20 Mt/a、1.50 Mt/a、1.80 Mt/a、2.40 Mt/a、3.00 Mt/a、4.00 Mt/a、5.00 Mt/a、6.00 Mt/a 及以上；

中型矿井：0.45 Mt/a、0.60 Mt/a、0.90 Mt/a；

小型矿井：0.09 Mt/a、0.15 Mt/a、0.21 Mt/a、0.30 Mt/a。

（三）矿井服务年限

矿井服务年限是指一个矿井从投产开始到报废的开采年限。井田范围和矿井井型确定以后，即可计算出矿井服务年限。

$$T = Z_K/(AK)$$

式中 T——矿井服务年限,a;

Z_K——矿井可采储量,万 t;

A——矿井井型,万 t/a;

K——储量备用系数,$K=1.3\sim1.5$。

从上式不难看出,当矿井可采储量一定时,服务年限与矿井井型成反比。对于矿井的建设,需要对不同矿井井型和矿井服务年限的配合方案进行技术经济比较,选择一个经济上合理和技术上可行的方案。

为了便于矿井设计、建设和生产管理,矿井设计生产能力采用系列化的、通用的标准值,《煤炭工业矿井设计规范》(GB 50215—2015)对此做了明确规定,新建矿井设计服务年限见表1-1。

表1-1 新建矿井设计服务年限

矿井设计生产能力/(Mt/a)	矿井设计服务年限/a	第一开采水平设计服务年限/a		
		煤层倾角<25°	煤层倾角25°~45°	煤层倾角>45°
10.00及以上	70	35	—	—
3.00~9.00	60	30	—	—
1.20~2.40	50	25	20	15
0.45~0.90	40	20	15	15
0.21~0.30	25	—	—	—
0.15	15	—	—	—
0.09	10	—	—	—

有些生产矿井通过改扩建和技术改造,原来的生产能力得到改变,因而要对生产矿井各生产系统的能力进行重新核定,核定后的综合生产能力称为核定生产能力。改建矿井的服务年限不应低于同类型新建矿井服务年限的50%。扩建后的矿井设计服务年限不宜小于表1-2规定。

表1-2 扩建后的矿井设计服务年限

扩建后矿井设计生产能力/(Mt/a)	矿井服务年限/a
10.00及以上	60
3.00~9.00	50
1.20~2.40	40
0.45~0.90	30
<0.45	不应低于同类型新建矿井服务年限的50%

(四)煤田划分为井田

1. 划分原则

煤田划分为井田时应遵循以下原则:

(1) 充分利用自然条件作为划分井田的依据。

煤田划分为井田时，要充分利用地质构造如断层、褶曲、煤层厚度和倾角急剧变化带等条件，通常以河流、湖泊、城镇、铁路等作为井田边界，以降低煤炭损失和减少开采技术上的困难。

(2) 保证矿井有合理的开采技术条件，即井田有合理的尺寸和足够的储量。

如果井田划分太密，将会造成其走向长度过短，矿井开采水平的服务年限得不到保证，将面临水平接替紧张、开拓延深频繁的不利局面。如果井田划分后其走向长度过长，将给矿井的通风、运输等环节带来困难。

(3) 要处理好相邻矿井之间的关系。

通过对井田的划分，处理好深部和浅部矿井、大型和小型矿井以及新老矿井之间的关系，为矿区的建设和发展创造条件。

(4) 井田境界、储量及开采条件与矿井生产能力相适应。

对于开采条件好、设备先进、生产能力大的现代化矿井，井田要具有足够的储量和合理的服务年限；相反，井田的范围和储量应小一些。除此之外，井田的划分还应该考虑到矿井的未来发展，划分适当大一些，或者在井田范围外留一备用区，为矿井的发展留有余地。

2. 划分方法

井田边界的划分方法有垂直划分和水平划分。

(1) 垂直划分

相邻矿井以某一垂直面为界，沿边界线各留井田边界煤柱，这种方法称作垂直划分。

(2) 水平划分

以一定标高煤层底板等高线为界，沿该煤层底板等高线留置边界煤柱，这种方法称作水平划分。

无论采用哪一种方法划分井田边界，都要力求整齐划一，避免犬牙交错。

二、井田内的划分及开采顺序

为了有计划、按顺序、安全合理地开采井田内的煤层，以获得好的技术经济效果，一般情况下必须将井田划分为若干个小的部分，然后有序地开采。

(一) 井田划分为阶段和水平

在井田范围内，沿煤层倾斜方向，按一定标高把煤层划分为若干个平行于走向的长条部分，每个长条部分称之为一个阶段。如图 1-1 所示，在井田范围内，沿着煤层的倾斜方向，按 −150 m、−300 m 和 −450 m 标高把井田划分为三个阶段。

阶段大小由阶段斜长 L 和阶段高度 H 表示。阶段沿着倾斜方向的长度称为阶段斜长。阶段上部与下部分界面之间的垂直高度称为阶段高度，等于上、下边界面标高之差。

开采水平是指布置有井底车场和主要运输大巷，并担负该水平开采范围内的主要运输和提升任务的水平。一个开采水平可只为一个阶段服务，也可为该水平上、下两个阶段服务。如图 1-1 所示，为 −150 m 水平、−300 m 水平和 −450 m 水平，或称为第一水平、第二水平、第三水平，或称为运输水平、回风水平。

一般来说，阶段与水平的区别在于：阶段表示井田范围的一部分，水平是指布置大巷的某一标高的水平面。广义的水平不仅表示一个水平面，同时也是指一个范围，即包括所服务

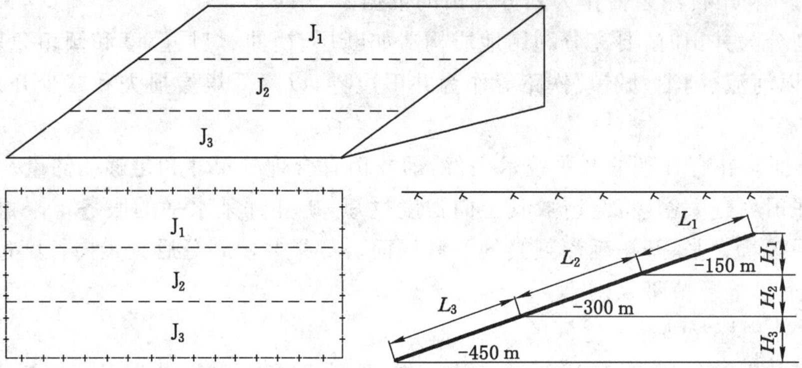

L—阶段斜长；H—阶段高度；J_1、J_2、J_3—第一、二、三阶段。

图 1-1　井田划分为阶段和水平

的相应阶段。

按照开采水平数目，井田开拓可分为单水平开拓和多水平开拓两类。单水平开拓是指在井田范围里只有一个开采水平，一般适用于开采煤层倾角较小（16°以下）、倾斜长度较短的井田；多水平开拓是指在井田范围里有两个或两个以上的开采水平，一般适于开采煤层倾角较大、倾斜长度较长的井田。

（二）阶段内再划分

井田划分成阶段后，阶段的范围仍然较大，一般无法一次性完成整阶段开采，通常阶段内要再划分，以适应开采技术的要求。阶段内再划分通常有采区式划分、分段式划分和带区式划分。

1. 采区式划分

在阶段范围内，沿走向把阶段划分为若干个块段，每一个块段称为采区。

如图 1-2 所示，井田沿倾斜方向划分为 3 个阶段，每个阶段又沿走向划分为 5 个采区。

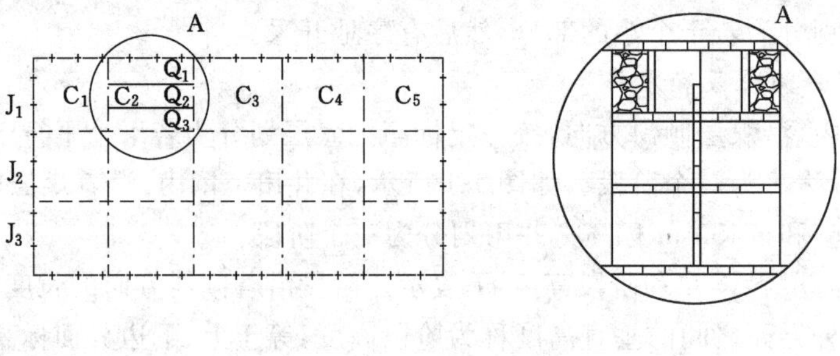

J_1、J_2、J_3—第一、二、三阶段；C_1、C_2、C_3、C_4、C_5—第一、二、三、四、五采区；Q_1、Q_2、Q_3—第一、二、三区段。

图 1-2　阶段内采区式划分

区段是在采区内沿井田倾斜方向划分的开采块段。图 1-2 中，C_2 采区划分为 3 个区段（Q_1、Q_2、Q_3）。

采区准备期间，开掘采区运输上山和轨道上山与阶段运输/回风大巷连接；沿煤层走向区段下部边界开掘区段运输平巷，在上部边界中开掘区段回风平巷；沿煤层倾斜方向，在采区走向边界处的煤层中开掘斜巷，连通区段运输平巷和区段回风平巷，该斜巷称为开切眼；区段运输平巷和回风平巷通过采区上山与阶段运输/回风大巷连接，便可构成生产系统。采区上山布置在采区走向中部时，每个区段可以布置两个采煤工作面，即双翼开采；反之，称为单翼开采。

2. 分段式划分

在阶段范围内，若走向长度不是很长，可沿煤层的倾斜方向将煤层划分成若干个走向条带，每个条带称为分段。每一分段布置一个工作面（见图 1-3）。采煤工作面沿走向方向可以从井田中央向井田边界推进，或者从井田边界向井田中央推进。

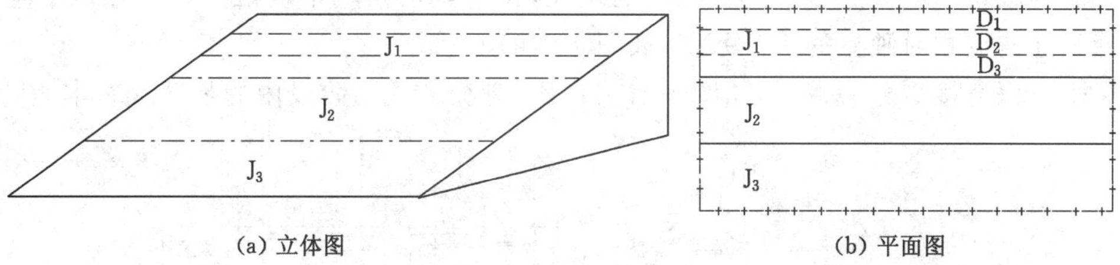

J_1、J_2、J_3—第一、二、三阶段；D_1、D_2、D_3—第一、二、三分段。

图 1-3　阶段内分段式划分

分段的倾斜长度和区段的倾斜长度一样，分段的走向长度等于井田的走向全长。

与采区式相比，分段式具有以下优点：减少了采区上（下）山掘进工程量；采煤工作面可以连续推进，减少了“搬家”的次数；采煤集中在少量的工作面中，生产系统简单。

分段式的缺点是：分段式布置易受地质条件限制，如煤层具有较大的倾斜断层，采煤工作面不能连续推进；能同时生产的工作面少，矿井生产能力受到限制。

3. 带区式划分

在阶段内沿煤层走向划分成若干个倾斜带区，每个带区布置 1～2 个采煤工作面，称为分带。在分带内，采煤工作面沿煤层倾斜方向（仰斜或俯斜）连续推进，即由阶段的下部边界向上部边界（仰斜开采）或者由阶段的上部边界向下部边界（俯斜开采）连续推进，如图 1-4 所示。

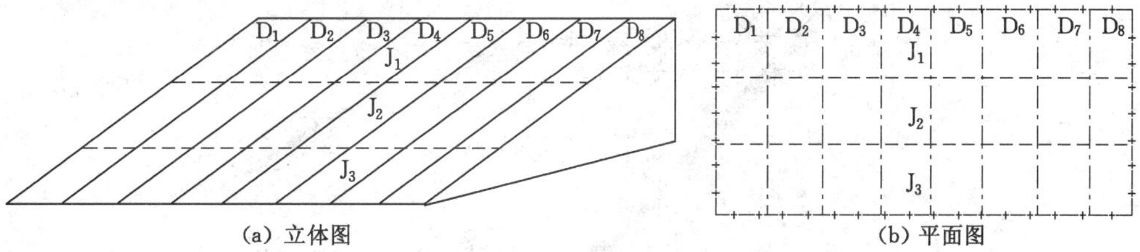

J_1、J_2、J_3—第一、二、三阶段；D_1、D_2、…、D_8—第一、第二、……、第八带区。

图 1-4　阶段内带区式划分

带区准备期间，在分带两侧开掘分带斜巷，直接与阶段大巷连接。采煤工作面沿煤层走向布置，沿煤层倾向方向推进，这样布置的采煤工作面称为倾斜长壁工作面。

带区式的优点是：巷道布置系统简单，比采区式巷道掘进工程量减少、投资降低、建井工期短、投产快。

带区式的缺点是：分带倾斜巷道掘进比较困难，掘进效率低，特别是采用俯斜开采时，涌水量大使开采更加困难。

随着回采工艺装备的发展，为减少准备工程量，分段式和带区式的应用正在扩大。带区式一般只适用于煤层倾角小于 12°、地质构造简单的煤层。

（三）井田直接划分为盘区、带区

当井田内煤层倾角近水平时（≤8°），由于煤层沿倾斜方向高差很小，没有必要再按标高划分阶段。这时，可沿煤层延展方向布置主要运输/回风/辅助运输大巷，将井田分为两翼，然后以大巷为轴将两翼分成若干适宜开采的块段，每个块段叫一个盘区。每个盘区平巷与主要大巷相连构成相对独立的生产系统，如图 1-5(a)所示。

井田也可以直接划分为带区，如图 1-5(b)所示，划分方式与阶段内的带区式基本相同。

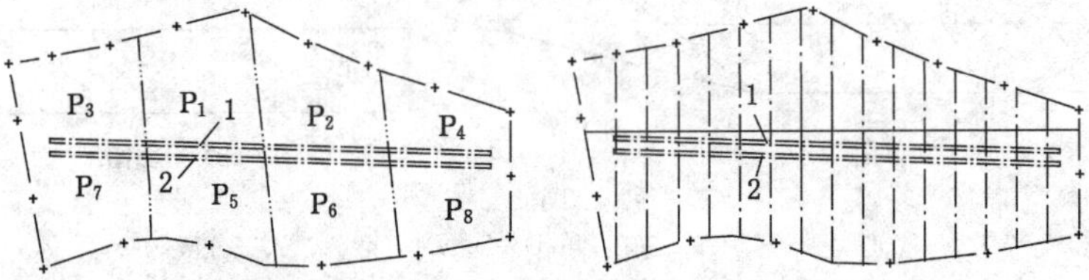

(a) 盘区式划分　　(b) 带区式划分

P_1、P_2、…、P_8—第一、第二、……、第八盘区；1、2—大巷。

图 1-5　近水平煤层井田直接划分为盘区、带区

三、巷道分类

井巷是对煤炭地下开采中所有通道的总称，有巷道、井筒和硐室之分。习惯上，广义的巷道也泛指各种井巷。

（一）按巷道作用及服务范围分类

按巷道作用及服务范围不同，巷道可分为开拓巷道、准备巷道及回采巷道，如图 1-6 所示。

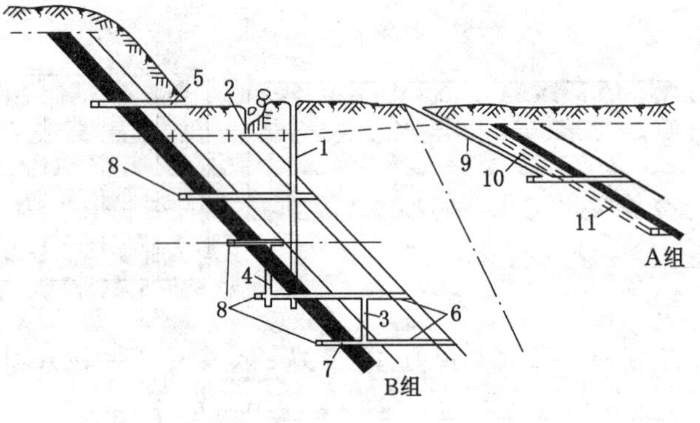

1—立井；2—风井；3—暗立井；4—溜井；5—平硐；6—石门；7—煤门；8—平巷；9—斜井；10—上山；11—下山。

图 1-6　煤矿井巷

1. 开拓巷道

为井田开拓而开掘的基本巷道称为开拓巷道，如立井、斜井、平硐、井底车场、主要石门、运输大巷和回风大巷等。这些巷道服务年限最长。开拓巷道是自地面到采区（或盘区、带区）的通路，它的作用在于构成或扩大原有开采水平，形成全矿生产系统的主体框架。

(1) 立井

立井是指在地层中开凿的直通地面的直立巷道，又称竖井，如图 1-6 中的 1。专门或主要用于提升煤炭的立井叫作主立井；主要用于下放设备和材料、升降人员等辅助提升工作的立井叫作副立井。生产中，还经常开掘一些专门或主要用来通风、排水、排矸等工作的立井，如风井、排水井、排矸井等。

(2) 暗立井

暗立井是指不与地面直通的直立巷道，通常装有提升设备，如图 1-6 中的 3。其用途与立井相同，一般用来连接上、下两个水平，担负由下水平向上水平提升的任务。

(3) 溜井

溜井一般不装备提升设备，是一种专门用来由高到低溜放煤炭的暗立井，如图 1-6 中的 4。高度不大、直径较小的溜井称之为溜煤眼。

(4) 平硐

平硐是指在地层中开凿的直通地面的水平巷道，用以运输、通风和行人，如图 1-6 中的 5。根据用途不同，平硐有主、副平硐之分。

(5) 斜井

斜井是指在地层中开凿的直通地面的倾斜巷道，分主斜井和副斜井，其作用与立井和平硐相同，如图 1-6 中的 9。

(6) 石门

石门是指没有通达地面的出口、与煤层走向正交（垂直）或较大角度斜交的岩石平巷，如图 1-6 中的 6。

(7) 煤门

煤门是指在煤层内开凿的、不直通地面、与煤层走向垂直或较大角度斜交的平巷，如图 1-6 中的 7。

(8) 大巷

大巷是指为开采水平或阶段服务的平巷，如运输大巷、回风大巷。

(9) 井底车场

井底车场是位于开采水平、井筒附近的一组巷道与硐室的总称，是连接井筒提升与大巷运输的枢纽，担负着煤、矸、物料、人员的转运，并为矿井的排水、通风、动力供应、通信和调度服务，对保证矿井正常生产和安全生产起重要作用。

2. 准备巷道

为准备采区（或盘区、带区）而掘进的主要巷道称为准备巷道，如采区上山、下山、采区车场、采区硐室等。准备巷道是在采区（或盘区、带区）范围内从已开掘好的开拓巷道通达区段（或分带）的巷道，它的作用在于构成采区（或盘区、带区）生产系统。

(1) 上山

上山是指位于开采水平以上、为本水平或采区服务的倾斜巷道，如图 1-6 中的 10。按用途分，上山可以分为运输上山、轨道上山、通风行人上山等。

(2) 下山

下山是指位于开采水平以下、为本水平或采区服务的倾斜巷道，如图1-6中的11。按用途分，下山可以分为运输下山、轨道下山、通风行人下山等。

按所在的岩层层位分，布置和开掘在煤层内的上下山称为煤层上下山；布置和开掘在岩层内的上下山称为岩石上下山。按用途和装备分，安装输送机的上下山称为运输上下山，其煤炭运输方向分别由上向下或由下向上运至开采水平大巷；铺设轨道的上下山称为轨道上下山；用作通风和行人的上下山称为通风、行人上下山。

(3) 采区车场

采区车场是指采区上下山与运输大巷、回风大巷或区段平巷连接处的一组线路、巷道和硐室的总称。采区车场的主要作用是在采区内运输方式改变或过渡的地方完成转载工作。采区车场的巷道包括甩车道、存车线及一些联络巷道，另外还有煤仓和绞车房等硐室。按位置不同，采区车场分为上部车场、中部车场和下部车场。

(4) 硐室

硐室是指专门在井下开凿和建造的断面较大且长度较短的空间构筑物，如绞车房、水泵房、变电所和煤仓等。

3. 回采巷道

回采巷道是为一个采煤工作面服务的巷道。主要有以下几种：

(1) 回风平巷

回风平巷一般是指供采煤工作面回风和运料的巷道。

(2) 运输平巷

运输巷道一般是指供采煤工作面进风和运煤的巷道。

(3) 开切眼

开切眼是指为布置采煤工作面设备、形成生产系统而掘出的贯通回风与运输的巷道。

(二) 按空间特征分类

根据巷道的长轴线与水平面的关系，巷道还可以分为直立巷道、水平巷道和倾斜巷道三类。

1. 直立巷道

巷道长轴线与水平面近似垂直的巷道称为直立巷道，主要包括立井、暗立井和溜井等。

2. 水平巷道

巷道的长轴线与水平面近似平行的巷道称为水平巷道，主要包括平硐、石门和煤门等。

3. 倾斜巷道

巷道长轴线与水平面呈一定夹角的巷道称为倾斜巷道，主要包括斜井、上山和下山等。

第二节 井田开拓方式

井田开拓是由地面进入煤层的主要巷道的总体布置。矿井开拓方式是指开拓巷道在井田内的总体布置方式。而井筒(硐)形式是井田开拓方式中最重要的标志。

按照井筒(硐)形式，井田开拓方式可以分为立井开拓、斜井开拓、平硐开拓和综合开拓。

按照开采水平数目，井田开拓方式可以分为单水平开拓和多水平开拓。

确定井田开拓方式的原则为：

(1) 为多出煤、早出煤、出好煤、建设高产高效安全生产矿井创造条件，为集中生产创造条件；

(2) 按《煤矿安全规程》建立完善的通风系统；

(3) 减少煤柱损失，提高回收率，减少维护量；

(4) 降低矿井初期投资额，缩短建井工期；

(5) 为推广机械化、自动化创造条件；

(6) 考虑不同的煤质、不同的煤种。

一、立井开拓

相对斜井和平硐，立井提升速度快、提升能力大，但同时也存在初期投资大、装备及施工比较复杂和维护困难等不利因素。立井开拓一般适用于煤层埋藏较深、表土层厚度较大、水文地质条件复杂的矿井。根据煤层赋存条件不同，立井开拓又分为立井单水平开拓方式和立井多水平开拓方式两种。

(一) 立井单水平开拓方式

该开拓方式巷道布置及生产系统简单，运输环节少，通风线路短，建井速度快，投产早，适用于煤层倾角小于 8°、地质构造简单的矿井。

此种开拓方式，立井只掘至第一水平，采用盘区式开采，大巷一般包括主运输大巷、回风大巷和辅助运输大巷，见图 1-7。

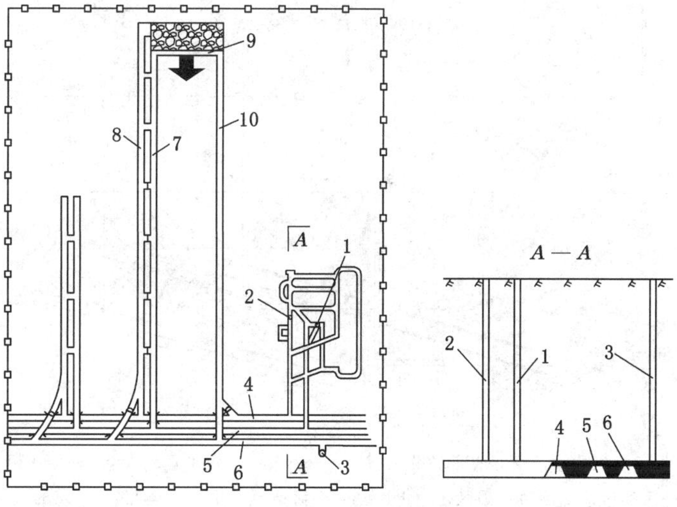

1—主立井；2—副立井；3—风井；4—辅助运输大巷；5—主运输大巷；
6—回风大巷；7—盘区运输平巷；8—盘区辅助运输平巷；9—工作面；10—盘区回风平巷。

图 1-7　立井单水平(盘区式准备)开拓方式

1. 开掘顺序

自地面向下开掘主立井 1、副立井 2 和风井 3，直至第一水平，在第一水平开掘主运输大巷 5、辅助运输大巷 4 和回风大巷 6，之后开掘第一个工作面的盘区运输平巷 7、盘区辅助运输平巷 8 和盘区回风平巷 10 及开切眼，即可开始在工作面内采煤。

2. 主要生产系统

采出的煤炭从工作面 9，经盘区运输平巷 7，由主运输大巷 5 通过主立井 1 提至地面。

新鲜风流自主立井 1 和副立井 2 进入，经主运输大巷 5 和辅助运输大巷 4，通过盘区运输平巷 7 和盘区辅助运输平巷 8，进入工作面 9 后，污风经盘区回风平巷 10，通过回风大巷 6 由风井 3 排出。

所需要的材料和设备由副立井 2 进入，通过辅助运输大巷 4 送入盘区回风平巷 10。

（二）立井多水平开拓方式

采用立井多水平开拓时，第一水平采完前，要做好第二水平立井延深和开拓、采准工程。水平运输大巷只担负一个水平的运输任务，见图 1-8。

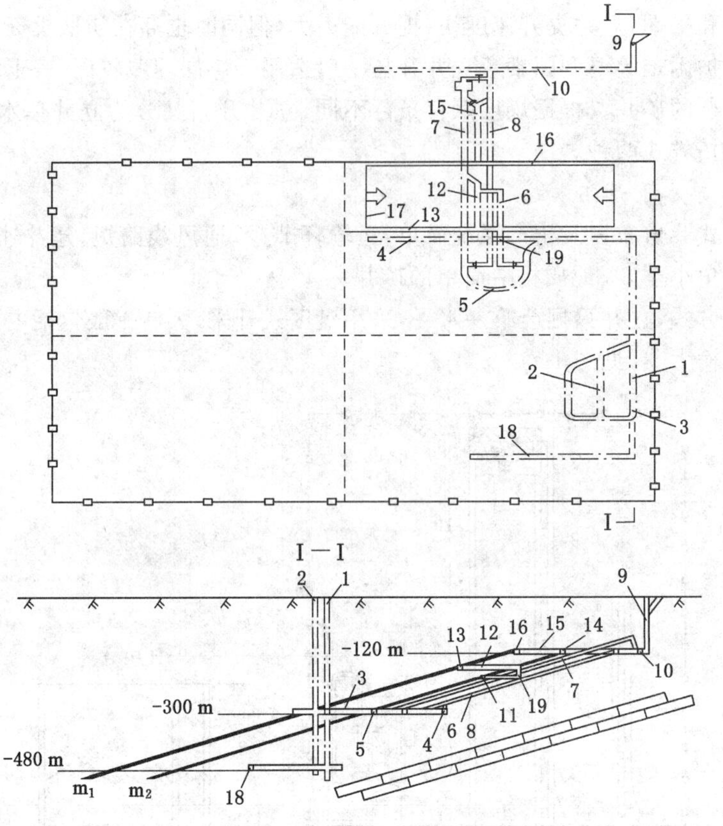

1—主立井；2—副立井；3—井底车场及主石门；4—－300 m 水平运输大巷；5—采区下部车场；6—采区运输上山；7—采区轨道上山；8—采区通风上山；9—风井；10—总回风巷；11—m_2区段运输平巷；12—区段运输石门；13—m_1区段运输平巷；14—m_2区段回风平巷；15—区段回风石门；16—m_1区段回风平巷；17—采煤工作面；18—－480 m 水平运输大巷；19—区段溜煤眼。

图 1-8　立井多水平（采区式准备）开拓方式

1. 开掘顺序

自地面向下开掘主立井 1、副立井 2，直至第一水平（－300 m 水平），在第一水平开掘井底车场及主石门 3、－300 m 水平运输大巷 4（超过采区上山 100 m），之后开掘采区下部车场

5、采区运输上山 6 和采区轨道上山 7。

同时从地面掘进边界风井 9、总回风巷 10、采区上部车场和区段回风石门 15，尽快沟通风路，采用平行作业。

2. 主要生产系统

采出的煤炭从采煤工作面 17 经 m_1 区段运输平巷 13、区段运输石门 12、区段溜煤眼 19、采区运输上山 6、−300 m 水平运输大巷 4 运送至井底车场及主石门 3 卸载后，由主立井 1 提至地面。

新鲜风流自副立井 2 进入，经井底车场及主石门 3、−300 m 水平运输大巷 4、采区下部车场 5、采区轨道上山 7、区段运输石门 12、m_1 区段运输平巷 13，清洗采煤工作面 17，污风经 m_1 区段回风平巷 16、区段回风石门 15、采区通风上山 8 至总回风巷 10，由风井 9 排出地面。

所需要的材料和设备由副立井 2 进入，经过井底车场及主石门 3、−300 m 水平运输大巷 4、采区下部车场 5、采区轨道上山 7、区段回风石门 15，送入 m_1 区段回风平巷 16。

二、斜井开拓

与立井开拓相比，斜井开拓具有掘进施工简单、速度快、投资少、建井期短以及地面建筑、井筒装备和井底车场等均简单的特点，当斜井布置在煤层中时，还可探明煤层赋存情况。斜井开拓一般适用于煤层埋藏浅、表土层厚度较小、水文地质条件较为简单的矿井。斜井开拓常用的布置方法有片盘斜井、斜井单水平和斜井多水平开拓方式等。

（一）片盘斜井开拓

片盘斜井开拓是斜井开拓的一种最简单的形式。它是将整个井田沿倾斜方向划分成若干个阶段，每个阶段的倾斜长度可布置一个采煤工作面。在井田中央由地面沿煤层倾斜方向向下开掘斜井井筒，并以井筒为中心由上而下逐阶段开采，如图 1-9 所示。

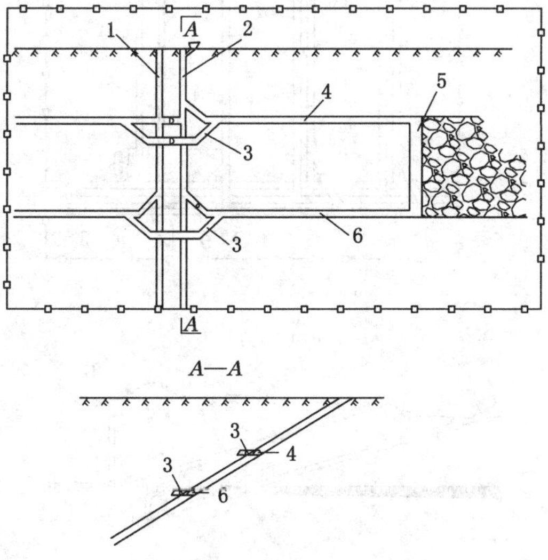

1—主斜井；2—副斜井；3—片盘车场；4—片盘回风平巷；5—采煤工作面；6—片盘运输平巷。

图 1-9 片盘斜井开拓

该开拓方式地面建筑、巷道布置和生产系统简单，井巷工程量小，投产快，增产潜力大，技术经济指标较好，多用于煤层稳定的小型矿井以及乡镇煤矿。但该方式不能多阶段同时生产，采煤工作面最多两个，矿井生产能力受到限制；延深工作频繁，对生产干扰大；工作面整体连续推进，对地质条件变化适应性差。

1. 开掘顺序

自地面向下沿煤层开掘一对主斜井 1 和副斜井 2，两井中间留 30～40 m 煤柱，直至第一片盘之下 20～30 m。在第一片盘开掘片盘车场 3 及片盘回风平巷 4、片盘运输平巷 6 和开切眼，即可开始在第一片盘工作面内采煤。

2. 主要生产系统

采出的煤炭从采煤工作面 5 经片盘运输平巷 6 由片盘车场 3 通过主斜井 1 提至地面。

新鲜风流自主斜井 1 进入，经片盘车场 3、片盘运输平巷 6 进入采煤工作面 5 后，污风经片盘回风平巷 4 由副斜井 2 排出。

所需要的材料和设备由主斜井 1 进入，通过片盘车场 3 送入阶段回风平巷 4。

（二）斜井单水平开拓

该开拓方式生产系统简单，适合于埋藏较浅的近水平煤层。一般主副斜井由地面沿岩层掘至第一水平后布置井底车场、主运输大巷、辅助运输大巷和回风大巷。进入盘区后，再布置盘区巷道进行回采。斜井单水平（盘区式准备）开拓见图 1-10。

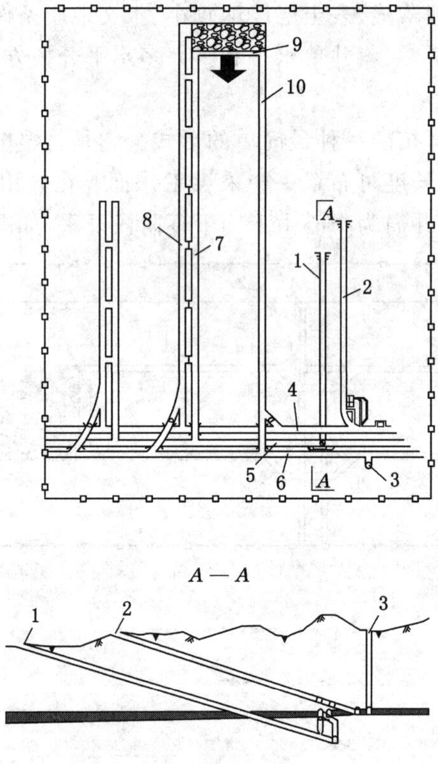

1—主斜井；2—副斜井；3—风井；4—辅助运输大巷；5—主运输大巷；6—回风大巷；
7—运输平巷；8—辅助运输平巷(下工作面回风平巷)；9—采煤工作面；10—回风平巷。

图 1-10　斜井单水平(盘区式准备)开拓

1. 开掘顺序

自地面向下开掘主斜井 1、副斜井 2 和风井 3，主副斜井中间留 30～40 m 煤柱，直至第一水平。在第一水平开掘主运输大巷 5、辅助运输大巷 4 和回风大巷 6，之后开掘第一个工作面的运输平巷 7、辅助运输平巷 8、回风平巷 10 及开切眼，即可开始在工作面内采煤。

2. 主要生产系统

采出的煤炭从采煤工作面 9 经运输平巷 7 由主运输大巷 5 通过主斜井 1 提至地面。

新鲜风流自主斜井 1 和副斜井 2 进入，经主运输大巷 5 和辅助运输大巷 4，通过运输平巷 7 和辅助运输平巷 8 进入采煤工作面 9 后，污风经回风平巷 10 通过回风大巷 6 由风井 3 排出。

所需要的材料和设备由副斜井 1 进入，通过辅助运输大巷 4 送入回风平巷 10。

三、平硐开拓

平硐开拓与斜井开拓一样，具有投资少、见效快等特点，而且不用提升、排水，节省了提升、排水设备及运转费用。平硐开拓方式一般适用于煤层赋存在地形高差较大的山区、丘陵地区的矿井，且主平硐以上的煤层储量能满足（或大致能满足）井型和水平服务年限的需要。

平硐开拓方式有平行于煤层走向的走向平硐和垂直（或斜交）于煤层走向的垂直平硐（或斜交平硐）。不管采用哪种平硐开拓，一般均将平硐布置在煤层底板内。如果布置在煤层顶板中，不仅压煤，而且影响初期采区布置。

（一）走向平硐开拓

它是以一对底板平硐开拓井田，条件合适时，平硐也可布置在煤层中。主平硐位于运输水平，担负着全矿井（或第一水平）的煤、矸、材料的运输任务以及行人、进风、排水、敷设管道和电缆、通信及照明等任务。回风平硐位于矿井回风水平，除担负着矿井回风任务外，有时还担负少量矸石、物料运输以及排水任务。该布置方式具有工程量少、投资少和出煤快的特点，见图 1-11(a)。

（二）垂直平硐开拓

它是当平硐掘至与煤层底板相距 20～30 m 时，平行于煤层走向掘进底板运输大巷，再做采区轨道上山（或溜煤上山）和行人回风上山，其余与走向平硐开拓相同。该布置方式具有易维护、易布置工业广场、可双翼开采、生产能力大和运费低的特点，见图 1-11(b)。

1—主平硐；2—运输大巷；3—回风大巷。

图 1-11　平硐开拓示意图

当地形高差大、主平硐水平以上煤层垂高过大时，可将主平硐水平以上煤层划分为数个阶段，每个阶段各自布置平硐进行开拓。如图 1-12 所示。

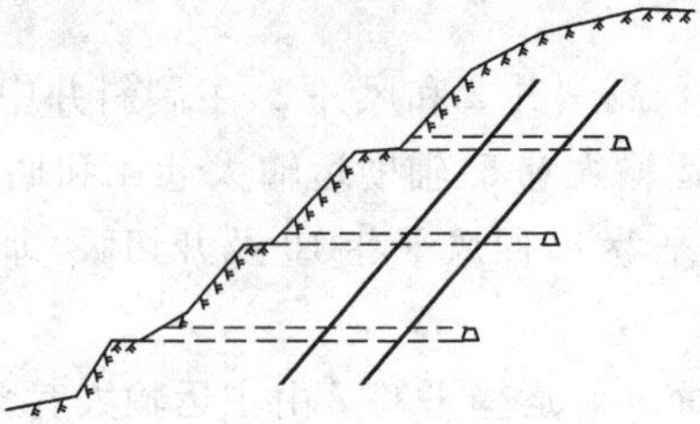

图 1-12 阶段平硐开拓方式

四、综合开拓

采用立井、斜井、平硐等任何两种或两种以上的开拓方式称为综合开拓方式。综合开拓的实质是结合具体矿井煤层开采条件和各种开拓方式的特点，组合成不同井硐的优势组合形式。

按不同井硐的组合方式，综合开拓可分为斜井-立井、平硐-斜井、平硐-立井三种基本方式，也可有单水平、多水平，上山、上下山等多种布置。

斜井-立井开拓方式又可分为主斜井-副立井开拓方式和主立井-副斜井开拓方式。后者因为不能充分利用立井和斜井的优点，应用较少；前者综合了斜井和立井的优点，主斜井可采用胶带运输，运输能力大，不受长度限制，副立井则辅助提升快、线路短、通风容易，因而应用较多。

思考题

1. 什么叫井田？什么叫井田开拓？
2. 我国井型系列包括哪几种？
3. 煤田划分为井田的原则是什么？
4. 什么叫阶段？什么叫水平？两者区别是什么？
5. 井田再划分有哪几种？如何划分？
6. 按空间特征和用途，巷道可以分为哪几类？
7. 什么叫矿井开拓方式？按照井筒（硐）形式可以分为哪几种？
8. 立井开拓和斜井开拓的优缺点各是什么？
9. 平硐开拓的适用条件是什么？
10. 按不同井硐的组合方式，综合开拓可分为哪几种？

第二章　井巷掘进与支护

第一节　巷道断面形状及参数

一、巷道断面形状的选择

巷道断面形状即巷道断面轮廓线的形状。我国煤矿巷道常用的断面形状主要有梯形、矩形和直墙拱形(如半圆拱形、圆弧拱形、三心拱形,简称拱形);在特定的围岩条件和应力环境下,巷道断面形状会选用不规则的形状,如斜梯形、马蹄形、椭圆形、封闭拱形等。巷道断面形状如图 2-1 所示。

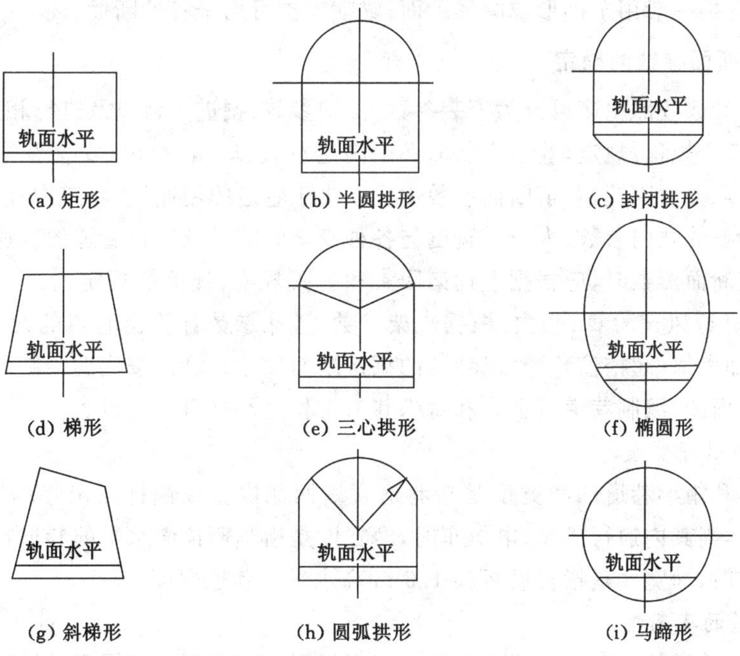

图 2-1　巷道断面形状

巷道断面形状的选择和确定必须综合考虑巷道类型、巷道施工方法、巷道受力条件、围岩条件和变形破坏特征、巷道用途及其使用要求、支护方式和支护材料等因素。

(一) 巷道类型

开拓巷道多采用拱形断面,准备巷道和回采巷道多采用四边形断面;岩巷多采用拱形断面,煤巷和半煤岩巷多采用四边形断面。

(二) 巷道施工方法

采用综掘机和连续采煤机掘进的巷道宜采用矩形断面,采用光面爆破法施工的巷道宜采用拱形断面。

（三）巷道受力条件、围岩条件和变形破坏特征

对于处于对称应力场中的巷道，宜采用对称断面，否则宜采用非对称断面；对于处于二向不等压应力场中的巷道，宜采用椭圆形或类似椭圆形断面，且长轴应与最大主应力方向一致；对于处于比较松软破碎、强度较低、顶板下沉量较大的围岩中的巷道宜采用拱形断面；对于处于采动影响区的巷道，进行巷道断面形状设计时应充分考虑采动应力的冲击性和方向性，一般应采用非对称断面，而且应预留足够的变形量。

（四）巷道用途及其使用要求

需要行人的巷道必须满足行人的要求，作为安全出口的巷道必须畅通、便于行人；对于需要安装和运行运输装备、敷设管缆的巷道，其断面形状应满足这些装备安装和运行以及管缆敷设的要求；对于需要运输超过运输车辆长度或宽度的大尺寸设备和材料的巷道，其断面形状应满足运输这些设备和材料的要求。

（五）支护方式和支护材料

木棚和直梁金属棚只能用于四边形断面；可缩性金属棚多用于拱形断面，也可用于四边形断面；拱碹支护一般用于拱形或圆形断面；锚喷支护可用于各种断面。

二、巷道断面参数的确定

巷道断面参数按照用途可分为安装参数、支护参数、掘进参数以及进行相关计算的计算参数。《煤矿安全规程》规定，巷道净断面必须满足行人、运输、通风、安全设施与设备安装、检修和施工的需要。因此，巷道断面参数主要取决于巷道的用途、在巷道中进行存放和使用的相关机械设备的几何参数、人行道宽度与各种安全间隙以及通过巷道的风速等。

设计巷道断面参数时，应根据上述诸因素和有关规程、规范的规定，首先定出巷道的净断面尺寸，并进行风速验算；其次，根据支架参数、道床参数计算出巷道的设计掘进断面尺寸，并按允许加大值（超挖值）计算出巷道的掘进断面尺寸；最后，按比例绘制包括水沟、墙角在内的巷道断面图，编制巷道特征表和每米巷道工程量及材料消耗量表。

（一）巷道的净宽度

直墙拱形和矩形巷道的净宽度是指巷道直墙两侧内壁或锚杆露出终端之间的水平间距。梯形巷道，当其内通行矿车、电机车时，净宽度是指车辆顶面水平的巷道宽度；当其内不通行运输设备时，净宽度是指自底板起 1.6 m 高水平的巷道宽度。

（二）巷道的净高度

矩形、梯形巷道的净高度是指自道砟面或底板到顶梁或顶部喷层面、锚杆露出终端的高度。拱形巷道净高度是指自道砟面至拱顶内沿或锚杆露出长度终端的高度，主要是确定净拱高和自底板起的墙高。

（三）巷道的净断面积

巷道的净宽度和净高度确定后，巷道的净断面积便可根据巷道断面形状通过相关几何公式计算得到。

矩形巷道的净断面积：

$$S = BH$$

梯形巷道的净断面积：

$$S = (B_1 + B_2)H/2$$

半圆拱形巷道的净断面积：

$$S = B(0.39B + h_2)$$

圆弧拱形巷道的净断面积：

$$S = B(0.24B + h_2)$$

式中 B——巷道的净宽度，m；

H——巷道的净高度，m；

B_1、B_2——巷道顶梁、底板处的净宽度，m；

h_2——自道砟面起巷道壁的高度，m。

（四）风速校核净断面积

煤矿井下的巷道，除专门用于通风的巷道外，大部分巷道都要兼具通风的作用。因此，在进行巷道断面参数设计时，在不违反《煤矿安全规程》相关规定的条件下，还应按照《煤炭工业矿井设计规范》的规定，利用下式进行风速验算：

$$v = Q/S \leqslant v_{max} \tag{2-1}$$

式中 v——通过巷道风流的速度，m/s；

Q——通过巷道的风量，m^3/s；

S——巷道的净断面积，m^2；

v_{max}——巷道允许通过的最高风速，m/s。

《煤炭工业矿井设计规范》规定，矿井主要进风巷的风速一般不大于 6 m/s，运输机巷或采区风巷的风速一般不大于 4 m/s。设计出的巷道净断面积，不符合上述风速要求的，须加大断面尺寸。设计时，应在不违反《煤矿安全规程》的原则下，按规范要求确定巷道断面，以留有余地。

（五）巷道设计掘进断面积

巷道净断面尺寸加上巷道设计使用的支护尺寸、道床尺寸便可得到巷道设计掘进尺寸，进而求算出巷道设计掘进断面积。在实际工作中，爆破后的巷道表面会有凹凸不平的现象，因此，实际掘进断面要比计算断面加大 3% 左右。掘进断面积是计算巷道掘进工作量时不可缺少的一个数据。

第二节 巷道掘进与支护

根据巷道掘进断面围岩的性质，煤矿井下巷道可分为岩巷、煤巷及半煤岩巷。如果在掘进断面中，煤层（岩层）占 4/5 及以上者，称为煤（岩）巷。当巷道在薄煤层中掘进时，为保证巷道的使用高度，必须挑顶或挖底掘进，因此，在巷道掘进断面上既有煤层，又有岩层。当岩层（包括夹石层）占掘进工作面面积的 1/5～4/5 时，即称半煤岩巷。

一、岩巷掘进

岩巷掘进主要包括破、装、运、支 4 个主要工序，还有工作面通风、架设保安用的临时支护、敷设各种管道、修筑排水沟、铺设轨道等辅助工序。

目前我国岩巷施工的破岩方法如下：① 钻眼爆破法，这是我国目前应用最为广泛的一种破岩方法，适用于各种类型及不同断面大小的巷道，施工成本低，掘进速度快，特别是采用中深孔爆破技术后，其掘进速度有了很大的提高。② 掘进机施工法。该法又分为全断面巷道掘进机施工法和部分断面巷道掘进机施工法。该法主要用于软岩巷道或岩石比较破碎、不宜采用钻眼爆破法施工的巷道。

（一）钻眼爆破法

1. 炮眼布置

掘进工作面的炮眼按其用途和位置可分为掏槽眼、辅助眼和周边眼，起爆顺序依次为掏槽眼、辅助眼和周边眼。岩石性质和结构、巷道的断面形状和大小以及炸药的性能和装药量等因素均会对炮眼布置产生影响。同时，掘进工作面的炮眼布置应根据掘进工作面围岩的地质条件进行相应的优化和调整，以达到良好的破岩效果。

掏槽眼首先在工作面上将某部分岩石破碎并抛出，在一个自由面的基础上崩出第二个自由面来，为其他炮眼的爆破创造条件。按掏槽眼的方向可将掏槽眼的布置方式分为斜眼掏槽、直眼掏槽和混合式掏槽。

斜眼掏槽是最常见的掏槽方法，适用于各种岩石。它的特点是可充分利用自由面，逐步扩大爆破范围，掏槽面积较大，适用于较大断面的巷道。斜眼掏槽的炮眼布置如图 2-2 所示。

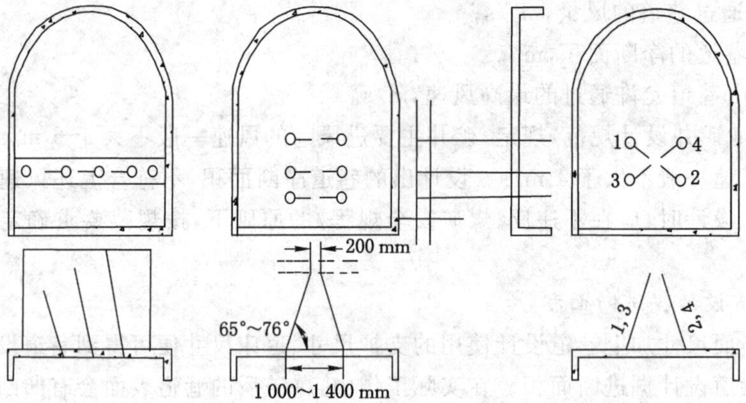

图 2-2　斜眼掏槽的炮眼布置图

直眼掏槽是指所有掏槽眼都垂直于工作面，各炮眼之间保持平行，且眼距较小，深度不受限制，利于采用中深孔爆破，爆破后的岩石块度均匀，一般都有不装药的空眼，以增加爆破时的附加自由面。

混合式掏槽是以直眼掏槽为主并吸收斜眼掏槽的优点而发展起来的一种掏槽方式，目的在于加强直眼掏槽的抛渣力和提高炮眼的利用率。

辅助眼又称崩落眼，是在掏槽眼与周边眼之间钻凿的炮眼，其作用主要是继续扩大掏槽。周边眼是布置于井巷四周靠近岩壁的炮眼，其作用是形成巷道断面形状。

2. 爆破参数的确定

(1) 炮眼直径

炮眼直径是根据药卷直径来确定的。一般的标准药卷直径为 32 mm 和 35 mm，炮眼直径要比药卷直径大 4～7 mm，这样炮眼直径就是 36～42 mm。

(2) 炮眼深度

炮眼深度直接决定着每个循环的进尺量，也就是决定着掘进中钻眼和装岩等主要工序的工作量和完成该工序所需要的时间。

合理的炮眼深度确定的依据是炮眼利用率比较高（一般不低于85%～90%）、钻眼和掘进速度快、巷道掘进成本低。

(3) 炮眼数目

炮眼数目的多少直接影响爆下的岩块大小和爆破后的巷道轮廓。

炮眼数目可以按照一个循环的总装药量平均装入所有炮眼的原则进行估算，作为实际排列炮眼的参考。

(4) 炸药消耗量

单位炸药消耗量 q 是指爆破 1 m^3 实体岩石所需要的炸药量，也就是工作面一次爆破所需的总炸药量和工作面一次爆下的实体岩石总体积之比。炸药消耗量一般按定额选用。

3. 装药结构与起爆

掏槽眼与辅助眼的装药结构有正向连续装药[图 2-3(a)]与反向连续装药[图 2-3(b)]两种。周边眼应采用不耦合装药，使用直径为 25 mm 的药卷。根据我国的经验，在无小直径药卷时，可采用单段空气柱式装药，它适用于眼深 2～2.5 m。当眼深接近 3 m 或在 3 m 以上时，则应采用空气间隔分段装药结构。在煤矿巷道掘进中，最好使用多段毫秒雷管，按照规定的起爆顺序一次起爆全断面。

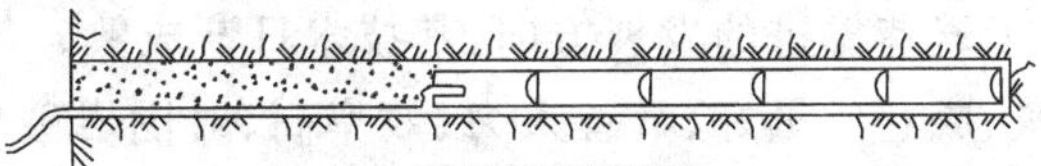

(a) 正向连续装药结构

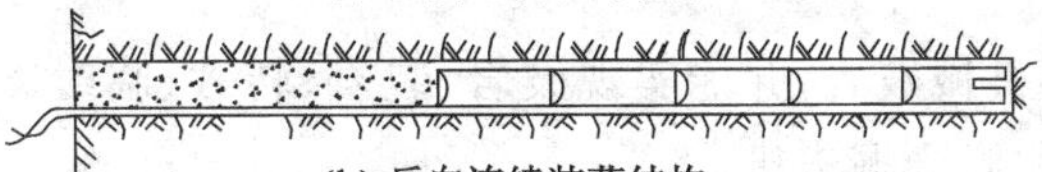

(b) 反向连续装药结构

图 2-3　装药结构

4. 钻眼工作

(1) 定向工作

为了在工作面正确布置炮眼和掌握巷道掘进方向和坡度，钻眼前应检查巷道的中线和腰线。

利用矿用激光指向仪指示中线位置既准确又省时。激光指向仪固定在距工作面 100 m 远的巷道中线位置上，激光光束在工作面岩壁上显现的红光点，即中线位置。掘进时，根据它既可确定炮眼位置，又可确定腰线位置。

(2) 多台凿岩机工作

为缩短钻眼总时间，组织快速施工，在采用气腿式凿岩机钻眼时，一般多采用多台凿岩机平行作业，在中硬岩石中可按 1.5～2 m^2 配备 1 台，在坚硬岩石中可按 1～1.5 m^2 配备 1 台的标准确定。并采取图 2-4 所示的方式布置风、水管路以使每个管路互不干扰。

(3) 钻眼工作的机械化

随着高速高频凿岩机的出现、中深孔爆破方法的使用以及光面爆破的推广，为进一步提高钻眼效率、降低劳动强度和实现快速掘进，在岩巷掘进中正在积极推广使用凿岩台车及凿装联合机组。

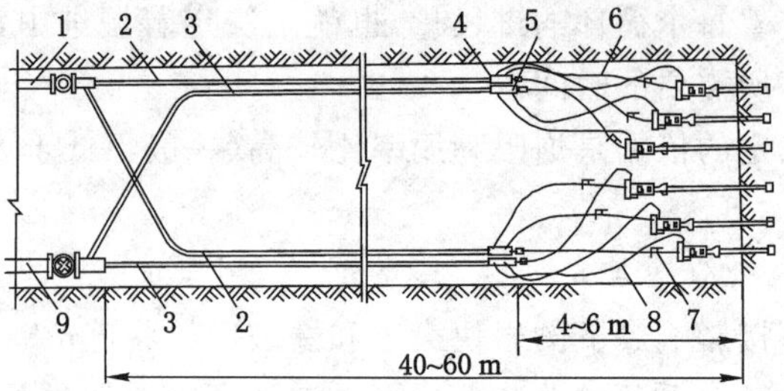

1—供水干管(ϕ25～ϕ50 mm);2—集中供水胶管(ϕ25 mm);3—集中供风胶管(ϕ38～ϕ50 mm);4—分水器;5—分风器;6—供水小胶管(ϕ12 mm);7—水管接头;8—供风小胶管(ϕ18～ϕ25 mm);9—压风干管(ϕ100～ϕ150 mm)。

图 2-4　工作面风水管路布置

采用凿岩台车并配以重型凿岩机钻眼,具有凿岩速度快、作业人员少、钻眼效率高、劳动强度低、钻眼质量高等优点。但钻眼与装岩不能同时作业,凿岩台车与装岩机更换进出工作面的时间较长,在双轨大断面巷道中才便于使用。

采用钻装机并配以重型凿岩机钻眼,除具备凿岩台车的全部优点外,它本身带有装岩设备,实现了钻眼、装岩综合机械化,同时一机多用,提高了设备利用率,但由于钻装机结构比较复杂,作业环节多,目前只在一些大型矿山使用。

(二) 掘进机施工法

掘进机施工法代表了岩巷掘进的发展方向,其技术日渐成熟。与钻眼爆破法相比较,其有机械化程度高、速度快、成巷质量好、节省人力、效率高、对围岩破坏影响小、支护容易、工作安全等优点。

岩巷掘进机是采用机械破岩,并能实现破岩、装岩、转载、临时支护、喷雾防尘等诸多工序的一种联合机组,也称联合掘进机。

EJ-30 型岩巷掘进机如图 2-5 所示,由破岩机构、装运岩石机构、推进机构、除尘装置、方向控制装置、瓦斯报警仪、护顶板装置等组成。

(三) 装岩与调车

装岩与调车是巷道掘进比较繁重的工作,一般情况下,装岩时间占掘进循环时间的35%～50%,个别情况甚至达到75%。因此,提高装岩机械化水平及生产率是实现快速掘进的主要措施。

1. 岩石装载机

岩石装载机的类型很多,其中主要的有铲斗装岩机、耙斗装岩机、蟹爪装岩机、立爪装载机等。

(1) 铲斗装岩机

铲斗装岩机是我国使用较多的一种机械,按卸载方式有侧卸式和后卸式两种,这两种装岩机的工作原理和主要组成部分基本相同,一般包括铲斗、行走、操纵、动力等几个主要部分,工作过程为间歇式。目前我国使用的铲斗装岩机的类型很多。Z-20B 型、ZLC-60 型是我国广泛采用的两种装岩机类型。

Z-20B 型后卸式铲斗装岩机是我国煤矿广泛采用的一种铲斗装岩机。它的动作过程可分为 4 步:① 开动机器驶向工作面,使铲斗插入岩堆;② 铲斗向上提升,同时机器前进以铲取更多的岩石;③ 铲斗装满岩石,机器后退离开岩堆,并将岩石卸入矿车;④ 卸载后铲斗下

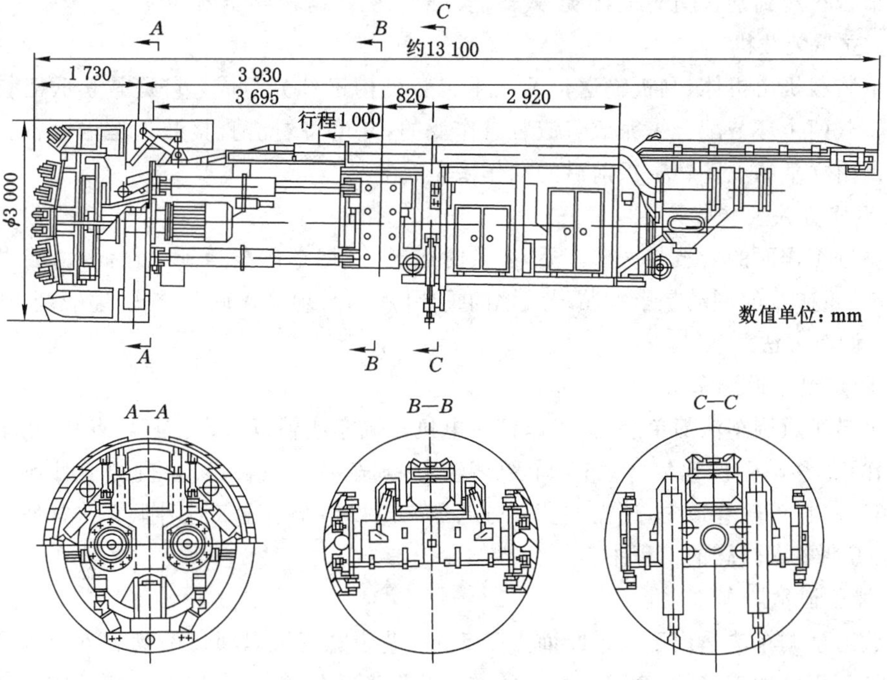

图 2-5　EJ-30 型岩巷掘进机

放，同时机器向前，完成一次装岩循环。

Z-20B 型后卸式铲斗装岩机可供井下平巷和倾角在 8°以下的斜巷掘进装岩，它适用于断面 7 m² 以上的巷道，其最大卸载高度为 2.18 m，矸石块度最大以不超过 200～250 mm 为宜。

ZLC-60 型侧卸式铲斗装岩机也是我国煤矿广泛采用的一种铲斗装岩机。该机适用于宽度大于或等于 4 m、高度大于或等于 3.5 m 的巷道。这种装岩机是正面铲取岩石，在设备前方侧转卸载，行走方式为履带式。与后卸式铲斗装岩机相比，侧卸式铲斗装岩机具有铲斗插入力大、斗容大、提升距离短、履带行走机动性好、装载宽度受限制小、铲斗可兼作活动平台等优点，适用于安装锚杆和挑顶等。侧卸式铲斗装岩机的缺点是履带在软岩上行走困难，结构较复杂，维修保养要求高。

(2) 耙斗装岩机

耙斗装岩机结构简单，以电为动力，不仅能在水平巷道装岩，而且在倾斜巷道及弯道装岩中得到广泛应用，是我国目前在岩巷掘进中主要的装岩机之一。按传动方式不同，耙斗装岩机分为行星轮式和摩擦式两种。

耙斗装岩机主要由耙斗、绞车、台车及槽子等部分组成。耙斗与钢丝绳连接，由绞车牵引，经过槽子往复耙取岩石，将岩石卸入放置在机尾下的矿车内。

(3) 蟹爪装岩机

蟹爪装岩机主要由蟹爪、履带行走部分、转载输送机、液压系统和电气系统等组成。它的特点是蟹爪能连续扒取岩石，通过刮板输送机和带式输送机装入矿车，而且装载时粉尘较少。装岩时，蟹爪装岩机低速前进，将倾斜的装岩平台插入岩堆，开动耙爪即可连续把矸石经装岩平台扒送到刮板输送机，经带式输送机卸入机尾运输容器内。

(4) 立爪装载机

立爪装载机由机体、刮板输送机及立爪耙装机构三部分组成。它是靠立爪耙装和刮板输送机转载两个环节配合来完成岩渣装载作业的，并可将岩渣直接装入运输设备。装载工作主要是由立爪的上下、左右、前后的动作来完成的。

2. 调车方法及转载设备

将掘进工作面的岩石装入矿车后，要及时运走，并把空矿车运到工作面，由装岩机继续装岩。空、重矿车的调动是影响装岩效率的重要因素，必须简化调车方式，缩短调车时间。

(1) 调车方法

① 固定错车道调车法

固定错车道调车法简单易行，可以使用电机车调车或辅以人力。其缺点是：错车常不能紧跟工作面，移动一次比较麻烦；调车距离较大，调车时间较长；装岩机的工时利用率只有20%～30%；在单轨巷道中，还需加宽部分巷道来安设错车道岔。这种调车法常使用在工程量不大、工期要求较缓的工程中。

② 浮放道岔调车法

浮放道岔调车法适用于巷道断面大于 5 m^2、巷道宽度可以通过两辆矿车的情况。这种调车法是利用已加工好的双轨道岔，浮放在单轨轨道的任何一个位置上，代替错车道调车法中的固定通岔。装岩时机车先把整列矿车推到双轨浮放道岔的一侧轨道上，待全部矿车装满后，用机车将整列重矿车拉出。这种方法不仅可节省扩巷工程，而且浮道岔容易安装与移动，调车距离短，调车方法简单。

另外，还有用于双轨巷道的菱形浮放道岔调车法。

(2) 转载设备

① 转载输送机

转载输送机是普通胶带或刮板类的运输设备，有悬挂式、支架式，也有自带行车设备的。

装岩前，可将一列空车存放在输送机的下面，等所有的车辆都装满后，由电机车一次拉出。由于转载设备不能过长，所以它下面存放的矿车数不能很多。在实践中，采用反复调车的方法，可增加连续装车的数目。

② 梭式矿车

梭式矿车是底部带有输送机的特殊矿车，容积有 2.5 m^3、3.5 m^3、7 m^3等。

梭式矿车工作过程：由装岩机向矿车端装岩，可拆的人字形板能灵活地从矿车一端移向另一端，岩石在人字形板后由输送机向另一端输送，为了装满矿车，装载板紧随输送机的推进而移动。根据工作面的条件，可以一次进一台梭车，也可把梭车搭接组列使用，一次将工作面爆落的岩石装走。

二、煤巷及半煤岩巷掘进

煤巷及半煤岩巷在掘进过程中所遇到的煤层及煤层顶、底板岩石强度一般较低，掘进容易，但其稳定性较差，尤其是采区巷道中煤巷及半煤岩巷还要受动压影响。因此，在掘进中要注意管理好顶板，同时还要根据巷道的服务年限、矿山压力大小以及围岩稳定性分类，合理选择支护方式。

（一）煤巷掘进

由于煤比岩石软，故煤巷掘进中破煤方法除采用钻眼爆破落煤法外，还可以采用风镐落煤法、机械落煤法、水力落煤法。目前煤巷掘进中破煤方法应用最多的是机械落煤法。

煤巷掘进机能够将掘进中破煤、装煤、转载等工序同时完成，有的掘进机上还装有锚杆钻装机，可同时完成支护工作。煤巷掘进机施工法和钻眼爆破法相比，具有工序少、速度快、效率高、施工安全、劳动强度小等优点。

煤巷掘进机由截割机构、装运机构、行走机构、转载机构、喷雾系统、液压系统等组成。

煤巷大多邻近采煤工作面，由于煤层强度较低以及矿山压力的影响，巷道围岩变形以及支架受力均较大，巷道的维护往往十分困难，但巷道的服务时间一般较短。因此必须根据巷道围岩的特点选择合理的支护方式。

针对受采动影响的巷道压力大和变形速度大的特点，目前，我国积极推广应用各种类型的锚杆支护，取得了较好的效果。

在围岩极易破碎、不宜采用锚杆支护时，使用U型钢可缩性支架较为理想。

如巷道服务时间较长，或煤壁易风化时，则可在安设锚杆后，再对煤壁进行喷浆处理。

（二）半煤岩巷掘进

半煤岩巷的施工方法与岩巷和煤巷的施工方法基本相同，但必须考虑煤层与巷道的位置关系，合理组织施工。

1. 巷道位置的选择

半煤岩巷掘进时，采面位置有挑顶、卧底、挑顶兼卧底三种情况，如图2-6所示。

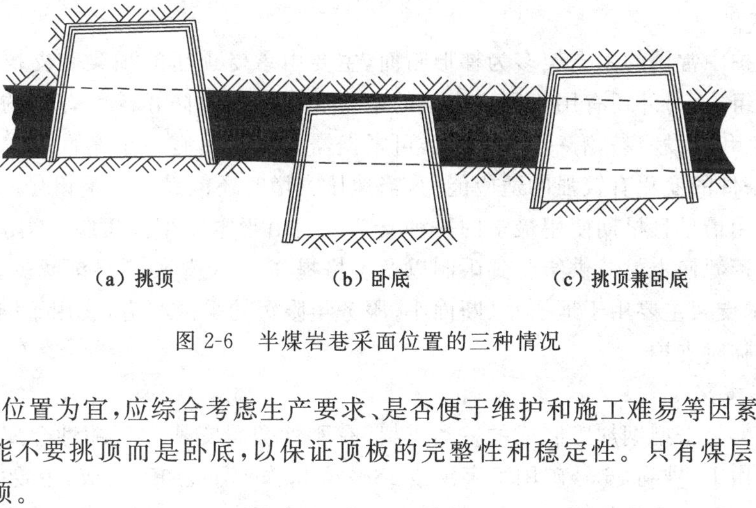

（a）挑顶　　（b）卧底　　（c）挑顶兼卧底

图2-6　半煤岩巷采面位置的三种情况

采用哪种位置为宜，应综合考虑生产要求、是否便于维护和施工难易等因素。在多数情况下，应尽可能不要挑顶而是卧底，以保证顶板的完整性和稳定性。只有煤层具有薄伪顶时，才采用挑顶。

实际上，一条巷道挑顶或卧底并非一成不变。为了保证巷道顺直及一定坡度，以上三种情况往往都会发生，甚至暂离煤层进行全岩掘进的情况也是有的。

2. 施工组织的特点

半煤岩巷掘进的施工组织有两种形式：一是煤、岩不分，全断面掘进。这种方式组织简单，能加快掘进速度，但这种方式所出的煤粉很高，煤的损失也很大。显然，这种施工组织用在厚度小于0.5 m、煤质不佳的半煤岩巷较为合适。二是分掘分运的组织形式，即先掘运煤，然后再掘运岩石。这种方式可保证煤的质量，但工作组织复杂，影响掘进速度。

三、巷道支护

为了保证巷道在掘进和使用期间的安全，并满足正常使用需求，需要对掘进形成的毛巷道的围岩施加必要的人工结构，以控制围岩的变形与破坏。这种人工结构称为巷道支护结构，施加这种结构的工作称为巷道支护，也叫支护施工(简称支护)。

巷道支护的工作量、占用人力和工时在巷道施工中均占有很大比例；其成本一般占巷道施工总成本的1/3～1/2。可见，巷道支护是巷道施工中的一项十分重要的工作，其成败不仅关系巷道围岩的稳定与安全，而且会影响巷道施工的速度和效率、消耗和成本等。

支护结构因巷道断面形状、支护材料以及与围岩的关系等不同而种类繁多，常用的支护结构分类方案很多，但最简明的是按支护结构与围岩的关系分类，按此方案支护结构分为三类：第一类是完全作用在围岩表面的棚架结构，如木(金属预制钢筋混凝土)棚和混凝土(钢筋混凝土、料石)拱等；第二类是主要部分深入围岩内部的锚固结构，如锚杆、锚索等；第三类是前两类结构结合而形成的联合支护结构，如锚喷支护、锚网喷支护等。

(一) 棚子支护

棚子是作用在巷道围岩表面的一种支架，有三类：第一类是主要由梁和柱组成的支架，按材料分为木棚子(木支架)、金属棚子(金属支架)、钢筋混凝土预制件棚子(钢筋混凝土支架)等，主要用于服务年限不长的采区巷道；第二类是由混凝土浇筑或用块体砌筑而成的整体支架，按材料和施工方法分为混凝土浇筑、钢筋混凝土浇筑、料石砌筑、砖砌筑、混凝土预制块砌筑等多种形式，主要用于服务年限较长的开拓巷道，适宜于圆弧形(拱形或圆形)断面；第三类是喷射混凝土支架，由喷射混凝土层组成，可用于各类巷道。

1. 木支架

巷道支护中常用的木支架多为梯形断面，主要由承受顶压的顶梁和支撑顶梁以及承受侧压的棚腿组成，另外还有用于固定支架的木楔和撑柱以及防止碎石掉落的背板。木支架质量轻，加工和架设容易，有一定的强度，可根据需要做成具有一定刚性或较大可缩性的支架，对地质条件的变化有较强的适应能力，当地压突增时还能发出声响讯号。木支架是在矿井开采中使用最早且早期使用最多的一种支架。但由于木支架强度低，不防火，易腐朽，加之保护森林资源使木材的供给受到限制以及价格提高，木支架使用日渐减少。

目前，木支架主要用于地压小、断面小、服务年限短的采区巷道，或用于维修巷道和掘进巷道时作为临时支护。

2. 金属支架

金属支架是由型钢加工制成的一类支架，有刚性金属支架和可缩性金属支架两类。金属支架一般由11号到16号矿用工字钢或18～24 kg/m钢轨加工而成，主要由梁和柱组成，断面为梯形。和木支架相比，金属支架具有强度高、体积小、坚固耐久、防火和可回收复用等一系列优点，其缺点是初期投资大。

金属支架主要用于采区巷道，在断面较大、地压较大的其他巷道也可采用；在一次成巷中，作为临时支护较为理想；在有酸性水腐蚀的地区，不宜使用。为了防止金属支架受压陷入底板，可在其下端焊一块钢垫板或加垫木。

3. 钢筋混凝土预制件支架

钢筋混凝土预制件支架(简称钢筋混凝土支架)是由预制的钢筋混凝土梁和柱组成的一种刚性支架，分普通型和预应力型两种，多用于梯形断面巷道。这种支架充分利用混凝土和钢筋的受力特性，使混凝土在构件中承受压力，钢筋承受拉力，不但能提高结构的承载能力，而且可节约材料。

钢筋混凝土支架适用于地压稳定、服务年限较长、断面积小于12 m^2 的巷道；在动压较大的采区巷道内不宜使用。与木支架和金属支架相比，钢筋混凝土支架质量大、架设不便，因此使用越来越少。

4. 喷射混凝土支架

喷射混凝土支架是一种主体部分作用于围岩表面的支架，也属于棚子支护。所用材料和主体结构与钢筋混凝土支架基本相同，但施工方法不同。喷射混凝土支架是将混凝土混合料用喷射机加压后高速喷向岩壁形成的。

（二）锚杆支护

锚杆支护是将支护结构的主体经钻孔装于围岩内部，通过改变围岩的受力状态以及围岩与深部岩层之间的力学关系等达到支护目的的一种支护方式。

锚杆主要由杆体、锚固部分和外端承载装置组成。锚杆的种类很多，按杆体材料分为金属锚杆、木锚杆、竹锚杆等；按锚固方式分为机械锚固和化学锚固，其中机械锚固又分为倒楔式、横缝式、管缝式、涨壳式等，化学锚固按固剂不同分为树脂锚固、快硬水泥锚固、砂浆锚固等；按照锚固长度分为端锚固和全长锚固。锚杆外端承载装置一般由托板和螺母或固定楔组成，托板材料有金属和木质两种，其形状大都为矩形平板状。

和其他支护方式相比，锚杆支护具有施工速度快、劳动强度低、支护效果好、成本低等优点，因此应用越来越广泛。不同的锚杆结构，对围岩的作用方式不同，适用的巷道和围岩条件不同，施工工艺和要求也不同。选择锚杆的基本原则为：能够适应围岩条件，支护效果好；工艺简单，施工方便快捷，质量容易保证；结构简单，成本低。

目前常用的锚杆有：钢筋或钢丝绳砂浆锚杆、金属倒楔式锚杆、木锚杆、树脂锚杆、快硬水泥锚杆、快硬膨胀水泥锚杆、管缝式锚杆和预应力树脂锚杆等。

（三）联合支护

当围岩条件和地压复杂时，单纯的锚杆支护无法满足支护要求，从而形成了以锚杆支护为主体，内外结合的联合支护方式。联合支护是以两种以上支护方式（或支护材料）结合形成的一种支护结构，在充分利用各单一支护方式的优势和特点的基础上能显著提高结构的整体承载和抗变形能力，从而对控制复杂围岩和地压具有显著效果。联合支护方式很多，最常用、最简单的是锚喷支护，另外还有锚网支护、网喷支护、锁网梁支护、锚网梁喷支护、锚杆桁架支护等。一般围岩条件和地压越复杂，联合支护结构也越复杂。

第三节　立井开凿

一、立井断面形状

立井井筒断面分纵断面与横断面。纵断面包括井颈、井身、井底三个部分；横断面形状有圆形、矩形和椭圆形等。以下所述断面均为横断面。

横断面的形状根据井筒的用途、服务年限、井筒穿过岩层的性质及所用的支护材料确定。立井多采用圆形断面，这是因为煤矿井筒所通过的地层多数不够稳定，而圆形断面既便于施工又易于维护，还可承受较大的地压。

地压小、服务年限不超过 15 a 的小型矿井，井筒有时采用矩形和多角形断面。椭圆形断面一般在改建、扩建旧的矩形断面小井时应用。

立井断面尺寸决定于井筒的用途、设备和所需通过的风量。

立井断面尺寸的确定步骤：根据提升容器、井筒装备和井筒延深方式等因素，先按《煤矿安全规程》规定的设备间隙尺寸，用图解法或解析法求出井筒的近似直径，再按通风要求确定井筒断面尺寸。

二、立井凿进

目前，立井施工方法主要有普通开凿法和特殊开凿法两大类。煤矿井筒的施工主要采用以凿岩爆破为主的普通施工法。

（一）立井普通开凿法

立井施工过程可分为准备工作、表土施工和基岩施工三个部分。在表土施工中，破岩容易，而支护十分复杂。在基岩施工中，破岩比较困难，需钻眼爆破，支护要求较高。

立井在正常施工阶段，要安装专用凿井井架，并自上而下设置下述供施工用的设施：凿井井架、天轮平台、卸矸台、封口盘、固定盘、吊盘及稳车。

1. 准备工作

立井施工前必须遵循国家规定的基本建设程序进行一系列的准备工作。准备工作主要包括：收集工程地质、水文地质勘探资料作为设计依据，编制施工组织设计和施工预算，按设计要求进行施工准备。

首先要抓好风、水、电路这些关键环节，修筑铁路和公路，寻找并确定水源，建立给水和供电系统，建筑必要的房屋，安装压气、通风、排水、提升等设备和凿井井架，充分备足各种施工器材。为及早做好准备工作，应采用平行或交叉准备，尽量缩短建井准备期。

2. 表土施工

覆盖在基岩上部直至地表的第四纪、新近纪、古近纪风化沉积的土、砂、砾石层，统称为表土层。在井筒穿过的各类表土中，若其中不含有饱和水，即认为是比较稳定的（土中水的体积与孔隙体积之比的百分数大于 80%即认为是含饱和水的土）。具体施工工序如下：

(1) 在井筒附近打钻孔取岩芯，验证地质资料是否准确。

(2) 以测量方法定出井筒十字中心线，并按照井口布置图放好线。例如，可用“十字标桩法”测定井筒中心，在井筒直径以外埋设 12～15 个标桩，准确定出井筒中心位置，即可随时检查井筒偏斜情况。

(3) 安设锁口圈。首先从地表向下挖 2～3 m，然后安设用以固定井口位置和吊挂临时支架的临时锁口。由于土质和施工方法不同，选用锁口形式和材料也不一样。锁口材料有木质、钢结构和混凝土的，由于钢结构锁口拆装方便，可以复用，在施工中广泛采用。

(4) 挖掘表土。表土挖掘工作应尽量实现机械化，以提高表土段井筒的施工速度和减轻工人的劳动强度。当机械化条件不具备时，亦可用铁锹、风镐或钻眼爆破等简单工具和方法。

表土施工中应特别注意对水的处理。

表土部分的支护（一般为井颈）应比立井其他部分的支护更为坚固。

3. 基岩施工

(1) 钻眼爆破

在立井掘进中，凿岩爆破是主要工作，占整个循环时间的 20%～30% 。立井钻眼与岩巷掘进相似，只是立井钻眼是由上向下钻进的，所以进行机械化凿岩时，吊架悬吊在井架上或吊盘下，吊架上安装有4～12台凿岩机(如7055.VT-24或YTP-26型)同时作业，进行湿式凿岩(使工作面空气中粉尘含量达到2 mg/m^3以下)。

立井掘进中多有涌水，岩石又比较坚硬，应选用抗水炸药并采取防潮措施，可用抗水四号岩石硝铵炸药和40%硝化甘油炸药；采用毫秒雷管爆破比普通段发雷管起爆效果好。

我国现场采用的炮眼直径多为36～42 mm，药卷直径为32～35 mm。眼深与循环时间关系密切，它决定钻眼同装岩的循环工作量，而这两项工序是占循环时间较多的主要工序。眼深一般为1.2～2 m，少数可达3～4.5 m。先确定炮眼排列方式，再根据排列方式确定眼数。多用串联装药，即将每个炮眼内全部药卷先在地面装入特制的防水纸筒内，在工作面装药时，将长药卷一次装入眼内，做到安全和保证爆破效果，还可以缩短井下装药时间。

立井掘进通风与平巷掘进通风方式一 样，也有压入式、抽出式和混合式三种，多用压入式通风。

(2) 装岩、提升和排水

① 装岩工作

装岩是立井掘进中最繁重、最费时的工序，约占整个循环时间的60%。目前立井施工已普遍采用抓岩机装岩，实现了装岩机械化。我国生产的抓岩机有NZQ2—0.11型抓岩机、长绳悬吊抓岩机(HS型)、靠壁式抓岩机(HK型)、环行轨道式抓岩机(HH型)、中心回转式抓岩机(HZ型)等。煤矿立井施工多采用中心回转式抓岩机。

② 提升工作

在井筒掘进中，一切材料和工具的运入、岩石的提升以及人员的上下均靠提升工作完成。一般使用的提升容器是吊桶。矸石吊桶容积一般为0.5～3 m^3。

③ 排水工作

立井井筒施工中，工作面不可避免会出现涌水，井帮也会有淋水。若涌水量小于8 m^3/h，可用压气泵将水排入吊桶带走；若涌水量在8～50 m^3/h时，可用吊泵排水；涌水量再大时，应设中间泵房，中间截水，进行多段排水。

此外，在井筒掘进过程中，还应有良好的照明和信号设备。

(二) 立井特殊开凿法

在立井开凿过程中，当表土层遇到流沙、淤泥等不稳定土层时，为实现安全高效凿井，就要利用特殊施工方法。

1. 冻结法

冻结法凿井就是在井筒掘进之前，在井筒周围钻冻结孔，用人工制冷的方法将井筒周围的不稳定表土层和风化岩层冻结成一个封闭的冻结圈，以防止水或流沙涌入井筒并抵抗地压，然后在冻结圈的保护下掘砌井筒。待掘砌到设计的深度后，停止掘砌进行套内壁。套内壁到一定高度或结束后，停止冻结，进行拔管和充填工作。目前大都仅充填而不拔管，因管子对围岩有加固作用。

冻结法凿井的主要工艺过程有冻结孔的钻进、冻结站及冻结管路安装、井筒冻结和井筒掘砌等。冻结井壁一般都采用钢筋混凝土或混凝土双层井壁。外层井壁一般为厚400～600 mm的钢筋混凝土，随掘随进行浇注。内层井壁一般为厚400～800 mm的钢筋混凝土，是在通过冻结段后自下向上一次施工到井口的。井筒冻结段双层井壁的优点是内壁无接茬,井壁抗渗性好;内壁在消极冻结期施工,混凝土养护条件较好,有利于保证井壁质量。

2. 钻井法

钻井法凿井是利用钻井机将井筒全断面一次钻成,或将井筒分次扩孔钻成。钻井法凿井的主要工艺过程有井筒钻进、泥浆洗井护壁、井壁下沉和壁后充填等。

(1) 井筒钻进

钻进时,由设在地面钻台上的转盘口通过六方钻杆驱动钻头在井底旋转,在钻头部分的垂直压力(称钻压)和回转力矩作用下,钻头上的刀具连续地切削和破碎岩石,使井筒工作面不断向下推进。

(2) 泥浆洗井护壁

洗井和钻进是同时进行的,用泥浆冲洗液洗井。压气由水龙头的中心管进入压气管内,经混合器与泥浆混合,钻杆内外产生液柱压差,在压差的作用下,将携带岩屑的泥浆自吸收口吸入,经钻杆和压风管之间的环状空间排至地面,经三通、排浆管后进入泥浆槽。泥浆在沉淀池内净化后,经回浆槽返回井内。泥浆在吸收口吸入前,流经钻头刀具并冲洗工作面,使刀具始终作用在未被破碎的岩石上。

由于井筒内充满了泥浆,利用泥浆柱对井帮的压力和泥浆在井帮上形成的一层泥皮,可以平衡地压和静水压力,阻止地下水向井内渗流,从而可有效地防止井帮坍塌,因此泥浆还起着临时支护作用。

(3) 井壁下沉和壁后充填

井壁下沉是在井筒达到设计深度和直径后进行的。它利用井筒内充满的泥浆,将预制好的有封底底座的永久井壁放入井内,在泥浆中悬浮下沉。随着井壁下沉,在井口不断接长井壁,同时不断从井底排出泥浆,以免泥浆外溢或沉淀。为防止片帮,泥浆面不得低于锁口1 m。当井壁下沉到距设计深度1~2 m时,要停止下沉,测量井壁的垂直度并进行调整,然后再沉到底。随后进行壁后充填,最后把井壁内清水排净,通过预埋的注浆管进行壁后和封底注浆,以提高充填质量和防止破底时发生涌水冒砂等事故。

3. 沉井法

沉井法就是在土层开挖前,把预制好的永久井壁按井筒位置沉入土中,然后在它的保护下进行掘进。这种方法可节省临时支护,所通过的土层可比板桩法厚些。

沉井可用混凝土、砖等筑成,为使其易于下沉,在其下端装有尖锐的刃脚。为防止砌筑时沉井非均匀下沉,在沉井周围还应铺设承垫木,以保持沉井垂直下沉。

砌完沉井后,撤承垫木,沉井自行下沉。随沉井下沉,在地面接长井筒,直到穿过全部流沙层,插入不透水层0.5~1 m以上为止。

井壁下沉需要克服来自刃脚的正面阻力和侧面阻力。前者决定于所穿过的土层性质,与深度关系不大;后者决定于深度,到一定深度后井壁将不再下沉。

4. 注浆法

注浆法是将胶结材料配制成浆液注入地层的裂隙或空洞中去,浆液凝结硬化后堵塞孔隙、裂隙或溶洞,从而达到封闭水源或加固地层的目的。根据注浆地点不同分为地面预注浆和工作面预注浆。

(1) 地面预注浆

地面预注浆的钻注浆孔和注浆工作都是在地面进行的。当含水层距地表较浅时,采用地面预注浆较为合适。钻孔布置在大于井筒掘进直径 1～3 m 的圆周上，有时也可以布置在井筒掘进直径范围以内。

（2）工作面预注浆

当含水层埋藏较深时，采用井筒工作面预注浆是比较合适的，井筒掘进到距含水层一定距离时停止掘进，一般在距含水层 10 m 处构筑混凝土止水垫。

第四节　立井井筒延深

井筒延深就是将原井筒加深的工作。根据井筒延深工作面的推进方向，立井井筒延深施工主要有辅助水平延深井筒、延深间延深井筒、反井延深井筒等方法。

一、辅助水平延深井筒

该法需要新开凿一个比现有生产水平标高低 30～50 m（有时低 100～200 m），能供延深施工设备布置的施工水平，即辅助水平。在辅助水平布置延深用的巷道、硐室并安放延深施工设备，然后从延深辅助水平自上向下进行井筒的掘砌施工。人员、材料和设备由生产水平经暗斜井到达延深辅助水平，然后用吊桶下放至工作面。矸石用吊桶提至延深辅助水平，卸入矿车，然后经暗斜井提至生产水平，再利用永久提升设备转提到地面。

二、延深间延深井筒

延深间延深井筒是利用上水平井筒预留的延深间或梯子间，布置延深施工的主要设备，并穿过保护岩柱，在岩柱的保护下进行新水平的井筒延深。由于上水平井筒仍在正常生产提升，留给延深用的井筒断面比较狭小，很难布置全部施工设施，故将部分管线及设备悬吊布置在生产水平或生产水平之下。

延深间延深井筒的方法除井筒施工的提绞设备布置有所不同外，井筒掘砌施工方法与普通井筒基岩段施工基本相同。

三、反井延深井筒

利用反井延深井筒时，在井筒延深施工之前必须有一个井筒或下山已经到达延深新水平，并且已有巷道通往延深井的井底。利用反井延深井筒，就是由延深新水平自下向上先开凿一个小断面的反井，再自上向下按照井筒设计断面分段刷大和砌壁。

思　考　题

1. 我国煤矿巷道常用的断面形状有哪些？
2. 巷道断面参数如何确定？
3. 我国煤矿井下常见的岩巷掘进施工方法有哪些？
4. 我国岩巷掘进中，常用的装岩机械设备有哪些？
5. 我国岩巷掘进中，常用的调车方法有哪些？
6. 半煤岩巷掘进时，巷道采面位置有哪几种情况？

第三章　准备方式

第一节　采区式准备方式

上(下)山采区式准备方式是在阶段开拓巷道已圈定的采区范围内开掘准备巷道。根据采区内准备巷道特点、服务范围、开采煤层数目的不同,通常把采区分为上山采区与下山采区,单翼采区与双翼采区,单层布置采区与联合布置采区等不同类型。

在运输大巷的上侧布置采区巷道,采区内采出的煤下运至运输大巷的采区,称为上山采区;在运输大巷的下侧布置采区巷道,采区内采出的煤上运至运输大巷的采区,称为下山采区。一般多采用上山采区。

将上山采区布置在采区的中央,向两翼前进回采或由两翼边界后退回采的采区,称为双翼采区;将上山采区布置在采区的一侧边界附近,向另一侧前进回采或由边界向上山后退回采的采区,称为单翼采区。

一套上山为一个煤层服务的采区,称单层布置采区;一套上山为几个煤层服务的采区,称联合布置采区。单层布置是基本的准备方式,联合布置只是在开采煤层群时才用。准备方式分类如图 3-1 所示。

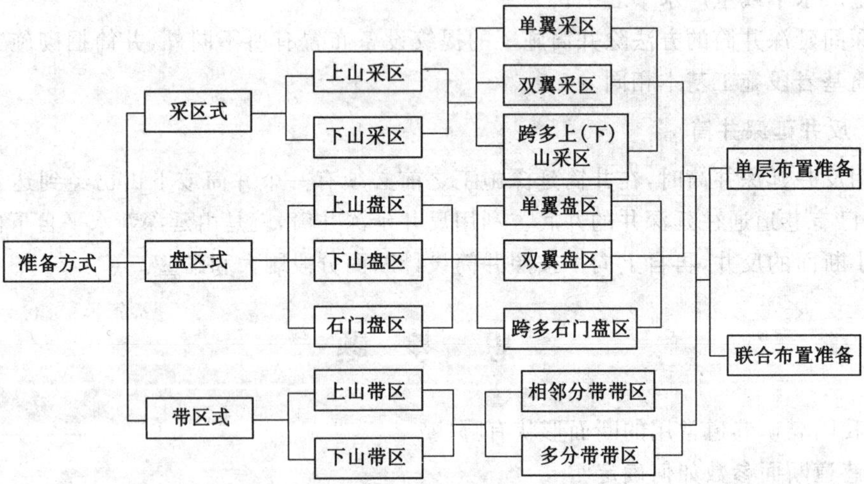

图 3-1　准备方式分类

一、单层布置上山的采区准备方式

图 3-2 所示为缓倾斜及倾斜薄及中厚煤层单层布置上山采区准备方式。

(一) 巷道掘进顺序

在采区中央下部有运输大巷和轨道大巷,开掘采区下部车场。由采区下部车场向上沿

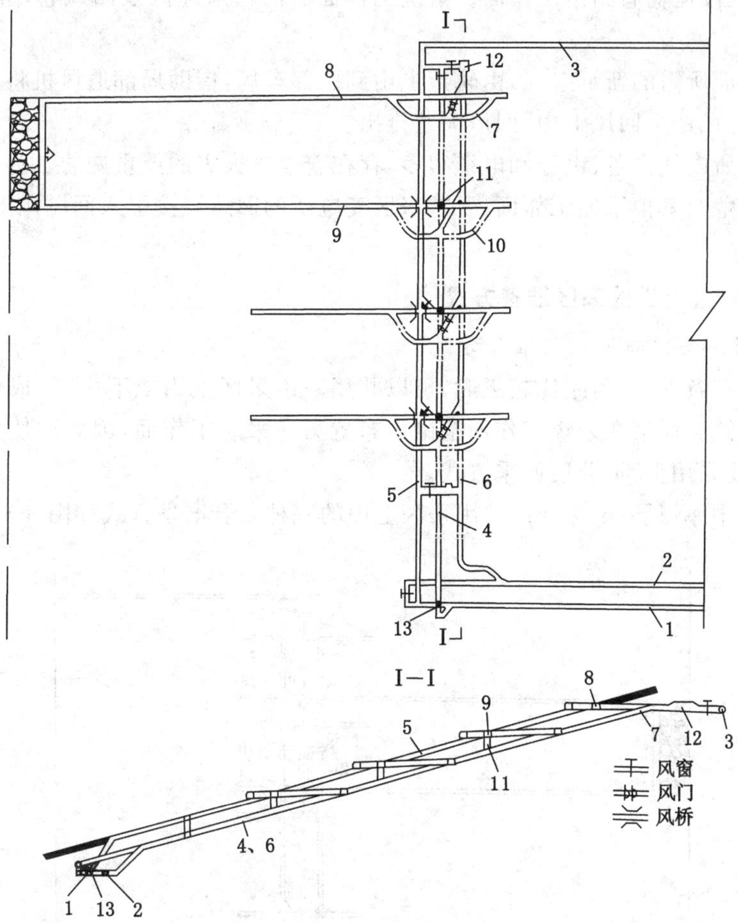

1—运输大巷;2—轨道大巷;3—回风大巷;4—运输上山;5—回风上山;6—轨道上山;
7—上部车场;8—区段回风巷;9—区段运输巷;10—中部车场;11—溜煤眼;12—采区绞车房;13—采区煤仓。

图 3-2 缓倾斜及倾斜薄及中厚煤层单层布置上山采区准备方式

煤层底板分别开掘运输上山和轨道上山,同时沿煤层掘进回风上山。上山之间相距 20 m,至采区上部边界后,掘采区上部车场与回风大巷连通。此后,在第一区段下部掘中部车场,紧接着掘进一翼第一区段的回风平巷和第一区段的运输平巷,掘到采区边界后再掘开切眼。在掘进上述巷道的同时,还应开掘采区煤仓、绞车房及采区变电所。

当掘完上述巷道和硐室,并安装好各种设备之后,便可投入生产。本工作面采煤结束之前,应及时掘进下区段的中部车场、回风巷、运输巷和开切眼,并将必要的设备安装完毕,以保证采煤工作面的正常接续。

(二)生产系统

采煤工作面采出的煤炭,经区段运输巷运至采区运输上山,然后转运到采区煤仓,经运输大巷运至井底煤仓,通过主井提升至地面。采煤工作面使用的材料和设备由轨道大巷经采区轨道上山至采区中部车场或上部车场,送往各使用地点。掘进时所出的煤和矸石则用矿车按与运料相反的方向运出采区。

采煤工作面所需的新鲜空气,从轨道大巷进入,经下部车场、轨道上山、中部车场,再到上部车场，经区段运输巷到达工作面。清洗工作面后的污风经区段回风巷，进入回风大巷，再排至地面。

掘进工作面所需的新鲜空气，由轨道上山到中部车场，借助局部通风机将新鲜空气送至掘进工作面，污风经由回风上山、回风大巷排出。

采区变电所电气设备、设施和电缆很多，存在着电气火灾的严重威胁。为了防止采区变电所火灾事故危及其他采掘工作面，要求采区变电所的回风直接引入回风风流中，而不能进入采掘工作面。

二、联合布置上山的采区准备方式

（一）煤层群集中布置采区准备方式

多煤层赋存条件，层间距比较近时，可以共用一组采区上山或下山，形成煤层群集中布置采区准备方式。严禁在采煤工作面范围内布置另一采煤工作面，因此即使多煤层共用上山，也尽量不要采用上、下分层回采方式。

两个薄及中厚煤层 m_1 和 m_2 共用采区上山的一种联合准备方式如图 3-3 所示。

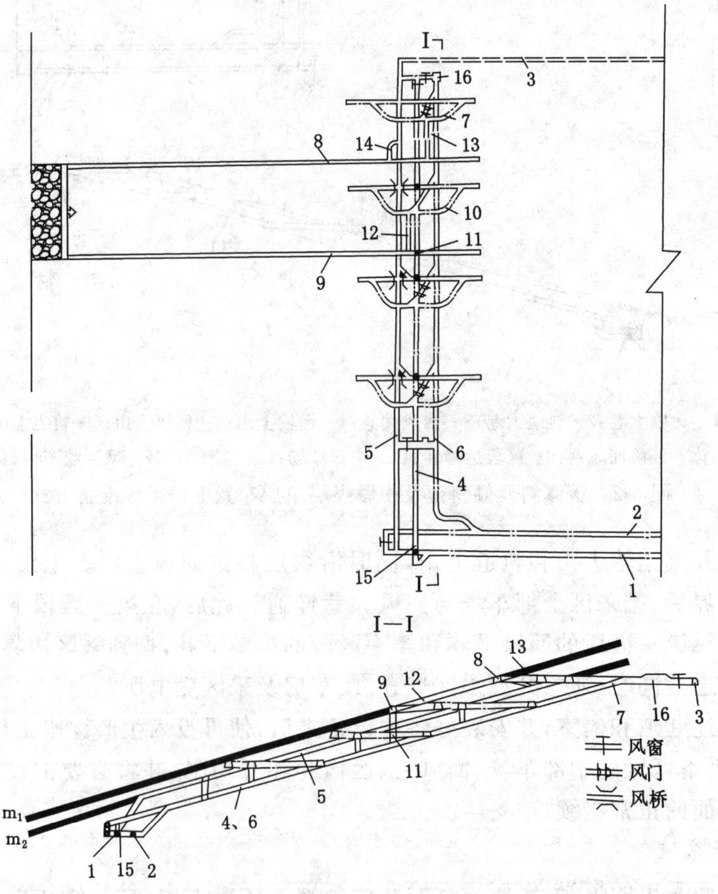

1—运输大巷；2—轨道大巷；3—回风大巷；4—运输上山；5—回风上山；6—轨道上山；
7—上部车场；8—m_1 煤层区段回风平巷；9—m_1 煤层区段运输平巷；10—中部车场；11—溜煤眼；
12—m_1 煤层区段进风石门；13—m_1 煤层区段运输石门；14—m_1 煤层区段回风斜巷；15—采区煤仓；16—采区绞车房。

图 3-3　共用采区上山的一种联合准备方式

1. 巷道掘进顺序

在采区下部有运输大巷和轨道大巷，开掘采区下部车场，由下部车场向上沿 m_2 煤层底板分别开掘共用运输上山和共用轨道上山，至采区上部边界后，与回风大巷连通。此后，在 m_2 煤层掘上部车场、中部车场及区段石门，紧接着掘 m_1 煤层区段运输巷和区段回风巷，掘到采区边界后再掘开切眼。在掘进上述巷道的同时，还应开掘采区煤仓、溜煤眼、采区绞车房及采区变电所。当掘完上述巷道和硐室，并安装好各种设备之后，m_1 煤层工作面便可投入生产，与此同时掘进 m_2 煤层区段运输平巷及区段轨道平巷以保证工作面正常接替。

2. 生产系统

m_1 煤层工作面采出的煤，经该层区段运输巷运到区段溜煤眼，再通过采区运输机上山运至采区煤仓。最后，在大巷车场装车外运。采区轨道上山兼作进风，回风上山兼作回风。新鲜风流经中部车场、区段进风石门及 m_1 煤层区段运输巷进入 m_1 层工作面；污风经 m_1 煤层轨道平巷及回风斜巷，进入采区回风上山进而流至回风大巷。

掘进工作面所需的新鲜空气，由轨道上山到中部车场，借助局部通风机将新鲜空气送至掘进工作面，污风经由回风上山、回风大巷排出。

采区联合布置减少了大巷的数目和巷道工程量，充分发挥了运输设备的能力，节省了设备和管线器材，提高了生产能力。

(二) 煤层群分组集中准备方式

煤层群分组集中准备方式如图 3-4 所示。五层煤按层间距远近可以划分为两组，其中 m_1、m_2、m_3 为一组，m_4 和 m_5 为另一组，两个煤层分组共用运输大巷和回风大巷，采用两组独立的上山系统，组间用石门联系，组内采用集中布置，形成煤层群分组集中准备方式。

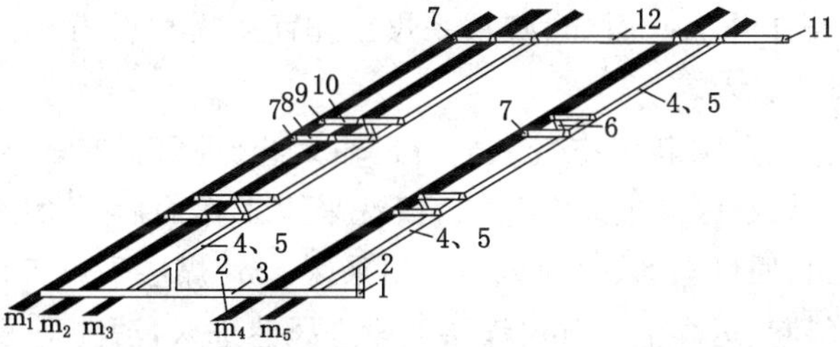

1—运输大巷；2—采区煤仓；3—采区运输石门；4—轨道上山；5—回风上山；6—溜煤眼；
7—区段轨道平巷；8—区段轨道石门；9—区段进风巷；10—区段进风石门；11—回风大巷；12—区段回风石门。

图 3-4 煤层群分组集中准备方式

1. 巷道掘进顺序

阶段运输大巷和回风大巷共用采区运输上山、轨道上山，均开掘在煤层底板岩层中。各煤层区段运输巷通过运输石门及溜煤眼与运输上山相通。区段轨道巷通过轨道石门与轨道上山相连。

2. 生产系统

采煤工作面采出的煤，通过各煤层运输巷及溜煤眼，运到共用上山；然后，经采区煤仓和运输石门运至运输大巷，最后经主井到达地面。材料、设备和矸石可通过采区轨道上山和车场以及轨道运输巷(包括平巷和石门)运送。

新鲜风流从采区轨道上山、中部车场，经轨道上山，沿着与煤流相反的方向进入煤层采煤工作面。污风经各煤层回风巷和回风石门、回风上山，到回风大巷，经风井排出地面。

第二节 盘区式与带区式准备方式

我国通常把倾角小于8°的煤层叫作近水平煤层。由于近水平煤层倾角小，因而在准备方式上与缓倾斜和倾斜煤层相比，有相似之处，但又有一些不同的特点。

盘区式准备方式按盘区与运输大巷相对位置的不同，可分为上山盘区与下山盘区；按盘区的主要准备巷道形式的不同，可分为上、下山盘区与石门盘区。

一、上(下)山盘区准备方式

图 3-5 所示是上山盘区准备方式，平面图中只画出上层煤的巷道布置。盘区内开采两个薄及中厚煤层 m_1 和 m_2，其间距为 10～15 m，地质构造简单，煤层平均倾角为 5°～8°。盘区双翼开采，走向长度为 1 200 m，斜长为 1 000 m，盘区内划分若干区段。运输大巷开在 m_2 煤层底板岩石中，总回风巷、运煤上山布置在 m_2 煤层中，轨道上山布置在 m_1 煤层中；区段平巷为双巷布置，盘区上山与区段平巷以溜煤眼和材料斜巷联系，运输大巷与轨道上山以盘区材料上山联系。

m_1 煤层采煤工作面的煤经区段运输巷、区段溜煤眼、盘区运煤上山运入煤仓，在下部车场装入矿车经运输大巷运出。m_2 煤层工作面的煤经区段运输巷、盘区运煤上山，此后的运煤路线与 m_1 煤层相同。

材料经岩石运输大巷、盘区材料上山、甩车道、轨道上山，上部或中部车场、m_1 煤层进风巷送至 m_1 煤层采煤工作面。而 m_2 煤层采煤工作面所需材料由 m_1 煤层进风巷、区段材料斜巷、m_2 煤层进风巷送入。

m_1 煤层采煤工作面所需新鲜空气从岩石运输大巷、进风斜巷、运煤上山、m_2 煤层区段进风巷、材料斜巷、m_1 煤层区段进风巷进入，清洗采煤工作面后，污浊空气经 m_1 煤层区段运输巷、盘区轨道上山、回风斜巷、总回风巷排出采区；m_2 煤层采煤工作面所需新鲜空气从岩石运输大巷、进风斜巷、运煤上山、m_2 煤层区段进风巷进入，清洗采煤工作面后，污浊空气经 m_2 煤层区段运输巷、溜煤眼进入盘区运输上山，以后的路线与 m_1 煤层污风流方向相同。

上山盘区单层布置准备方式，由于盘区的储量较小，产量不大，服务年限短，一般设运输和轨道两条上山就能满足需要，盘区上山一般布置在煤层内。

生产实践中盘区式准备方式被广泛应用。通常近水平煤层、埋藏稳定、地质构造简单、煤层储量丰富、技术装备水平较高、盘区生产能力较大的大中型矿井，适宜采用盘区式准备方式。

二、带区式准备方式

带区内开采单层薄及中厚近距煤层，运输大巷和轨道大巷布置在煤层底板岩石中，回风大巷布置在煤层中。采煤工作面的煤经工作面分带运输斜巷运入煤仓，经运输大巷运至井底煤仓；材料从轨道大巷经材料斜巷、工作面分带回风斜巷进入采煤工作面；新鲜空气从运输大巷经进风行人斜巷、工作面分带运输斜巷进入采煤工作面，清洗采煤工作面的污浊空气经工作面分带回风斜巷进入回风大巷排出。

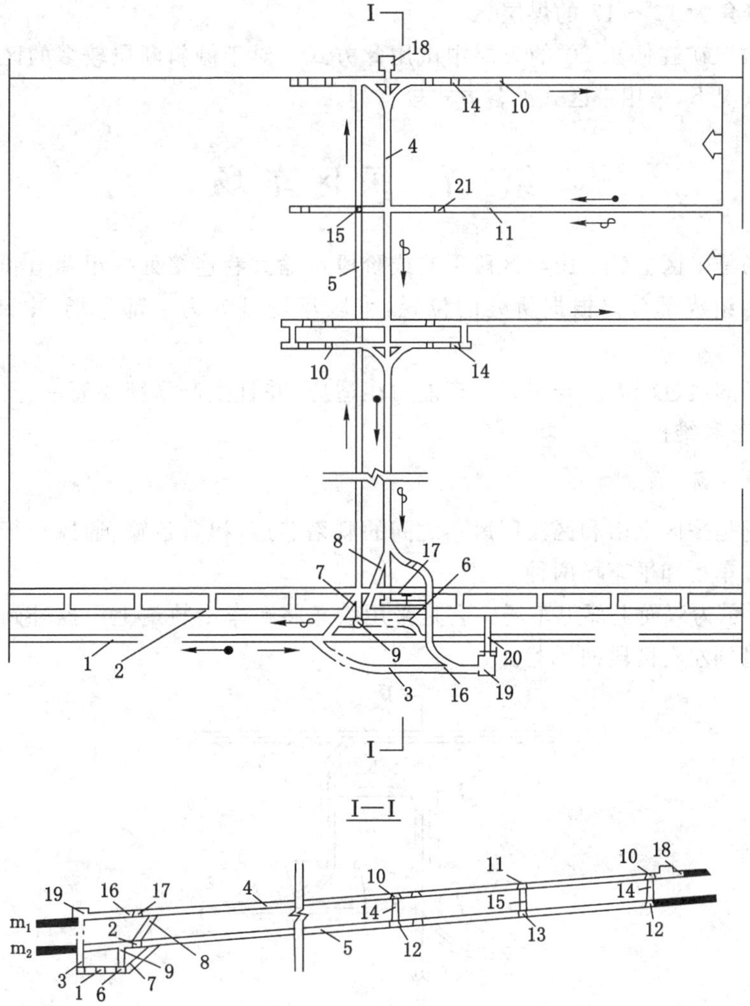

1—岩石运输大巷；2—总回风巷；3—盘区材料上山；4—盘区轨道上山；5—盘区运煤上山；
6—下部车场；7—进风斜巷；8—回风斜巷；9—煤仓；10—m_1 煤层区段进风巷；11—区段运输巷；
12—m_2 煤层区段进风巷；13—m_2 煤层区段运输巷；14—区段材料斜巷；15—区段溜煤眼；16—甩车道；
17—无极绳绞车房；18—无极绳尾轮；19—盘区材料斜巷绞车房；20—绞车房回风巷；21—下层煤回风眼。

图 3-5　上山盘区准备方式

带区式准备方式有以下优点：

(1) 巷道布置简单，巷道掘进和维护费用低，投产快。

(2) 工作面的出煤经分带斜巷运输直达运输大巷，运输环节少，系统简单，占用设备少，运输费用低。

(3) 通风路线短，风流方向转折变化少，巷道交叉点和风桥等通风构筑物也相应减少。

(4) 对某些地质条件适应性较强。

(5) 技术经济效果比较显著。

目前我国带区式准备方式一般用于煤层倾角小于 12°的缓斜煤层，尤其是在开采水平煤层时技术经济效益比较显著。当对采煤工作面设备采取有效的技术措施后，带区式准备方式可用于倾角为 12°～17°的煤层。

现在少数煤矿在倾角 20°的煤层中试用此方式。对于倾斜断层较多的区域，在能划分规则分带的情况下，采用带区式准备方式较有利。

第三节　采区车场

采区车场是采区上(下)山与区段平巷或阶段运输大巷连接处一组巷道和硐室的总称，是采区巷道的组成部分。根据所处的位置，采区车场可分为上部车场、中部车场和下部车场。

采区车场的通过能力应与采区生产能力相适应，并且生产系统要简单、安全可靠、掘进量小、便于施工和维护。

一、上部车场

上部车场是采区上山和区段回风巷之间的联络巷道，担负运输、通风和行人的任务，其基本形式有甩车场和平车场两种。

图 3-6 所示为双面上部甩车场。它是采用绞车将矿车沿轨道上山提升到甩车道以上，经甩车道下甩到左右区段回风巷。

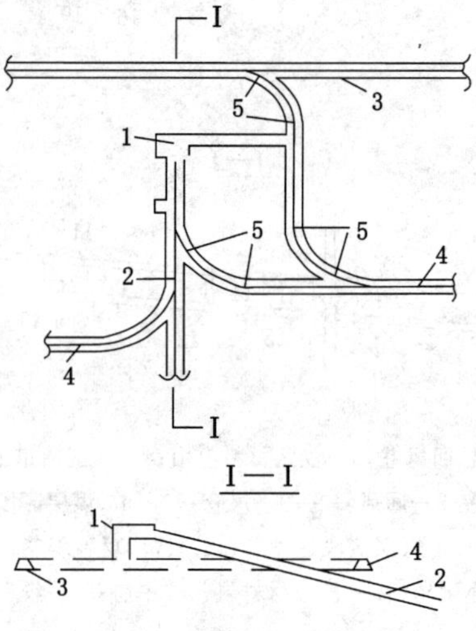

1—绞车房；2—轨道上山；3—阶段回风巷；4—区段回风巷；5—甩车道。

图 3-6　双面上部甩车场

图 3-7 所示为平车场。它是将车场绞车房和回风巷布置在同一标高上，轨道上山的上端用水平轨道巷(即平车场)与区段回风巷或总回风巷贯通。矿车或材料车经轨道上山提到平车场摘钩，然后沿岔巷进入总回风巷。

二、中部车场

在煤层中布置上山时，多采用单向斜甩绕道式车场，如图 3-8 所示。

上山两翼工作面采出的煤，经区段运输巷运到运输上山。材料、设备车由轨道上山经甩车道运到区段轨道平巷。

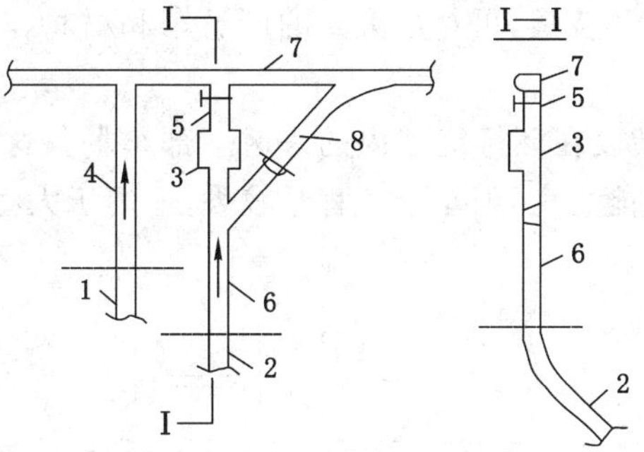

1—运输上山；2—轨道上山；3—绞车房；4—联络石门；5—绞车房回风巷；6—平车场；7—总回风道；8—岔巷。

图 3-7　平车场

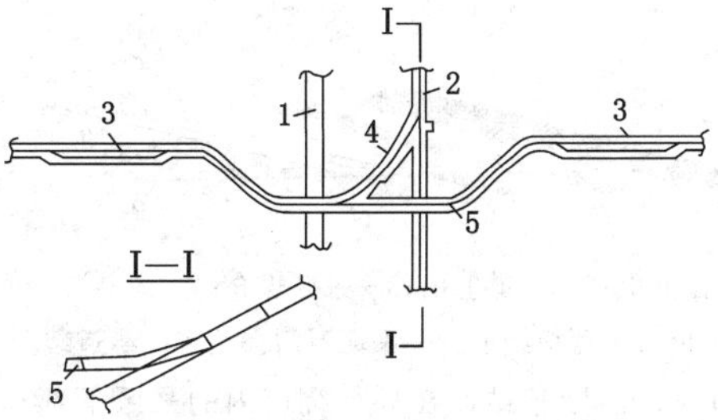

1—运输上山；2—轨道上山；3—区段轨道巷；4—甩车道；5—绕道。

图 3-8　单向斜甩绕道式车场

三、下部车场

下部车场是采区车场中最重要的部分，是采区和阶段运输大巷的连接枢纽，最常用的是绕道式车场。

图 3-9(a)所示为阶段运输巷作为装车站的顶板绕道式车场，图 3-9(b)所示为底板绕道式车场。这种车场的特点是装车站设在阶段运输大巷内，轨道上山的绕道从大巷的顶板绕向大巷。

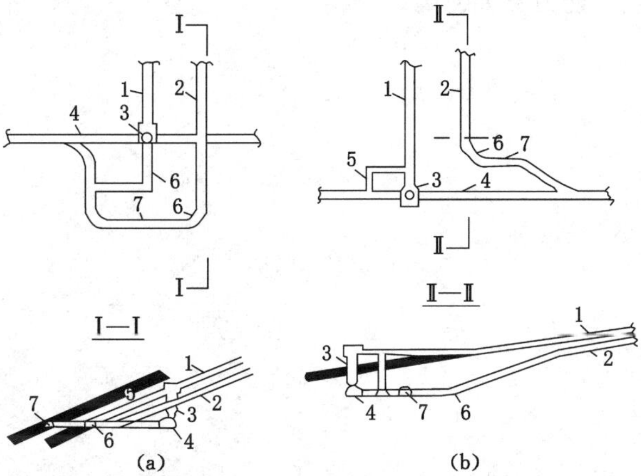

1—运输上山；2—轨道上山；3—采区煤仓；4—大巷；5—人行道；6—材料车道；7—绕道。

图 3-9　大巷装车站采区下部车场

这种车场有长的石门和绕道，可存放大量的矸石车和材料车，机动灵活性大，不影响阶段运输巷的运输。

图 3-10 所示为装车站设在环行绕道内的采区下部车场。这种车场多布置在稳定的底板岩层中。这种车场通过能力大，但车场工程量较大，适用于大型采区。

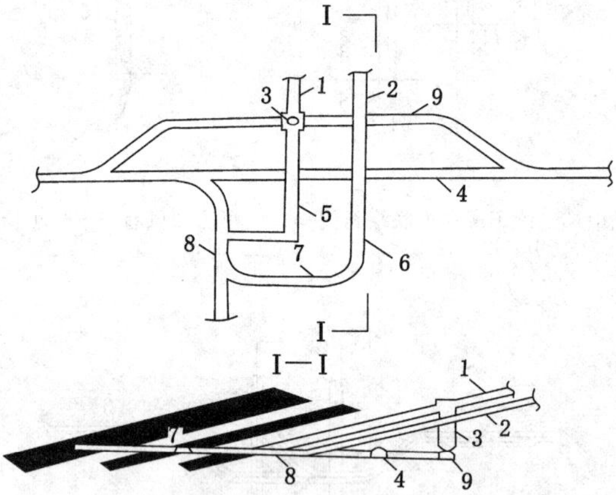

1—运输上山；2—轨道上山；3—采区煤仓；4—大巷；5—人行道；
6—材料车道；7—顶板绕道；8—采区石门；9—底板绕道装车站储车线。

图 3-10　装车站设在环行绕道内的采区下部车场

思　考　题

1. 何为双翼采区和单翼采区？
2. 上下山采区式准备方式的特点是什么？
3. 带区式准备方式的特点是什么？
4. 如何确定合理的采区走向长度？
5. 什么是采区车场？
6. 什么是采区生产能力？如何确定？

第四章 采煤方法

煤矿开采中，用来直接大量采取煤炭的场所，称为采场。在采场内进行回采的煤壁，称为采煤工作面。在采煤工作面内，按照一定的顺序完成各项工序的方法及其相互配合关系，称为采煤工艺，主要包括采、装、运、支和处五个部分。在一定时间内，按照一定的顺序完成采煤工作各项工序的过程，称为采煤工艺过程。回采巷道的掘进一般是超前于采煤工作进行的，它们之间在时间上的配合以及在空间上的相互位置关系，称为回采巷道布置系统。采煤方法是采煤工艺与回采巷道布置及其在时间上、空间上的相互配合。

第一节 采煤方法分类

根据不同的地质条件和开采技术条件，有不同的采煤工艺与回采巷道布置相配合，构成了多种多样的采煤方法。我国采煤方法的分类方法很多，如图 4-1 所示。

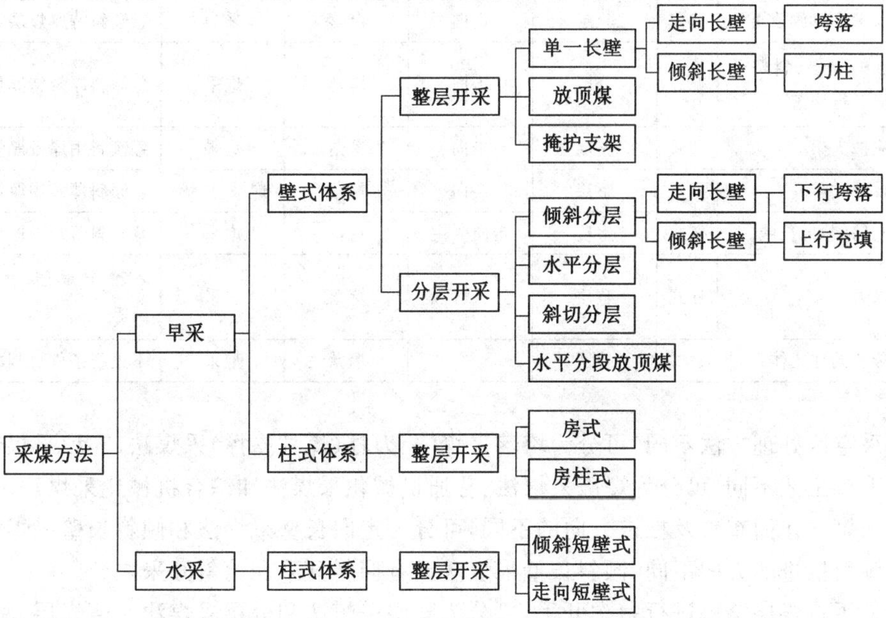

图 4-1 采煤方法分类

我国煤矿采用的主要采煤方法及其分类特征见表 4-1。

按所采煤层的倾角不同，可分为近水平（小于 8°）煤层采煤法、缓倾斜（8°～25°）煤层采煤法、倾斜（25°～45°）煤层采煤法和急倾斜（大于 45°）煤层采煤法；按煤层厚度不同，可分为薄煤层（小于 1.3 m）采煤法、中厚（1.3～3.5 m）煤层采煤法和厚煤层（大于 3.5 m）采煤法。

表 4-1　我国煤矿采用的主要采煤方法及其分类特征

序号	采煤方法	体系	整层与分层	推进方向	采空区处理	采煤工艺	适应煤层基本条件
1	单一走向长壁	壁式	整层	走向	垮落	综、普、炮采	薄及中厚煤层
2	单一倾斜长壁	壁式	整层	倾斜	垮落	综、普、炮采	近水平、缓倾斜薄及中厚煤层
3	刀柱式	壁式	整层	走向或倾斜	刀柱	普、炮采	近水平、缓倾斜、倾斜薄及中厚煤层，顶板坚硬
4	大采高一次采全厚	壁式	整层	走向或倾斜	垮落	综采	近水平、缓倾斜 3.5～5 m 厚煤层
5	倾斜分层走向长壁下行垮落	壁式	分层	走向	垮落	综、普、炮采	缓倾斜、倾斜厚及特厚煤层
6	倾斜分层倾斜长壁下行垮落	壁式	分层	倾斜	垮落	综、普、炮采	近水平、缓倾斜、倾斜厚及特厚煤层
7	倾斜分层长壁上行充填	壁式	分层	走向或倾斜	充填	炮采为主	近水平、缓倾斜、倾斜特厚煤层
8	放顶煤长壁	壁式	整层为主	走向或倾斜	垮落	综采为主	近水平、缓倾斜 5 m 以上厚煤层
9	水平分段放顶煤	壁式	分层	走向	垮落	综采为主	急倾斜特厚煤层
10	水平分层、斜切分层下行垮落	壁式	分层	走向	垮落	炮采	急倾斜厚及特厚煤层
11	掩护支架	壁式	整层	走向	垮落	炮采	急倾斜中厚及厚煤层为主
12	台阶式	壁式	整层	走向	垮落	炮采、风镐	急倾斜薄及中厚煤层
13	仓储、巷道长壁	壁式	整层	走向为主	垮落	炮采	急倾斜薄及中厚煤层
14	水力	柱式	整层	走向或倾斜	垮落	水采	不稳定煤层、急倾斜煤层等
15	传统的柱式体系	柱式	整层		垮落	炮采	不正规条件、回收煤柱

按采空区处理方法不同，可分为垮落采煤法、刀柱(煤柱支撑)采煤法、充填采煤法。

按采煤工艺不同，可分为爆破采煤法、普通机械化采煤法和综合机械化采煤法。

按采煤工作面布置及推进方向的不同，可分为走向长壁采煤法和倾斜长壁采煤法；按工作面沿倾斜推进的方向不同，倾斜长壁采煤法又有仰斜开采和俯斜开采之分。

按是否将煤层全厚进行一次开采，可分为整层采煤法和分层采煤法。薄煤层、厚度小于 3 m 的中厚煤层采用整层采煤法；厚度较大的中厚煤层和厚煤层既可以采用整层采煤法(大采高采煤法、放顶煤采煤法)，也可采用分层采煤法。

我国煤层赋存状况多样，开采条件复杂。中华人民共和国成立后经过几十年来的采煤方法改革，发展形成了以长壁采煤法为主、其他多种方法并存的采煤方法体系。

第二节 采煤工艺类型

目前,我国最常用的采煤工艺包括爆破采煤工艺、普通机械化采煤工艺和综合机械化采煤工艺等,工艺过程包括采、装、运、支和处五个部分。

一、爆破采煤工艺

爆破采煤工艺简称“炮采工艺”,其特点是爆破落煤,爆破及人工装煤,机械化运煤,用单体支柱和金属铰接顶梁或悬移液压支架支护工作空间顶板。

炮采工艺技术装备投资少,适应性强,操作技术容易掌握,生产技术管理比较简单,在我国 50 年代初期到 60 年代初期占主要地位。但是,由于炮采单产和效率低、劳动条件差,根据我国的技术政策,凡条件适于机采的炮采面,特别在国有重点煤矿都要逐步改造成为普/综采面。

(一) 爆破落煤

爆破落煤包括打眼、装药、填炮泥、连炮线、放炮等工序。其过程是:工人用煤电钻在煤壁上钻出 1～3 排、深度 1.0～1.5 m 的炮眼,然后向炮眼内装炸药、雷管和填塞炮泥封孔,专门的放炮工用起爆器引爆。

爆破落煤基本要点是:爆破后煤壁平直,不留顶底煤,不崩坏顶板,不崩倒支柱;尽可能采用爆破装煤或机械装煤,减轻劳动强度;遵循先支护后装煤的安全作业原则;尽量降低电雷管和炸药消耗。

爆破参数包括炮眼排列、角度、深度、装药量、一次起爆的炮眼数量以及爆破次序等,根据煤层的强度、厚度、节理和裂隙的发育状况及顶板条件确定。炮眼布置方式如图 4-2 所示。单排眼一般用于薄煤层或煤质软、层理发育的煤层。双排眼又分对眼、三花眼和三角眼,一般适用于采高较小的中厚煤层;煤质中硬时可用对眼,煤质松软时可用三花眼,上部煤质软或顶板较易破碎时可用三角眼。三排眼也称五花眼,可用于煤质坚硬或采高较大的中厚煤层。

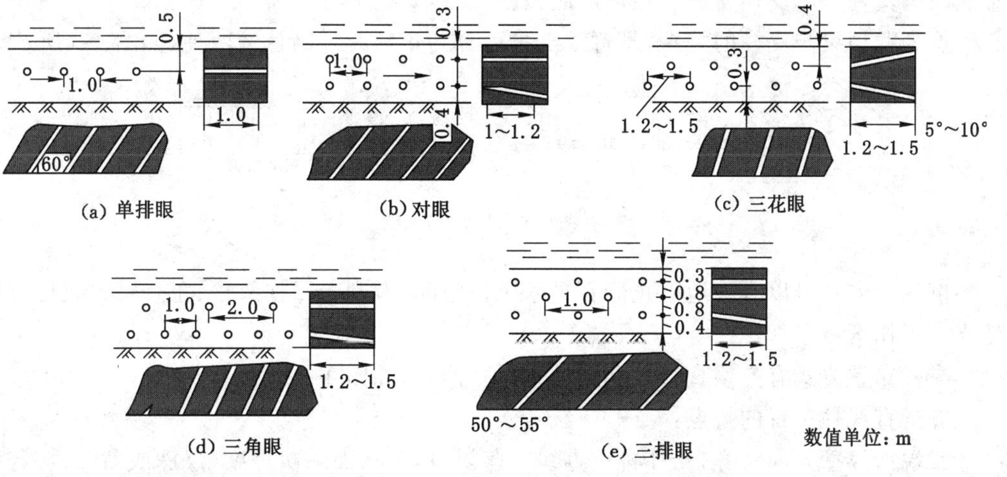

图 4-2 炮眼布置方式

炮眼与煤壁的水平夹角一般为 50°～80°，软煤取大值，硬煤取小值。为了不崩倒支架，应使水平方向的最小抵抗线朝向两柱之间的空档；顶眼在垂直面上向顶板方向仰起 5°～10°，要视煤质软硬和煤层黏顶情况而定，应保证不破坏顶板的完整性；底眼在垂直面上向底板方向保持 10°～20°的俯角，眼底接近底板，以不丢底煤和不崩翻输送机为原则。

炮眼深度应根据每次进度而定，要与单体支柱上的铰接顶梁长度相匹配，一般为 0.8 m、1.0 m 和 1.2 m 三种。炮眼的装药量应根据煤质软硬、炮眼位置和深度及爆破次序而定，一般为 150～160 g。

爆破采用串联法连线，一般可将可弯曲刮板输送机移近煤壁。每次起爆的炮眼数目应根据顶板稳定性、输送机启动及运输能力、工作面安全情况而定。条件好时，可同时起爆数十个眼；如顶板不稳定，每次只能起爆几个眼，甚至留煤垛间隔爆破。

根据爆破落煤所用电雷管不同，爆破可以分为瞬发雷管爆破、毫秒雷管爆破(也称微差爆破技术)两种。采用毫秒雷管爆破，发爆次数减少，震波因互相干扰而抵消，从而减轻了对顶板的震动，有利于顶板管理；同时毫秒雷管爆破还缩短了爆破时间，提高了炮采工作面的爆破装煤效果和生产效率。

(二) 装煤与运煤

炮采主要有三种装煤方式。第一种是爆破装煤，爆破前在单体液压支柱及铰接顶梁掩护下刮板输送机靠近煤壁，爆破后一部分煤进入刮板输送机的自装范围，自装率可达 31%～37%。第二种是人工装煤，主要是依靠人工装载输送机与新暴露煤壁之间松散煤安息角线以下的煤、崩落或撒落到输送机采空区侧的煤。第三种是机械装煤，在刮板输送机煤壁侧装上铲煤板，在输送机的采空侧装上挡煤板，在输送机被推向煤壁过程中，将余煤装入输送机。

炮采工作面在煤层倾角 25°以下时，可采用普通刮板输送机或可弯曲刮板输送机，煤层倾角 25°～30°时，可采用搪瓷溜槽，煤层倾角大于 30°时，可采用铸石溜槽自溜运煤。

(三) 支护

炮采工作面大多采用单体液压支柱和铰接顶梁支护，形成悬臂式支架，地方煤矿也采用金属摩擦支柱或木支柱支护。在煤层底板松软时，支柱下方还需要穿铁鞋。

按悬臂顶梁与支柱的关系，悬臂式支护可分为正悬臂与倒悬臂两种，如图 4-3 所示。

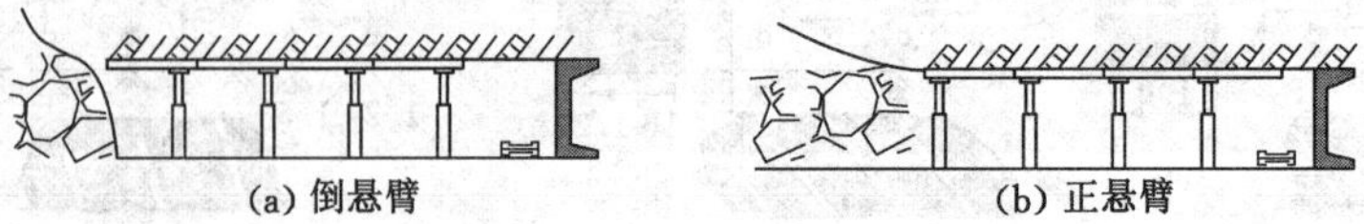

(a) 倒悬臂　　(b) 正悬臂

图 4-3　悬臂式支架

倒悬臂方式可以有效地阻止矸石进入工作空间，有利于回柱放顶；正悬臂方式可以有效地支护工作区域。

支柱布置方式有齐梁直线柱和错梁直线柱两种，如图 4-4 所示。

齐梁直线柱布置的特点：

梁端沿煤壁方向对齐，支柱排成直线。落煤时，工作面一次进度(爆深或截深)应与铰接顶梁长度相等。每次落煤后沿工作面全部挂梁、支柱，一般全部为正悬臂支架。这种支架形式简单，规格质量容易掌握，放顶线整齐，工序较简单，便于组织和管理。

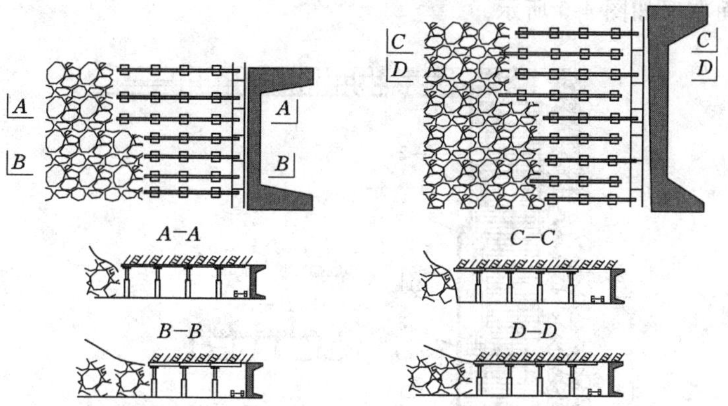

(a)正悬臂齐梁直线柱布置　　(b)正悬臂错梁直线柱布置

图 4-4 炮采工作面支柱布置方式

错梁直线柱布置的特点：

工作面一次进度(爆深或截深)为顶梁长度的一半。正、倒悬臂支架相间布置。每次落煤后间隔挂梁，顶梁交错向前移动。工作面全长完成第一次落煤时，支临时支柱，工作面全长完成第二次落煤时，临时支柱改为永久支柱，工作面增加一排支柱，该布置方式机道上方顶板悬露窄，支护及时。

工作面全长完成一次落煤挂梁、支柱数量少，工作量均衡；支柱成直线，行人、运料方便；在切顶线处支柱不易被埋住，因此现场多用。但是，对切顶不利，倒悬臂梁易损坏。

当工作面推进一次或二次之后，工作空间达到允许的最大宽度，即最大控顶距，应及时回柱放顶，使工作空间只保留回采工作所需要的最小宽度，即最小控顶距。如果不放顶，工作面继续向前推进，就会使顶板悬露过宽而顶板压力过大，占用支柱和顶梁过多。最大控顶距与最小控顶距之差为放顶步距。最小控顶距一般为 3 排支柱，最大控顶距为 4 排或 5 排支柱。在有周期来压的工作面中，当工作空间达到最大控顶距时，为了加强对放顶处顶板的支撑作用，回柱之前常在放顶处另外架设一些加强支架，称为工作面的特种支架。特种支架的形式很多，有丛柱、密集支柱、木垛、斜撑支架以及切顶墩柱等。

（四）采空区处理

随着采煤工作面不断向前推进，顶板悬露面积越来越大，为了工作面的安全和正常生产，就需要及时对采空区进行处理。采空区有多种处理方法，但最常用的是全部垮落法。

全部垮落法是指当工作面从开切眼推进一定距离(4 排或 5 排支柱)后，撤除采煤工作空间以外的支架(1 排或 2 排)，使直接顶自然垮落的方法。以后随着工作面推进，每隔一定距离就按预定计划回柱放顶。工作面使用单体液压支柱时，通常用人工回柱，按由下而上、由采空区向煤壁方向的顺序进行。

全部垮落法的特点是简单可靠，费用低，凡是条件合适时均应尽可能采用这种方法。

二、普通机械化采煤工艺

普通机械化采煤工艺简称“普采工艺”，是用机械化方法破煤、装煤、输送机运煤、单体支柱和金属铰接顶梁支护顶板的采煤工艺。普采工作面常用的机械破煤装备是单滚筒采煤机或双滚筒采煤机，少数条件下用刨煤机，其特点是用采煤机完成落煤和装煤工序。双滚筒采煤机普采工作面布置如图 4-5 所示。

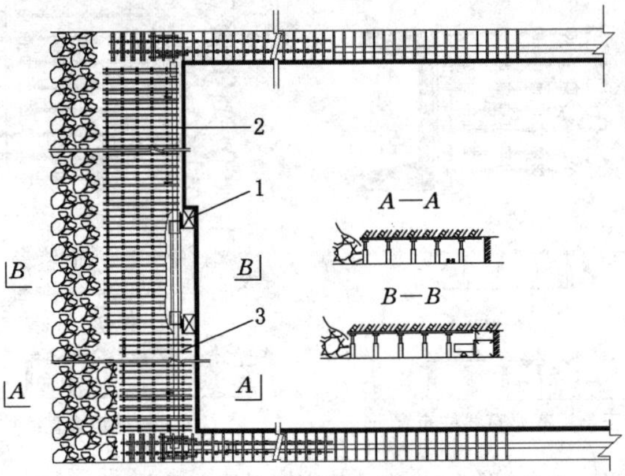

1—采煤机;2—单体液压支柱;3—刮板输送机。

图 4-5　双滚筒采煤机普采工作面布置

普采工作面回采工序如下:

(1) 工作面破煤。工作面的破煤过程是通过安装在采煤机螺旋滚筒上的截齿,依靠滚筒旋转的线速度截割煤层,将煤从煤壁上破落下来。

(2) 工作面装煤。工作面的装煤过程是通过安装在采煤机滚筒上的螺旋叶片把碎煤沿轴向推至输送机旁,然后利用螺旋叶片端部将煤抛到输送机内。

(3) 工作面运煤。工作面的运煤是通过可弯曲刮板输送机来实现的,同时,刮板输送机也作为采煤机运行的导轨,通常采煤机以刮板输送机作为行驶的轨道。

(4) 工作面支护和处理采空区。与炮采相同。

三、综合机械化采煤工艺

综合机械化采煤工艺简称"综采工艺",是指破煤、装煤、运煤、支护等主要生产工序全部实现机械化的采煤工艺,因此综采工艺是目前最先进的采煤工艺。综采工作面布置如图 4-6 所示。

自 1974 年从国外引进 50 套综采设备开始,至今已有 40 多年的历史,经过了摸索起步、引进提高、国产与引进并重和自主生产等阶段。工作面主要设备有:双滚筒采煤机、可弯曲刮板输送机、液压支架。两巷的主要设备有:桥式转载机(或普通刮板输送机)、可伸缩胶带输送机(或普通胶带输送机)、破碎机、可移动变电站、泵站及电气设备等。

(一) 双滚筒采煤机滚筒的转向和位置

综采工艺一般均采用双滚筒采煤机。采煤工作面分为左右工作面两种,当面向回风平巷站在综采工作面时,若煤壁在右手方向,则为右工作面;反之为左工作面。当面向煤壁站在综采工作面时,通常采煤机的右滚筒应为右螺旋,割煤时顺时针旋转;左滚筒应为左螺旋,割煤时逆时针旋转。这种布置方式司机操作安全,煤尘少,装煤效果好。

(二) 双滚筒采煤机的割煤方式

综采工作面采煤机的割煤方式是综合考虑顶板管理、移架与进刀方式、端头支护等因素确定的,主要有往返一次割两刀和往返一次割一刀两种方式。

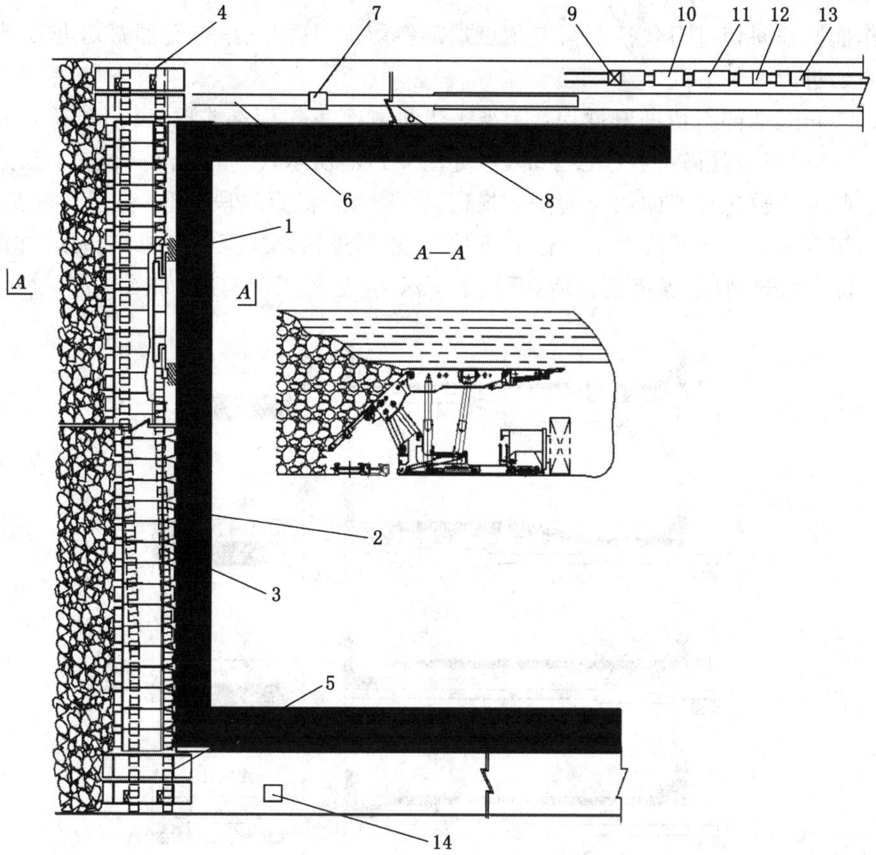

1—采煤机；2—液压支架；3—刮板输送机；4—上端头支架；5—下端头支架；6—转载机；7—破碎机；8—胶带输送机；9—集中控制台；10—配电箱；11—变电站；12—喷雾泵站；13—液压安全绞车；14—乳化液泵站。

图 4-6 综采工作面布置

1. 往返一次割两刀

这种割煤方式也叫作“穿梭割煤”，多用于煤层赋存稳定、倾角较缓的综采工作面，工作面为端部进刀。

2. 往返一次割一刀

即单向割煤，工作面中间或端部进刀。该方式适用于：顶板稳定性差；煤层倾角大、不能自上而下移架，或输送机易下滑、只能自下而上推移；采高大而滚筒直径小、采煤机不能一次采全高；采煤机装煤效果差、需单独牵引装煤行程；割煤时产生煤尘多、降尘效果差，移架工不能在采煤机的回风平巷一端工作等。

（三）双滚筒采煤机的进刀方式

1. 滚筒钻入法进刀

滚筒钻入法进刀的过程如下：① 采煤机割煤至工作面端部距终点位置 3～5 m 时停止牵引，但滚筒继续旋转；② 开动千斤顶推移支承采煤机的输送机槽；③ 滚筒边钻进煤壁边上下或左右摇动，直至达到额定截深并移直输送机；④ 采煤机割煤至工作面端头，可以正常割煤。

2. 工作面端部斜切进刀

工作面端部斜切进刀包括不留三角煤端部斜切进刀(割三角煤端部斜切进刀)和留三角煤端部斜切进刀两种方式。

不留三角煤端部斜切进刀过程:① 当采煤机割至工作面端头时,其后的输送机槽已移近煤壁,采煤机机身处尚留有一段下部煤,如图 4-7(a)所示;② 调换滚筒位置,前滚筒降下、后滚筒升起并沿输送机弯曲段反向割入煤壁,直至输送机直线段为止,然后将输送机移直,如图 4-7(b)所示;③ 再调换两个滚筒上下位置,重新返回割煤至输送机机头处,如图 4-7(c)所示;④ 将三角煤割掉,煤壁割直后,调换上下滚筒,返程正常割煤,如图 4-7(d)所示。

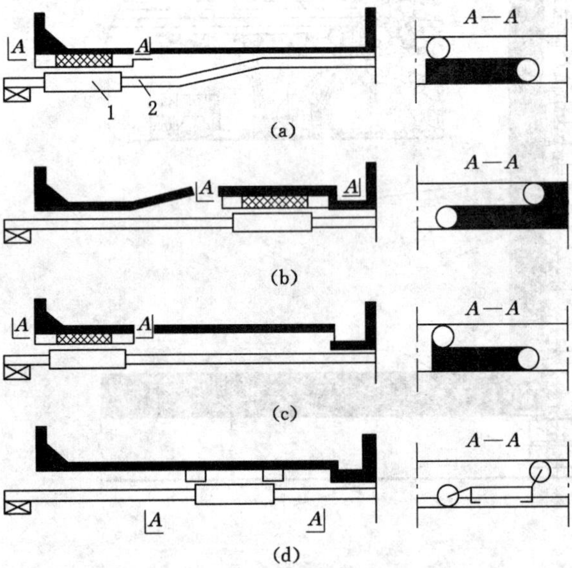

1—采煤机;2—刮板输送机。

图 4-7　双滚筒采煤机端部割三角煤斜切进刀过程

留三角煤端部斜切进刀过程:① 在图 4-8(a)状态采煤机割煤至工作面下端头后,反向上行沿输送机弯曲段割三角煤,割至输送机直线段时割煤直至工作面上切口;② 到图 4-8(b)状态推移机头和弯曲段,将输送机移直,在工作面下端部留下三角煤;③ 到图 4-8(c)状态采煤机下行割煤至工作面下端部;④ 再到图 4-8(d)状态随机自上而下推移输送机至工作面下端部三角煤处,完成进刀全过程。这种进刀方式与不留三角煤方式相比,采煤机无须在工作面端部往返斜切,进刀过程简单,移机头和端头支护与进刀互不干扰。但由于工作面端部煤壁不直,不易保障工程质量。

3. 工作面中部斜切进刀

图 4-9 所示是综采工作面中部斜切进刀过程,其特点是输送机弯曲段在工作面中部,操作过程为:① 采煤机割煤至工作面左端[图 4-9(a)];② 空牵引至工作面中部,并沿输送机弯曲段斜切进刀,继续割煤至工作面右端[图 4-9(b)];③ 移直输送机,调换两个滚筒上下位置,采煤机空牵引至工作面中部[图 4-9(c)];④ 采煤机自工作面中部开始割煤至工作面左端,工作面右半段输送机移近煤壁恢复初始状态[图 4-9(d)]。

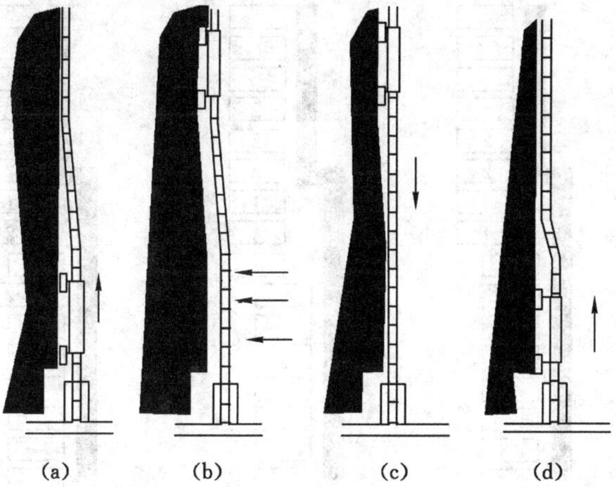

图 4-8　双滚筒采煤机端部留三角煤斜切进刀过程

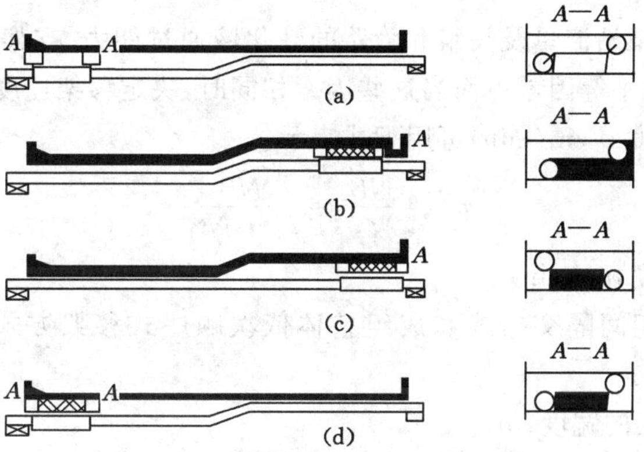

图 4-9　综采工作面中部斜切进刀过程

（四）综采工作面支护

1. 液压支架的移架方式

液压支架根据采煤工作面自然条件和生产组织安排，其移架方式主要有以下三种，如图4-10所示。

(1) 单架依次顺序式，又称单架连续式。支架沿采煤机牵引方向依次前移，移动步距等于一个截深，支架移成一条直线，如图4-10(a)所示。该方式操作简单，容易保证规格质量，能适应不稳定顶板，应用比较多。

(2) 成组整体依次顺序式。该方式按顺序每次移一组，每组二三架，如图4-10(b)(c)所示，一般由大流量电液阀成组控制，适用煤层地质条件好、采煤机快速牵引割煤的日产万吨综采面。

(3) 分组间隔交错式又称分组交错式。将相邻的2～3支架分为一组，组内的支架间隔交错前移，相邻组间沿采煤机牵引方向顺序前移，组间的一部分支架可以平行前移，如图4-10(d)(e)所示。该方式移架速度快，适用于顶板较稳定的高产综采工作面。

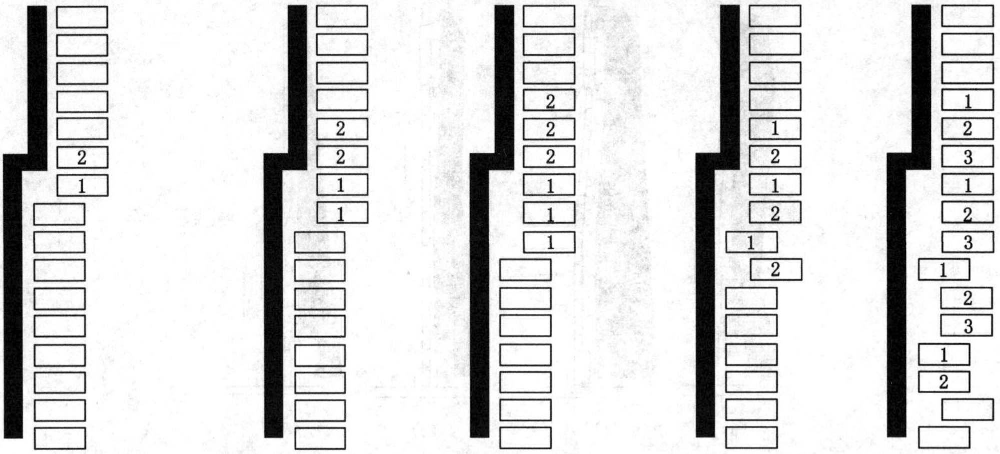

(a) 单架依次顺序式 (b) 成组整体依次顺序式 (c) 成组整体依次顺序式 (d) 分组间隔交错式 (e) 分组间隔交错式

图 4-10 液压支架移架方式

移架速度取决于泵站流量及阀组和管路的乳化液通过能力、支架所处状态及操作方便程度、人员操作技术水平等因素。而当这些因素相同时，决定移架速度的关键因素则是移架方式。支架的移架速度 v_z(m/min)可用下式表示：

$$v_z = \frac{NB}{t} = \frac{NB}{t_2 + Nt_1}$$

式中 v_z——移架速度，m/min；

N——采用分组间隔交错式和成组整体依次顺序式移架方式时，表示同时移动的架数；

B——一架支架的宽度，m；

t——移设一架支架或一组支架的总时间，min；

t_1——移设一架支架的供液时间，min；

t_2——移设一架支架的操作调整时间，min。

实测表明，移架中操作调整时间占移架总时间的 60%～70%。当泵站流量不变时，同时前移的支架数增加到 N，供液时间也相应增加，但操作调整时间 t_2 仍等于单架的调整操作时间，由于 t_2 远大于 t_1，故移架速度可加快。

若同时前移的支架数增加到 N，泵站流量也增加到 N 倍，则多架支架同时前移时的供液时间也没有增加，故可使移架速度进一步提高。

2. 液压支架支护方式

按照采煤工作面割煤、移架和推移输送机不同的配合顺序，液压支架支护方式有及时支护和滞后支护两种方式，如图 4-11 所示。

(1) 及时支护方式

在采煤机割煤后，立即前移支架，支护顶板，然后将输送机推移至煤壁。这种方式割煤后及时支护顶板，缩小了空顶的时间和面积，减小了顶板下沉量，如图 4-11(a)所示。这种方式主要适用于顶板破碎并容易冒落的工作面。

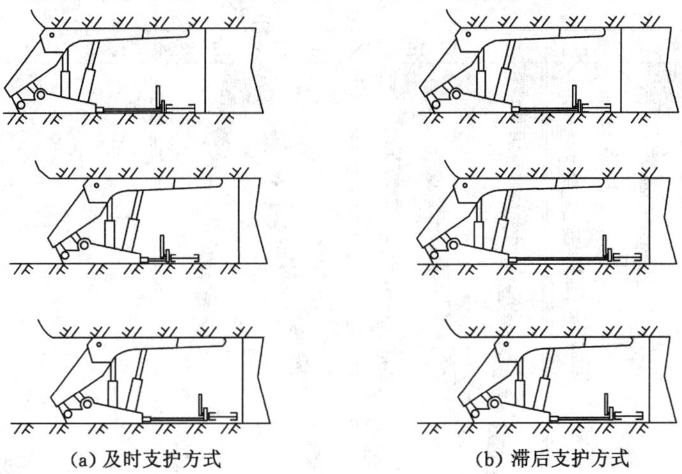

图 4-11 液压支架支护方式

(2) 滞后支护方式

在采煤机割煤后，首先将输送机推移至煤壁，然后前移支架。这种方式割煤后不能立即支护顶板，空顶时间长，面积大，加大了顶板下沉量；同时，在推移输送机后，支架底座前端与输送机之间有一定的距离，工作空间大，如图 4-11(b)所示。这种方式主要适用于顶板稳定、完整的工作面。在我国使用较少。

(五) 综采工作面端头支护方式

由于综采工作面上下端头处的暴露面积大、时间长，而且布置有大功率的输送机机头或机尾，在下出口还搭接有转载机，需要较大的空间，因此必须选择合适的支护方法。

综采工作面端头支护方式最常用的有三种：① 单体支柱加长梁组成的迈步抬棚。该支护方式适应性强，有利于排头液压支架的稳定，但支设麻烦，费工费时。② 自移式端头支架。该支护方式移动速度快，但对平巷条件适应性差。③ 工作面液压支架支护端头。该支护方式适用于煤层倾角较小的综采工作面，通常在机头(尾)处要滞后于工作面中间架 1 个截深。

(六) 正规循环作业图表

采煤工作面的循环方式、作业形式、工序安排及劳动组织最终由循环作业图表体现，包括循环作业图、劳动组织表、技术经济指标表、设备配备表、工作面布置图。

循环作业图规定了各作业班的任务和完成任务的时间，它以工作面长度为纵坐标，以一昼夜的时间为横坐标，以不同的线条表示工作面各工序在时间和空间上的关系，如图 4-12 所示。

劳动组织表反映了作业班工人出勤人数、出勤时间、工种。技术经济指标表反映了工作面的地质技术条件和技术经济效果，内容有工作面长度、采高、煤层倾角、储量、可采期、进度、循环数、产量、工效、材料消耗、成本、含矸率等。设备配备表反映了采煤工作面主要装备及为其服务的两巷装备技术参数。

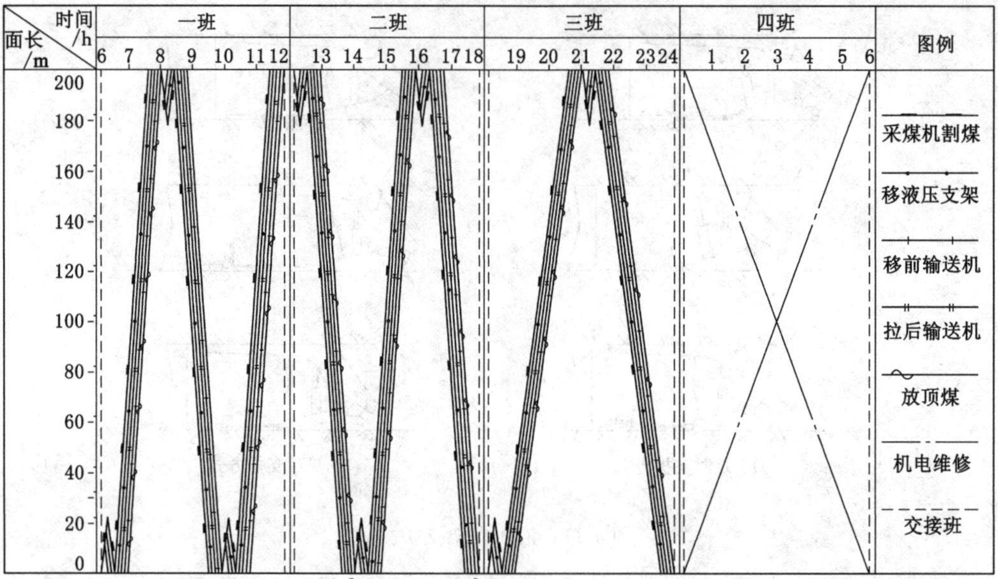

图 4-12　正规循环作业图

第三节　单一走向长壁采煤法

单一走向长壁采煤法也称整层走向长壁采煤法，是长壁采煤工作面沿煤层倾斜方向布置，沿走向推进的采煤方法。在采煤工作面的上方和下方沿走向分别布置回风平巷和运输平巷，构成采煤工作面和采区巷道之间的通风、运输和行人的通道。根据回采工艺不同，每一循环的推进度一般为 0.6～1.2 m。该方法主要用于近水平、缓倾斜和倾斜薄及中厚煤层或近水平、缓倾斜厚煤层，其采煤系统比较简单。

一、采区巷道布置

单一走向长壁采煤法采区巷道布置如图 4-13 所示。巷道掘进顺序为先掘进采区运输石门 1，至采区下部车场 3，沿煤层分别开掘轨道上山 4 和运输上山 5，至上部采区上部车场 6 与采区回风石门 2 连通，形成通风系统。

在上山附近第一区段下部掘中部车场 7，用双巷掘进的方法掘进两翼的第二区段回风平巷 8 和第一区段的运输平巷 9，掘出开切眼。

同时在采区上部边界，从采区上部车场 6 向两翼开掘第一区段的回风平巷 10。

在掘进上述巷道的同时，还要开掘采区煤仓 12、变电所 13 和绞车房 14，在以上巷道和硐室中安装并调试所需的提升、运输、供电和采煤设备后，第一区段内的两翼工作面便可投产。

随着第一区段工作面采煤的进行，应及时开掘第二区段的中部车场 $7'$、运输平巷 $9'$ 和第三区段的回风平巷 $8'$，准备出第二区段的工作面，以保证采区内工作面的正常生产和接替。

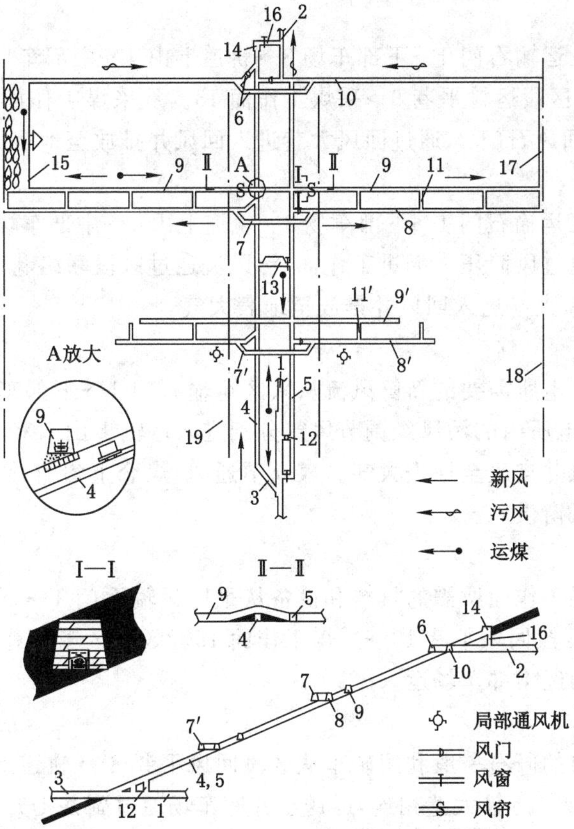

1—采区运输石门；2—采区回风石门；3—采区下部车场；4—轨道上山；5—运输上山；
6—采区上部车场；7，7′—采区中部车场；8，8′，10—区段回风平巷；9，9′—区段运输平巷；
11，11′—区段联络巷；12—采区煤仓；13—采区变电所；14—采区绞车房；15—采煤工作面；
16—采区绞车房回风斜巷；17—开切眼；18—采区走向边界线；19—工作面停采线。

图 4-13 单一走向长壁采煤法采区巷道布置

二、采区生产系统

采区生产系统由采区正常生产所需的巷道、硐室、装备、管线和动力供应等组成，主要包括运煤系统、通风系统、运料系统、运矸系统、供电系统、压气和供水系统等。

（一）运煤系统

运输平巷内多铺设胶带输送机运煤。根据倾角不同，运输上山内可选用胶带输送机、刮板输送机或自溜运输方式。

煤通过工作面 15→区段运输平巷 9→运输上山 5→采区煤仓 12→采区运输石门 1，直接与运输大巷胶带输送机相连，运送至井底车场通过主井提升至地表。

（二）通风系统

采区通风系统是指新鲜风流进采区，沿采区巷道清洗工作面后排出采区的整个风流流动路线。包括采煤工作面、掘进工作面和硐室的通风。为改善采掘工作面作业环境，必须源源不断地为采掘工作面和一些硐室供应新鲜风流。

1. 采煤工作面

新鲜风流从采区运输石门1→下部车场3→轨道上山4→中部车场7→下区段回风平巷8→区段联络巷11→区段运输平巷9→采煤工作面15。从采煤工作面出来的污风进入区段回风平巷10→采区回风石门2,通过回风大巷进入回风井排放至地表大气。

2. 掘进工作面

新鲜风流从采区运输石门1→下部车场3→轨道上山4→中部车场7′→平巷8′、9′,经平巷内的局部通风机通过风筒压入掘进工作面,污风流通过区段联络巷11′→运输上山5→采区回风石门2,经回风大巷进入回风井排放至地表大气。

3. 硐室

采区绞车房和变电所需要的新鲜风流从采区运输石门1→下部车场3→轨道上山4直接供给,绞车房和变电所内的污风经调节风窗分别进入运输上山5和采区回风石门2,再通过回风大巷进入回风井排放至地表大气。煤仓不通风,煤仓上口直接由采区运输石门1通过联络巷中的调节风窗供风。

（三）运料系统

第一区段内采煤工作面所需的材料和设备从采区运输石门1→下部车场3→轨道上山4→上部车场6→上区段回风平巷10→采煤工作面15。区段运输平巷和下区段回风平巷所需的物料自轨道上山经中部车场运入。

（四）运矸系统

掘进巷道时所出的矸石一般利用矿车从区段回风平巷8′→轨道上山4→下部车场3→采区运输石门1,直接与运输大巷相连,运送至井底车场通过副井提升至地表。

（五）供电系统

高压电缆经采区运输石门1→下部车场3→运输上山5→采区变电所13或工作面移动变电站,经降压后分别引向采掘工作面的用电装备、绞车房和运输上山输送机等用电地点。

（六）压气和供水系统

掘进采区车场、硐室等岩石工程所需的压气、工作面平巷以及上山输送机装载点所需的降尘喷雾用水分别由专用管路送至采区用气和用水地点。

三、区段平巷布置

根据长壁工作面与采区边界和上下山的相对位置关系,以及采煤与形成巷道在时间和空间上的关系,采煤工作面的回采顺序有后退式、前进式、往复式及旋转往复式等几种。其中后退式回采是指回采巷道先开掘出来,采煤工作面由采区边界方向向采区运输上山方向推进,是目前长壁开采常用的工作面回采顺序。

采用后退式回采顺序的长壁工作面,其区段平巷的布置与掘进方式主要涉及区段运输平巷,可分为双巷布置、多巷布置、单巷布置和沿空留巷布置。

（一）双巷布置

双巷布置是指本区段的运输平巷与下区段的回风平巷同时掘进,两巷间一般留8～20 m的区段煤柱,如图4-14所示。

优点:普采时,由于采煤工作面可以不等长布置,采用双巷布置时通常区段轨道平巷超前区段运输平巷沿腰线掘进,既可探明煤层变化情况又便于辅助运输及排水;同时在瓦斯含量较大、一翼走向长度较长的采区,采用双巷掘进有利于掘进通风和安全;上区段采煤工作

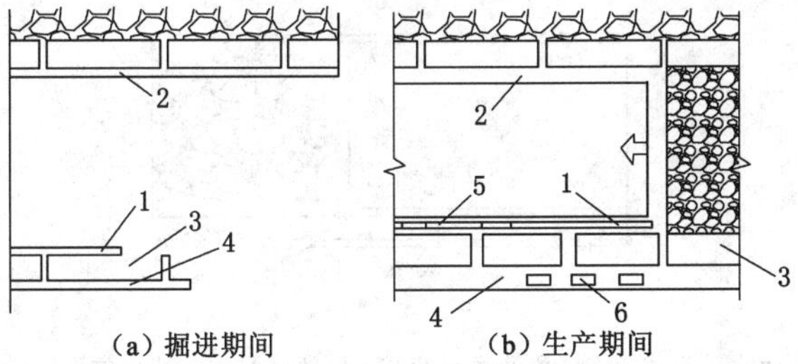

（a）掘进期间　　（b）生产期间

1—本区段运输平巷；2—本区段回风平巷；3—区段煤柱；4—下区段回风平巷；5—输送机；6—开关、泵站和电气设备。

图 4-14　区段平巷双巷布置与掘进

面结束后可立即转到下区段进行回采。综采时，采用双巷布置时，可减小巷道断面，将胶带输送机和电气等其他设备分别布置在两条巷道内。

缺点：要提前开掘下区段回风平巷，虽有区段煤柱护巷，受采动影响，巷道维护常比较困难；增加了联络巷的掘进费用及相应的密闭费用；综采时要求工作面等长布置，下区段轨道巷也要求沿中线掘进，采用双巷布置在普通机械化采煤时的一些优点已基本消失(如区段轨道巷可起探煤作用、便于区段排水等)，仅可对区段运输巷的积水起到疏导作用。

（二）多巷布置

在国内外一些开采条件好、高产高效的矿井中，为了充分发挥连续采煤机掘进巷道的优势，满足高产条件下通风安全要求，区段巷道采用多巷布置与掘进方式，区段间留有煤柱，辅助运输多采用无轨胶轮车。如图 4-15 所示。

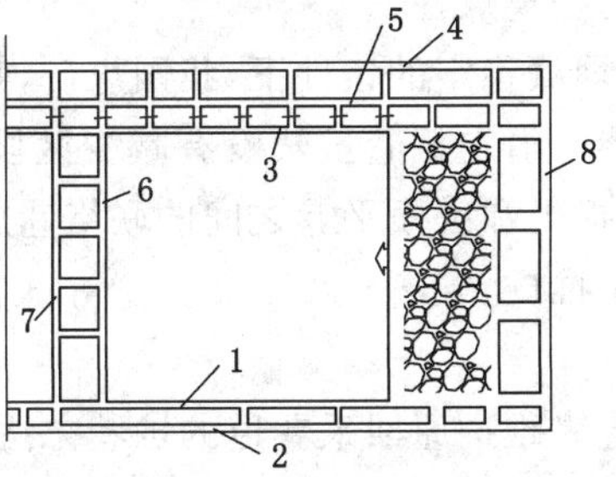

1—运输进风平巷；2—运料进风平巷；3—进风平巷；4，5—回风平巷；6—停采线；7—撤架通道；8—瓦斯尾巷。

图 4-15　区段平巷多巷布置与掘进

（三）单巷布置

当瓦斯含量不大、煤层埋藏较稳定、涌水量不大时，一般常采用单巷布置。如图 4-16 所示。上区段的运输平巷和下区段的回风平巷均为单巷掘进，下区段的回风平巷一般在相邻工作面开采完毕，采空区上方一定范围内岩层活动基本稳定后再开掘。

优点：区段平巷单巷布置与掘进可以使下区段的回风平巷避免受上区段工作面开采期间的采动影响，缩短了维护时间。

缺点：巷道较长时，掘进通风比双巷布置困难，且不利于区段间工作面的接替，同时需要增大巷道断面，以满足生产需要。

根据下区段回风平巷与上区段工作面采空区之间的距离，下区段工作面回风平巷单巷布置与掘进可以进一步分为留煤柱护巷和沿空掘巷。如图 4-17 所示。

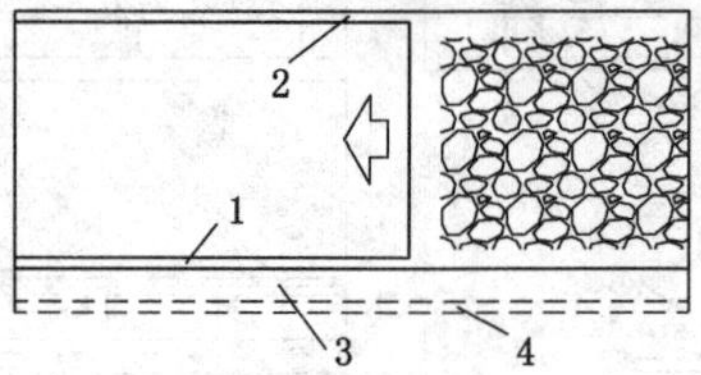

1—本区段运输平巷；2—本区段回风平巷；3—区段煤柱；4—待掘的下区段回风平巷。

图 4-16　区段平巷单巷布置与掘进

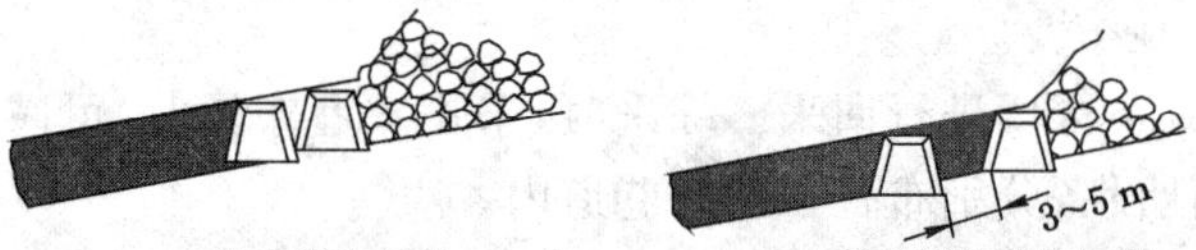

(a) 完全沿空掘巷　　(b) 留小煤柱沿空掘巷

图 4-17　沿空掘巷的区段巷道位置

1. 留煤柱护巷

留煤柱护巷的区段煤柱宽度一般在 6～20 m。该方法增加了煤炭损失，受工作面采动侧向固定支承压力影响，回风平巷维护仍比较困难。

2. 沿空掘巷

沿空掘巷就是沿采空区边缘开掘巷道，上下区段间不留煤柱或只留 3～5 m 宽的挡矸、阻水或阻隔采空区有害气体的隔离煤柱。

当瓦斯涌出量不大、煤层埋藏稳定的条件下，我国煤矿，特别是进入深部开采的煤矿，其回风平巷一般要采用沿空掘巷。沿空掘巷虽然没有减少区段平巷的掘进长度，但是不留或只留很窄的煤柱，减少了煤炭损失和区段平巷之间的联络巷道，特别是减少了巷道维护工程量，甚至基本上不需维修，易于推广。

（四）沿空留巷布置

工作面采煤后沿采空区边缘维护原回采巷道的护巷方法称为沿空留巷。

沿空留巷完全取消了区段煤柱，有利于区段间工作面接替；但留巷期间所留巷道维护的难度较大，需要在巷旁支护，目前巷旁支护材料有：矸石堆、膏体/似膏体、混凝土和高水材料等。该方法多应用在薄及中厚煤层中，特别是煤层群开采、上行开采中应用更广。如图 4-18 所示。

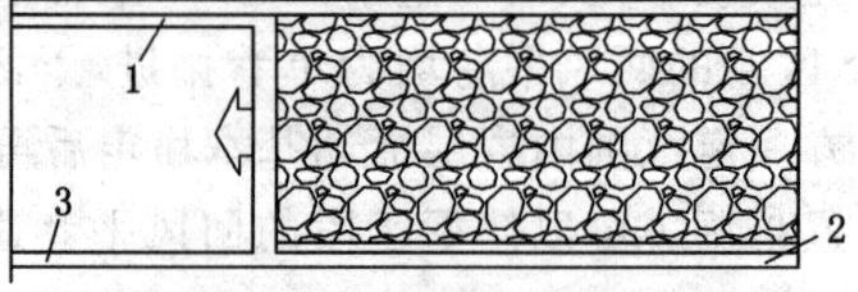

1—本区段的回风平巷；2—下区段的回风平巷；3—本区段的运输平巷。

图 4-18　区段平巷沿空留巷

第四节 倾斜长壁采煤法

倾斜长壁采煤法的实质是长壁工作面沿走向布置，沿倾斜推进。该法具有生产系统简单、工作面搬家次数少、掘进率低等优点。在近水平煤层中，不论工作面采用仰斜推进还是俯斜推进，其工艺过程与走向长壁采煤法相似。其工作面布置如图 4-19 所示。

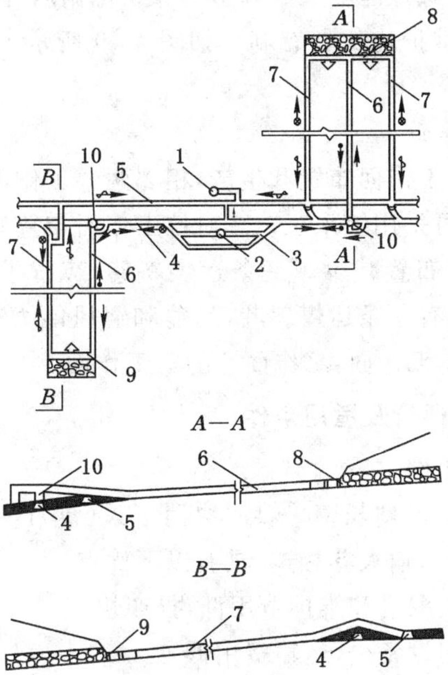

1—主立井；2—副立井；3—井底车场；4—运输大巷；5—回风大巷；
6—运输斜巷；7—回风斜巷；8—俯斜开采工作面；9—仰斜开采工作面；10—煤仓。

图 4-19 仰斜与俯斜开采、单工作面与双工作面布置

一、生产系统

（一）运煤系统

煤通过工作面 8，9→运输斜巷 6→煤仓 10→运输大巷 4，通过主立井 1 提升至地表。

（二）通风系统

新鲜风流从运输大巷 4→运输斜巷 6→工作面 8，9→回风斜巷 7→回风大巷 5，通过回风井排放至地表大气。

（三）运料系统

采煤工作面所需的材料和设备从副立井 2→运输大巷 4→回风斜巷 7→工作面 8，9。

二、巷道布置

（一）仰斜开采和俯斜开采

倾斜长壁工作面按推进方向分为仰斜开采和俯斜开采两种。

仰斜开采水自动流向采空区，有利于采空区注浆，工作面无积水，劳动条件好，设备不易受潮，装煤效果好；但随倾角加大，采煤机在自重影响下，截煤时偏离煤壁减少了截深，输送

机会因采下的煤滚向溜槽下侧，易造成断链事故，瓦斯易积聚。俯斜开采煤壁不易片帮，工作面不易集聚瓦斯；但采空区水流向工作面，随煤层倾角加大，采煤机和输送机的事故也会增加，落煤向工作面方面堆积，装煤率降低。

顶板较稳定，煤质较硬，顶板淋水较大或煤层易自燃，需在采空区注浆时，宜采用仰斜开采；煤层厚度和倾角较大，煤质松软，容易片帮或瓦斯含量较大时，宜采用俯斜开采；倾角较小或近水平煤层，进风和回风大巷并列布置在井田中央，煤层条件又无特殊要求时，宜采用仰斜和俯斜开采相结合的方式。运输大巷以上部分采用俯斜开采，以下部分采用仰斜开采，这样对于运输、通风和巷道维护均比较有利。如图 4-19 所示工作面 9 为仰斜工作面，工作面 8 为俯斜工作面。

（二）单工作面和双工作面

倾斜长壁工作面可以单工作面布置和生产，相邻两个工作面也可以对拉布置同时生产。单工作面有两条回采巷道，可采用综采工艺。对拉工作面布置三条回采巷道，其中运输巷为两个工作面共用。双工作面布置减少了一条运煤斜巷，节省了一套运煤设备，生产比较集中，技术经济效果显著，但只有一条运煤斜巷，运输和通风能力有限，故无法采用综采工艺。如图 4-19 所示工作面 9 为单工作面，工作面 8 为双工作面。

三、倾斜长壁采煤法的评价及适用条件

（一）倾斜长壁采煤法评价

相对于走向长壁采煤法，倾斜长壁采煤法取消了采（盘）区上（下）山，利用运输/回风斜巷通过联络巷或煤仓直接与运输大巷相连，具有以下优点：

（1）巷道布置简单，巷道掘进和维护费用低，投产快。

（2）运输系统简单，占用设备少，运输费用低。

（3）工作面容易保持等长，有利于综合机械化采煤。

（4）通风线路简单，通风构筑物少。

（5）对地质条件适应性强。

（6）技术经济效果好。实践表明，在工作面单产、巷道掘进率、采出率、劳动生产率和吨煤成本等几项指标方面，都有提高和改善。

倾斜长壁采煤法存在以下的缺点：

（1）长距离倾斜巷道使掘进、辅助运输和行人比较困难。

（2）在不增加工程量的条件下煤仓和材料车场的数目多，大巷装载点多。

（3）运输/回风斜巷内存在下行通风问题。

（4）采用双工作面布置，无法采用综采工艺。

（二）倾斜长壁采煤法适用条件

倾斜长壁采煤法主要考虑煤层倾角大小和工作面连续推进长度。在开采区域内不受走向断层影响，且能保证足够工作面连续推进长度的条件下，倾斜长壁采煤法适用于煤层倾角小于 12°以下的煤层；采取措施后可用到倾角 12°～17°的煤层。

值得注意的是，由于煤层赋存条件变化，一个矿井中有可能同时存在走向长壁采煤法和倾斜长壁采煤法。要通过技术经济比较来确定采用何种采煤法。

第五节 厚煤层采煤法

所谓厚煤层，即是指井工开采 3.5 m 以上、露天开采 10 m 以上的煤层。我国是一个厚煤层的开采大国，厚煤层产量占原煤总产量的 45%左右。厚煤层由于其煤层厚度较大，可有多种采煤方法进行选择。目前我国厚煤层采煤方法大体为三种，即分层采煤法、大采高一次采全厚采煤法和放顶煤采煤法。其中大采高一次采全厚采煤法和巷道布置与其他厚度煤层相似，在此不再赘述。

一、分层采煤法

（一）分层采煤法分类

根据分层方法不同可以分为：倾斜分层、水平分层和斜切分层三种，如图 4-20 所示。前者主要用于近水平、缓倾斜和倾斜厚煤层，后两种主要用于急倾斜厚煤层。

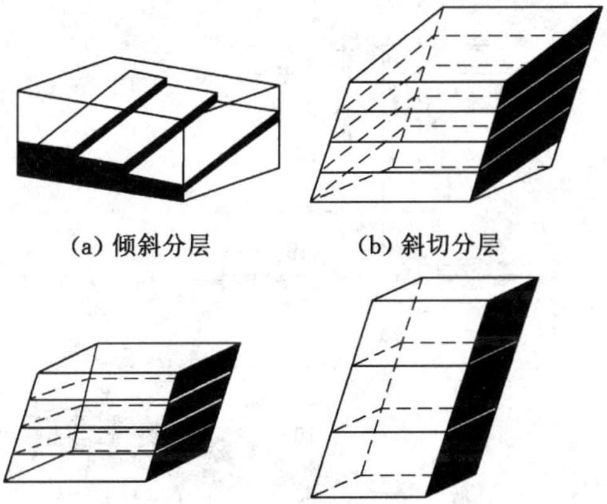

(a) 倾斜分层　(b) 斜切分层

(c) 水平分层

图 4-20 厚煤层分层方法

倾斜分层是将厚煤层分成若干与煤层层面相平行的分层，各分层工作面沿走向或倾斜推进。水平分层是将厚煤层划分成若干个与水平面相平行的分层，工作面沿走向推进。斜切分层是将厚煤层划分成若干个与水平面成一定角度（25°～30°）的分层，工作面沿走向推进。其中我国应用最多的为倾斜分层开采方法。

（二）倾斜分层长壁采煤法

分层开采一般采用下行开采顺序，即先采顶分层，依次按下行顺序回采各分层，上分层一般要铺设人工假顶或形成再生顶板。

在同一区段范围内，上、下分层工作面错开一定距离同时开采，称为“分层同采”；在同一区段范围内，采完一个分层后再采下一个分层，称为“分层分采”。

1. 采区巷道布置

厚煤层倾斜分层走向长壁下行垮落采煤法分层分采区巷道布置如图 4-21 所示。图中厚煤层分 3 个分层，采用下行式开采顺序。

倾斜分层长壁采煤法由运输大巷 1 开掘采区下部车场 3，运输上山 4 和轨道上山 5 布置在底板岩层中，上山掘至采区上部边界变平后，与回风大巷 2 相通，形成通风系统。同时需要开掘采区煤仓 19、绞车房 16 和变电所 18。

通过运输上山 4 开掘区段运输石门 8 和区段溜煤眼 17 与第一区段第一分层运输平巷 11 相连，通过轨道上山 5 开掘区段进风运料石门 7 与第二区段第一分层回风运料平巷 10 相连。

通过回风大巷 2 开掘第一区段回风石门 9 和第一区段第一分层回风运料平巷 13。

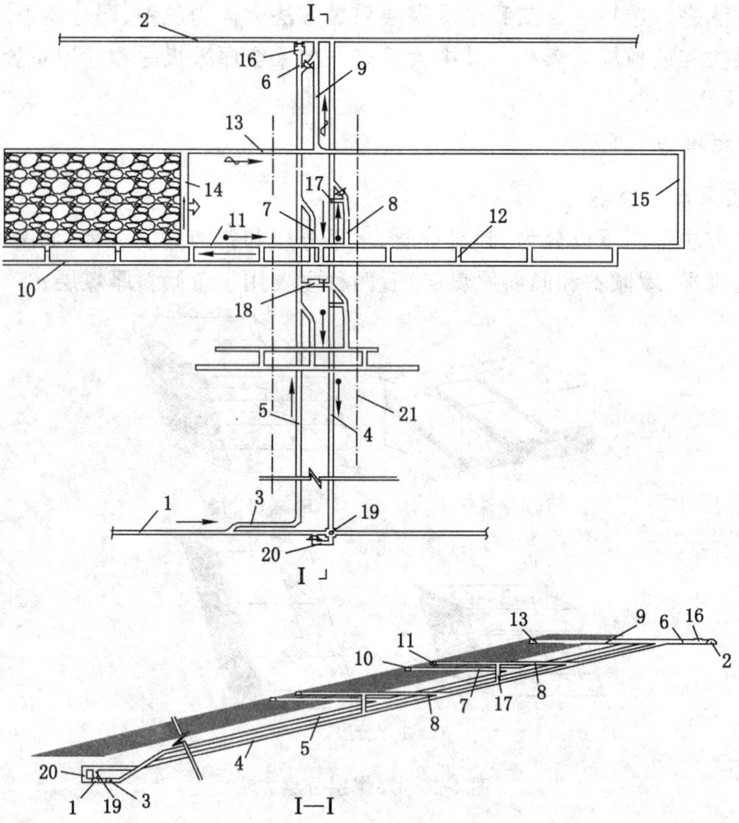

1—运输大巷；2—回风大巷；3—采区下部车场；4—运输上山；5—轨道上山；6—采区上部车场；
7—区段进风运料石门(中部甩入石门车场)；8—区段运输石门；9—第一区段回风石门；
10—第二区段第一分层回风运料平巷；11—第一区段第一分层运输平巷；12—第一分层区段联络巷；
13—第一区段第一分层回风运料平巷；14—第一区段第一分层工作面；15—第一区段第一分层开切眼；
16—采区绞车房；17—区段溜煤眼；18—采区变电所；19—采区煤仓；20—行人斜巷；21—停采线。

图 4-21　厚煤层倾斜分层走向长壁下行垮落采煤法分层分采区巷道布置

2. 生产系统

(1) 运煤系统

煤通过第一区段第一分层工作面 14→第一区段第一分层运输平巷 11→区段运输石门 8→区段溜煤眼 17→运输上山 4→采区煤仓 19→运输大巷 1。

(2) 通风系统

新鲜风流从运输大巷 1→采区下部车场 3→轨道上山 5→区段进风运料石门 7→第二区段第一分层回风运料平巷 10→第一分层区段联络巷 12→第一区段第一分层运输平巷 11→第一区段第一分层工作面 14→第一区段第一分层回风运料平巷 13→第一区段回风石门 9

→回风大巷 2,经回风井排放至地表大气。

第一区段采完,第二区段工作面生产时,打开第一区段运输石门中的风门,污风可以由区段运输石门进入运输上山,至回风大巷,通过回风井排放至地表大气。

(3) 运料系统

采煤工作面所需的材料和设备从运输大巷 1→采区下部车场 3→轨道上山 5→采区上部车场 6→第一区段回风石门 9→第一区段第一分层回风运料平巷 13→第一区段第一分层工作面 14。

第二区段工作面生产时,装备由区段进风运料石门 7 运入。

3. 回采巷道布置

采用倾斜分层采煤法时,分层平巷有以下三种布置形式,如图 4-22 所示。

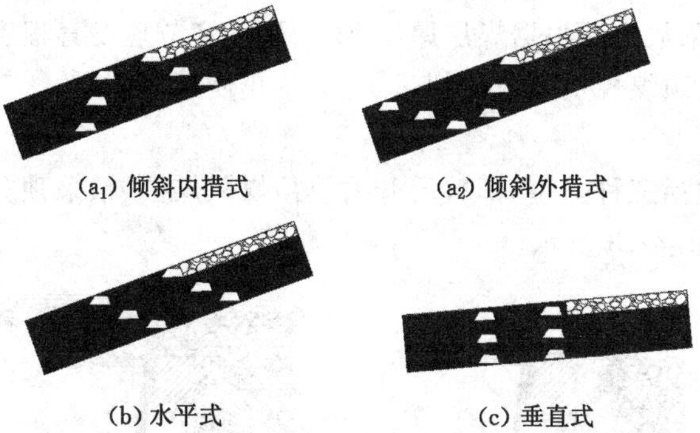

图 4-22　倾斜分层采煤法巷道布置方式

(1) 倾斜布置

倾斜布置又分为内错式和外错式两种,如图 4-22(a_1)(a_2)所示。各分层平巷是按 25°～35°角呈斜坡式布置,一般适用于倾角小于 15°～20°的煤层。

内错式布置将中下分层平巷内错半个至一个巷道宽度,这使工作面变短,煤柱加大,巷道在采空区下方沿假顶掘进,容易维护,但容易向上漏风。外错式布置就是将中下分层平巷置于上分层平巷的外侧,位置处于上分层煤柱侧向固定支承压力明显影响范围内,这使平巷维护困难,这种布置应用较少。

(2) 水平布置

如图 4-22(b)所示,各分层平巷布置在同一水平标高上,区段煤柱呈平行四边形。这种布置方式有利于材料运输、行人和通风,分层运输平巷处于上分层采空区下方,压力小,易于维护;但分层回风平巷位于区段煤柱下方,所受支承压力大,维护比较困难。

(3) 垂直布置

如图 4-22(c)所示,各分层平巷沿垂直方向呈重叠式布置,区段煤柱呈近似矩形。这种布置方式在煤层倾角小于 10°时,可减小区段煤柱尺寸,分层平巷受支承压力的影响也较小,易于维护。同时,下分层平巷沿上分层平巷铺设的假顶掘进,容易掌握方向。

(三) 倾斜分层开采评价

优点:可以有效解决近水平、缓倾斜和倾斜厚煤层顶板支护和采空区处理问题,缓和各分层矿压显现,具有较高的采出率和安全性。

缺点:需要铺设假顶,巷道掘进量大且维护较困难,生产组织及管理较复杂,防治煤层自燃的难度较大。区段间布置集中平巷分层同采时,岩巷量大,准备时间长,工作面接替和生产系统复杂。

该方法适用条件:煤层顶板不太坚硬,易于垮落、直接顶有一定厚度的倾斜、缓倾斜和近水平厚煤层,且不能或不宜采用放顶煤开采或大采高开采的厚煤层。

二、放顶煤采煤法

放顶煤采煤法就是在厚煤层中,沿煤层(或分段)底部布置一个采高 2～3 m 的长壁工作面,用综采工艺进行回采,利用矿山压力的作用或辅以人工松动方法使支架上方的顶煤破碎成散体后由支架后方(或上方)放出,并予以回收的一种采煤方法。

放顶煤重要的一个因素是采放比,即放煤高度与放顶煤工作面采煤机机采高度(或爆破高度)之比。合理的采放比要根据煤层厚度、煤的硬度和节理发育程度以及工作面推进速度等因素确定。我国放顶煤规定采放比超过 1∶3 禁止使用放顶煤。

(一) 基本类型

放顶煤采煤法包括三种类型,即整层开采放顶煤采煤法、预采顶分层放顶煤采煤法和分段放顶煤采煤法,如图 4-23 所示。

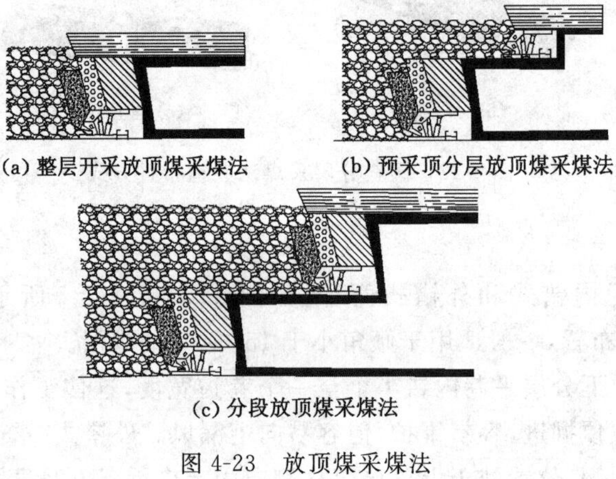

(a) 整层开采放顶煤采煤法　(b) 预采顶分层放顶煤采煤法

(c) 分段放顶煤采煤法

图 4-23　放顶煤采煤法

整层开采放顶煤采煤法如图 4-23(a)所示,该法一般适用于厚度 6～12 m 的煤层,是我国最常用的放顶煤采煤法。优点是掘进量小,设备少,系统简单,生产集中。缺点是煤质软时,两巷维护困难。巷道布置如图 4-6 所示。

预采顶分层放顶煤采煤法如图 4-23(b)所示。该法一般适用于厚度 12 m 以上、直接顶坚硬、瓦斯大的煤层。优点是由于顶层铺设金属网,可以减少放煤的含矸量。缺点是开采顶分层后一般矿山压力减弱,不利于顶煤的破碎,常有大块煤需要人工预裂。

分段放顶煤采煤法如图 4-23(c)所示。该法一般适用于厚度 15 m 以上的缓倾斜和近水平煤层。

(二) 采煤工艺

1. 主要工艺过程

具体步骤为采煤机割煤→移架及时支护→推移前部输送机→打开放煤口放顶煤→拉后部输送机。

(1) 割煤

放顶煤综采工作面一般采用双滚筒采煤机沿工作面全长割煤,工作面两端多采用斜切进刀方式,截深一般为0.6~0.8 m。

(2) 移架

放顶煤工作面液压支架一般装有伸缩前探梁和防片帮装置。采煤机通过后,及时移架,并伸出护帮板护住煤壁。

(3) 移前输送机

移架后即可推移前输送机。若采用一次推移到位,可以在距采煤机约10 m处逐节一次完成输送机的推移。若采用多架协调操作,分段移输送机,可在采煤机后5 m左右开始移输送机。

(4) 放顶煤

要根据架型、放煤口位置及几何尺寸、顶煤厚度及破碎状况,合理确定循环放煤步距(两刀一放、一刀一放)。

(5) 拉移后输送机

放完顶煤后依次顺序拉移后输送机,拉移一般滞后放煤的液压支架10~15 m。

2. 放煤方式

放顶煤工作面放煤顺序、次数和放煤量的配合方式称为放煤方式。常用的放煤方式有连续放煤(单轮)和不连续放煤(多轮)、顺序放煤和间隔放煤。

顺序放煤是指按支架排列顺序,如第1、2、3、…架,依次打开放煤口放煤的方式;间隔放煤是指按支架排列顺序每隔1架或多架,如第1、3、5、…架,或第1、4、7、…架,依次打开放煤口放煤的方式。

连续放煤是从端头处可以放煤的第1架支架开始放煤,一直放到放煤口见矸,煤放完后关闭放煤口,再打开第2架支架的放煤口,以此类推。该放煤方式操作简单,容易掌握,放煤速度也较快。

不连续放煤是每架支架的放煤口需打开多次才将顶煤放完。主要缺点是每个放煤口必须打开多次才能将煤放完,总的放煤速度较慢;若放煤不均匀,煤岩分界面下降就不均匀,这样就会增加混矸。

间隔放煤也可以连续或不连续放煤。连续放煤、不连续放煤及连续间隔放煤是我国常用的放煤方式。

(三) 综放开采评价

1. 优点

与分层开采相比,放顶煤开采的优越性如下:

(1) 适应性强。综放开采实现了缓倾斜特厚煤层的一次采全厚开采和急倾斜特厚煤层的水平分段开采,可以适应了煤层厚度变化大、顶底板起伏不平、断层构造多以及其他地质条件变化的不稳定煤层。

(2) 高产高效。综放开采一次开采厚度大幅度增加,实现了采放平行作业,效率大大提高,在同样工作面长度和工作面推进速度的情况下,综放开采的单产可以成倍地增长。

(3) 成本低。综放开采巷道掘进率低,搬家次数少,吨煤设备投入费用少,工作面材料、电力消耗少。

2. 存在的问题和不足

(1) 煤损较大。在现有技术条件下，放顶煤开采的工作面煤炭采出率平均达到81%～83%，初采和末采的损失及端头损失、区段巷道顶煤损失和护巷煤柱损失目前还无法有效的解决。

(2) 因煤损较多，在回采期间采空区容易出现煤炭自燃，有效避免煤炭自燃是放顶煤开采成败的关键。

(3) 在放顶煤工作面，煤尘比分层开采高1～2倍左右。采煤机割煤、支架操作时的架间漏煤及放煤均为粉尘的来源。

(4) 随着顶煤的冒落，由于受到回采岩层移动、支承压力作用和顶煤裂隙发育及移动的影响，在采空区上部聚集部分高浓度瓦斯涌入工作面。因此，比分层综采面瓦斯绝对涌出量要大，尤其在高瓦斯矿井。直接顶厚度不大、不能随采随垮时，瓦斯容易积聚，出现隐患，威胁矿井的生产安全。

3. 适用条件

(1) 煤层厚度。一般认为一次采出的煤层厚度以5～10 m为佳。采放比应控制在1～3以内，轻型支架放顶煤的厚度可适当减小。对于厚度变异系数大的煤层，采用放顶煤开采比用其他开采方法能取得更高的采出率和更好的经济效益。

(2) 煤层埋深。煤层埋深不宜小于100 m。

(3) 煤层硬度及结构。煤的硬度系数一般应小于3，否则需采取顶煤预破碎或其他弱化措施。煤层的节理越发育，对放顶煤越有利。硬夹石层厚度不宜超过0.4 m，否则需采取破碎措施。顶煤中夹石层厚度占煤层厚度的比例也不宜超过10%～15%。

(4) 顶板条件。直接顶应具有随顶煤下落的特性，使顶煤和垮落的直接顶形成一个统一的松动冒落体，直接顶冒落高度不宜小于煤层厚度的1.0～1.2倍。

(5) 煤层倾角。煤层倾角以25°以下为宜。

(6) 自然发火、瓦斯及水文地质条件。对于自然发火期短、瓦斯涌出量大、煤尘有爆炸危险的煤层，要采取相应的措施后才能采用放顶煤采煤法。水文地质条件复杂，采放后有可能与地表水、老窑积水和强含水层导通的煤层，以及有煤(岩)与瓦斯(二氧化碳)突出危险的煤层区域，为保证安全，禁止使用放顶煤开采。

第六节　柱式体系采煤法

柱式体系采煤法可分为房式采煤法和房柱式采煤法，有时房式采煤法也称为巷柱式采煤法。

在煤层内开掘一系列称为煤房的巷道，煤房左右用联络巷相连，这样就形成一定尺寸的煤柱。煤柱可留下不采，用以支承顶板，或在煤房采完后，再将煤柱按要求尽可能采出，前者称为房式采煤法，后者称为房柱式采煤法，如图4-24所示。按装备不同，柱式体系采煤法可分为传统的钻眼爆破工艺和高度机械化的连续采煤机采煤工艺两大类。传统的钻眼爆破工艺与煤巷钻眼爆破掘进基本相同，高度机械化的连续采煤机采煤工艺主要在美国、澳大利亚、加拿大、印度和南非等国应用。

这种采煤法以间隔开掘煤房采煤和留设煤柱为主要标志。一般特点是：

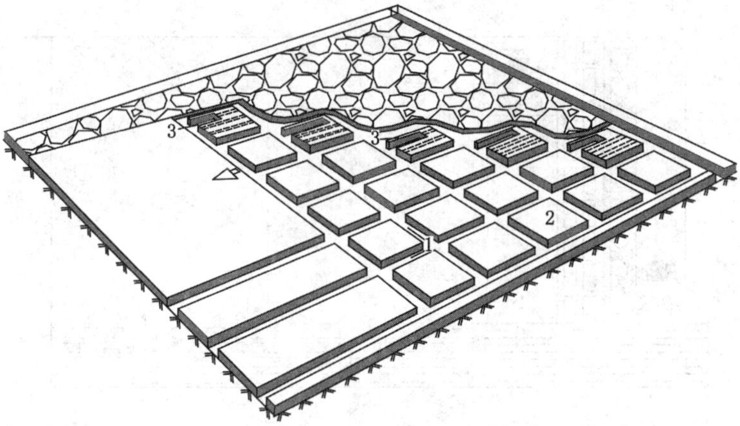

1—煤房;2—煤柱;3—回收的煤柱。

图 4-24 房柱式采煤法示意图

(1) 在煤层内布置一系列宽为 5～7 m 的煤房,采煤房时形成窄工作面,一般成组向前推进。煤房之间留设煤柱,煤柱宽数米至 20～30 m 不等,每隔一定距离用联络巷贯通,构成生产系统,并形成条状或块状煤柱,用于支承顶板。

(2) 采煤房时矿山压力显现较缓和,可以用锚杆支护工作空间,支护较简单。

(3) 高度机械化的连续采煤机采煤工艺目前多用连续采煤机及配套设备,且在一组房内交替作业。

(4) 采掘合一,掘进准备也是采煤过程,回收煤房间煤柱时,也使用同一种类型的采煤配套设备。

房式采煤法为连续采煤机进行割煤,梭车在采煤机与转载破碎机间接力运煤,转载机与胶带运煤,同时锚杆机在另一煤房进行锚钻,进行锚杆安装。采煤机与锚杆机交替在不同的煤房平行作业。另外需调节通风系统。

房柱式采煤法采房工艺与房式采煤法相同。根据煤柱尺寸采用不同方式回柱,回柱时有时须进行切顶支护,一般前进采房,后退回柱。

针对传统的房柱式采煤法随采深增加出现地压增大、采出率下降等问题,澳大利亚首先在"汪格维里"煤层中发展了"汪格维里"采煤法。该方法主要在盘区区段的划分和区段内煤体切割及回收方法与传统的房柱式采煤法不同。煤柱回收后,顶板似长壁工作面一样充分冒落,使房柱的回采避开支承压力高峰区。如图 4-25 所示。

在盘区准备巷道一侧或两侧布置长条形房柱,长条形房柱宽约 15 m,长约 65～90 m。条形房柱内先前进式采房,房宽 6 m,到边界后,后退回采 9 m 宽的煤柱。盘区准备巷道长度按地质条件和胶带输送机长度确定。长条房柱间的回采顺序一般用后退式。两侧布置时,也可以一侧前进式,另一侧后退式。

"汪格维里"采煤法可配备一套连续采煤机机组,采过煤房后再进行回收房间煤柱;也可配备两套连续采煤机机组,一套进行采房,另一套用来回收房间煤柱。

"汪格维里"采煤法减缓了矿压显现,从而提高了产量和回采率,适用于煤层埋藏深度小于 500 m 的近水平煤层以及顶板相对稳定和不易自燃煤层。

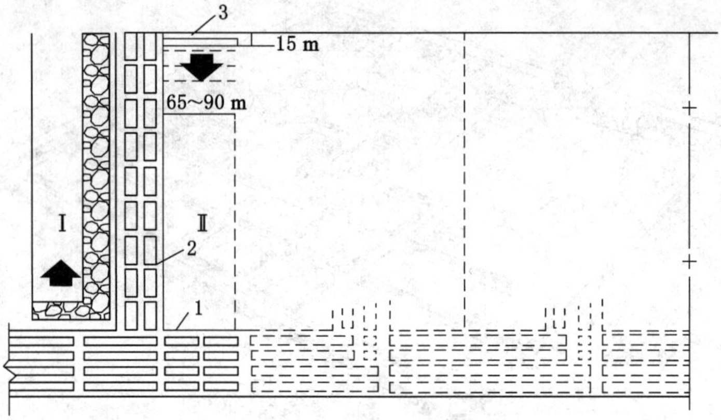

1—主平巷；2—盘区平巷；3—条形煤柱。

图 4-25 “汪格维里”采煤法

思考题

1. 什么叫采场？什么叫采煤工作面？
2. 什么叫采煤工艺？采煤工艺包括哪几种？
3. 什么叫采煤方法？采煤方法的分类有哪些？
4. 炮采中的炮眼布置方式有哪几种？
5. 炮采和普采工作面的支架布置方式有哪几种？其特点是什么？
6. 综采工作面采煤机进刀方式包括哪几种？
7. 单一走向长壁采煤法的采区生产系统包括那几个部分？请简述各系统路线。
8. 仰斜开采和俯斜开采的区别是什么？
9. 分层采煤法的优缺点和适用条件是什么？
10. 放顶煤采煤法的优缺点和适用条件是什么？

第五章　非煤固体矿床地下开采

第一节　金属矿床的工业特征

一、矿石和废石的概念

凡是在地壳中的矿物集合体，在现在技术经济水平条件下，能以工业规模从中提取国民经济必需的金属或矿物产品的称作矿石。

在采矿过程中所采出的围岩或夹石，一般称为废石。

二、矿石的种类

在地壳中，以自然金属形式存在的矿石是很少的，大量的矿石是以氧化矿、硫化矿等形式存在的。

(1) 根据所含金属矿物的性质、化学成分、矿物组成的不同，矿石可以分为以下几类：

① 自然金属矿石，指以单一元素形式存在的矿石，如金、铂、银等。

② 氧化矿石，指成分为氧化物的矿石，如赤铁矿(Fe_2O_3)、赤铜矿(Cu_2O)等。

③ 硫化矿石，指成分为硫化物的矿石，如黄铜矿($CuFeS_2$)、方铅矿(PbS)、辉铜矿(Cu_2S)、闪锌矿(ZnS)等

④ 混合矿石，指前三种的混合物。

(2) 根据所含金属种类的不同，矿石又可分为以下几种：

① 黑色金属矿石，如铁、锰、铬。

② 有色金属矿石，如铜、铅、锌、铝等。

③ 稀有金属矿石，如铌、钽等。

④ 放射性矿石，如铀、钍等。

⑤ 贵重金属矿石，如金、银等。

⑥ 非金属矿石，如建筑石材、石膏、滑石等。

三、矿石品位的概念

(一) 矿石品位的概念

通常把矿石中凡是可供利用的元素或矿物称为有用成分。矿石中所含有用成分的多少用品位来表示。

一般金属品位是指矿石中该种金属元素含量的百分数。

对于贵重金属(金、铂等)，矿石的品位是用 g/t 表示的。这是因为这些贵重金属在矿石中含量很少。

(二) 边界品位

边界品位是指可采矿石有用成分含量的最低界限。它是矿体边界上矿石的最低品位，

是划分矿石和废石、圈定矿体范围的标准。在圈定的矿体范围内，任意取样点的品位一般都不应当小于边界品位。

(三) 最低工业品位

最低工业品位是指在边界品位圈定的矿体范围内，合乎工业开采要求的平均品位的最低值。根据目前工业技术水平，当矿石的品位低于某个数值时，便没有利用的价值，则这一矿石品位叫最低工业品位。

(四) 矿石的损失和贫化

1. 矿石的损失

矿石的损失是指在矿山生产过程中，由于种种原因造成矿石丢弃或不能完全采出的现象。

2. 矿石的贫化

矿石的贫化是指采出矿石的品位比原矿石品位降低的现象。

四、金属矿床分类

金属矿床的矿体形状、厚度及倾角对于矿床开拓和采矿方法的选择有直接的影响。因此，金属矿床的分类，一般按其矿体形状、倾角和厚度三个因素进行分类。

(一) 按矿体形状分类

按矿体形状不同，金属矿床可分为层状矿床、脉状矿床和块状矿床。

(二) 按矿体厚度分类

1. 矿体厚度的概念

矿体厚度是指矿体的上盘与下盘之间的垂直距离或水平距离。前者称为矿体的真厚度，后者称为矿体的水平厚度。

2. 按矿体厚度分类

(1) 极薄矿脉：矿体厚度在 0.8 m 以下。

(2) 薄矿脉：矿体厚度为 0.8～4.0 m 之间。

(3) 中厚矿体：矿体厚度为 4.0～10 m 之间。

(4) 厚矿体：矿体厚度为 10～30 m。

(5) 极厚矿体：矿体厚度在 30 m 以上。

(三) 按矿体倾角分类

(1) 水平矿体：矿体倾角小于 5°。

(2) 缓倾斜矿体：矿体倾角在 5°～30°之间。

(3) 倾斜矿体：矿体倾角在 30°～55°之间。

(4) 急倾斜矿体：矿体倾角应大于 55°。

第二节　金属矿床地下开采概述

一、矿床的开采步骤

金属矿床地下开采的步骤可以分为开拓、采准、切割与回采四个步骤，这些步骤反映了不同的工作阶段。

（一）开拓工作

1. 开拓工作的定义

开拓工作是指从地面掘进一系列巷道到达矿体，使矿体连通地面，形成人行、通风、运输、排水、供电、供风、供水等系统的工作。如图 5-1 所示。

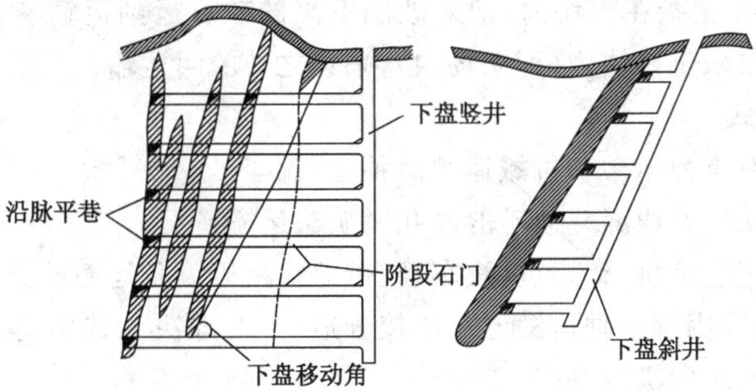

图 5-1　开拓示意图

2. 开拓工作的目的

(1) 把井下将要采出的矿石、废石运到地表。

(2) 把废水和污浊的空气排到地表。

(3) 把人员、材料、设备运到井下进行生产。

3. 开拓巷道

为了达到上述开拓目的而掘进的巷道，称为开拓巷道。例如井筒(竖井、斜井)、平硐、石门、井底车场、井下大的硐室、主要阶段运输巷道、主溜矿井、充填井等，都属于开拓巷道。

（二）采准工作

1. 采准工作的定义

采准工作是指在已经开拓完毕的矿床里掘进采准巷道，将阶段划分成矿块作为独立的回采单元，并在矿块内创造人行、凿岩、放矿、通风等条件的工作。

2. 采准工作的任务

(1) 划分矿块，将阶段再划分成矿块，作为独立的回采单元。

(2) 创造条件，为下一步回采工作创造条件(行人、凿岩、放矿、通风等条件)。

（三）切割工作

1. 切割工作的定义

切割工作是指在已经采准完毕的矿块里，为大规模回采矿石开辟自由面和自由空间的工作。

2. 切割工作的内容

为了达到上述目的，就必须掘进一系列巷道，有的还要在巷道的基础上加以扩大。

（四）回采工作

1. 回采工作的定义

当切割工作完成以后，可以进行大量的采矿工作，通常把大量的采矿工作叫作回采工作。

2. 回采工作的内容

回采工作包括落矿、矿石运搬和地压管理三个主要工作。

(1) 落矿工作

① 落矿工作是指以切割空间为外破自由面,用凿岩炸破的方法崩落矿石的工作。

② 一般是根据矿床的赋存条件、所采用的采矿方法及凿岩设备,选用浅孔、中深孔、深孔及药室等落矿方法。

(2) 矿石运搬工作

① 矿石运搬工作是指在矿块内,把外破崩下来的矿石运到运输巷道,并装入矿车中的工作。运搬工作仅仅限于矿块内(即采场内),采场之外的叫运输。

② 矿石运搬方式

矿石运搬方式有重力运搬和机械运搬两种方式。

重力运搬是指采用普通漏斗放矿的浅孔凿矿法运搬矿石。

机械运搬是指用装运机、铲运机、汽车、胶带运输机等设备运搬矿石。

在矿块回采中,采用哪一种运搬方式比较合适,主要取决于选用的采矿方法、矿床的赋存条件以及所选用的运搬机械等。

(3) 地压管理工作

① 地压管理工作的概念

地压是指矿石采出之后,在地下形成采空区,经过一段时间后,矿柱和上、下盘围岩就发生变形、破坏、崩落等现象。

在回采过程中,必须要控制地压和管理地压,并且要清除地压产生的不良影响,以保证生产的安全性,把这些工作称为地压管理工作。

② 地压管理的方法

地压管理的方法有凿矿柱支撑采空区、用充填料充填采空区、用崩落的围岩管理地压三种方法。

二、矿床开拓

矿床开拓方法大致可分为单一开拓法和联合开拓法两大类。凡用某一种主要开拓巷道开拓整个矿床的开拓方法,叫作单一开拓法;有的矿体埋藏较深,或矿体深部倾角发生变化,矿床的上部用某种主要开拓巷道开拓,而下部则根据需要改用另一种开拓巷道开拓,这种方法叫作联合开拓法。常用的开拓方法见表 5-1。除此之外,斜坡道开拓以及其相关的联合开拓也逐渐增多。

表 5-1 开拓方法分类表

开拓方法		主要开拓巷道的形式和位置
单一开拓法	平硐开拓	① 矿体走向;② 平硐与矿体走向相交
	竖井开拓	① 竖井穿过矿体;② 竖井在矿体上盘;③ 竖井在矿体下盘;④ 竖井在矿体侧翼
	斜井开拓	① 斜井在矿体下盘;② 斜井在矿体中
联合开拓法	平硐盲竖井开拓	矿体上部为平硐、深部为盲竖井
	平硐盲斜井开拓	矿体上部为平硐、深部为盲斜井
	竖井盲竖井开拓	矿体上部为竖井、深部为盲竖井
	竖井盲斜井开拓	矿体上部为竖井、深部为盲斜井
	斜井盲竖井开拓	矿体上部为斜井、深部为盲竖井
	斜井盲斜井开拓	矿体上部为斜井、深部为盲斜井

（一）平硐开拓法

平硐开拓法以平硐为主要开拓巷道，是一种最方便、最安全、最经济的开拓方法。但只有在地形有利的情况下，才能发挥其优点，即只有矿床赋存于山岭地区，埋藏在周围平地的地平面以上才能使用。

采用平硐开拓水平，平硐以上各中段采下的矿石一般用矿车中转，经溜矿井（或辅助盲竖井）下放到平硐水平，再由矿车经平硐运出地表。上部中段废石可经专设的废石溜井再经平硐运出地表（入废石场），或平硐以上各中段均有地表出口时，从各中段直接排往地表。

图 5-2 中的 154 m 中段为主要运输中段，主平硐 1 就设在这里。上部各生产中段废石经 224 m 和 194 m 巷道直接运出地表，生产矿石经由溜矿井 2，放到 154 m 水平，再经主平硐 1 运出硐口。

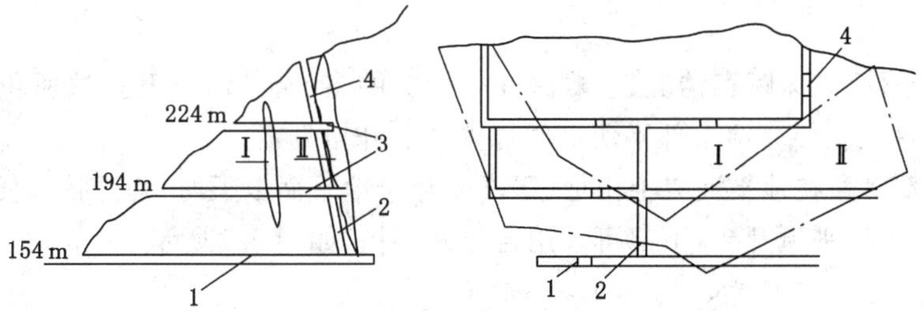

1—主平硐；2—溜矿井；3—上部中段平巷；4—回风井。

图 5-2　下盘平硐开拓示意图

（二）竖井开拓法

竖井开拓法以竖井为主要开拓巷道，主要用来开采急倾斜矿体（一般矿体倾角大于 45°）和埋藏较深的水平和缓倾斜矿体（倾角小于 20°）。这种方法便于管理，生产能力较高，在金属矿山使用较普遍。竖井开拓示意图如图 5-3 所示。

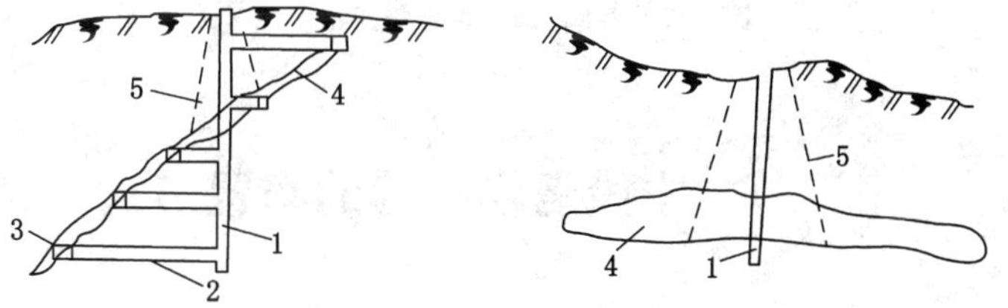

1—竖井；2—石门；3—平巷；4—矿体；5—移动界线。

图 5-3　竖井开拓示意图

（三）斜井开拓法

斜井开拓法以斜井为主要开拓巷道，适用于开采缓倾斜矿体，特别适用于开采矿体埋藏不太深而且矿体倾角为 20°～40°的矿床。这种方法的特点是施工简便、中段石门短、基建少、基建期短、见效快，但斜井生产能力低。因此这种方法更适用于中小型金属矿山，尤其是小型矿山。斜井开拓示意图如图 5-4 所示。

（四）联合开拓法

由两种或两种以上主要开拓巷道来开拓一个矿床的方法称为联合开拓法，其实质是因

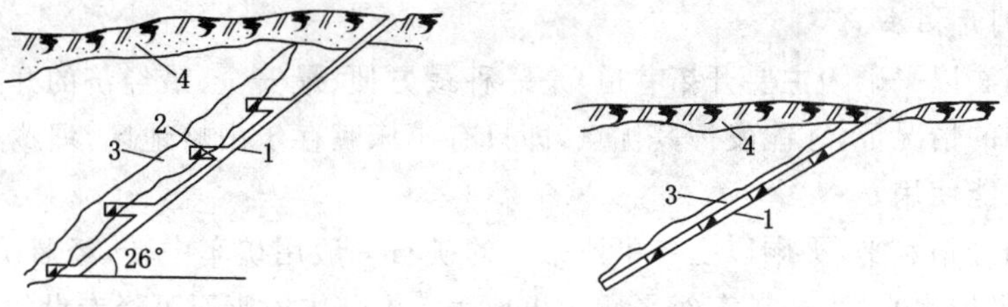

1—斜井;2—中段石门;3—矿体;4—覆土层。

图 5-4　斜井开拓示意图

矿床深部开采或矿体深部产状(尤其是倾角)发生变化而联合使用两种以上单一开拓法,即矿床上部用一种主要开拓巷道,而深部用另一种主要开拓巷道补充开拓,成为统一的开拓系统。

由于地形条件、矿床赋存情况、埋藏深度等情况的多变性,联合开拓法所包括的方案很多(见表 5-1),这里主要介绍上部平硐下部盲竖井的开拓方案。

当矿体上部赋存在地平面以上山地、下部赋存于地平面以下时,为开拓方便和更加经济合理,矿体上部可用平硐开拓,下部可采用盲竖井开拓,如图 5-5 所示。

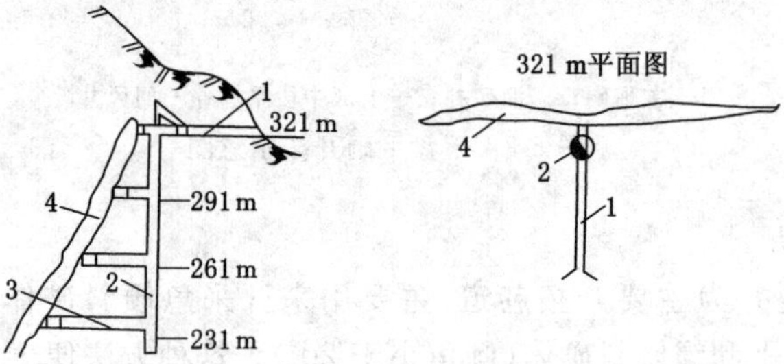

1—平硐;2—盲竖井;3—石门;4—矿体。

图 5-5　平硐盲竖井联合开拓方案

第三节　中段运输平巷的布置形式

一、单一沿脉平巷布置

这种布置又可分为脉内布置和脉外布置,其轨道布置形式分为单轨会让式(加局部双轨会车段)和双轨过渡式两种。

在一个矿山,由于各中段情况不同,尤其是各中段矿石储量不同,各中段运输平巷的设计也应有所不同。当矿体厚度很薄(如细脉状矿体)时,多采用脉内单轨会让式的布置,如图 5-6(a)所示;当中段运输较短、生产能力很低时,采用脉外单轨会让式,如图 5-6(b)所示;当中段运输距离较长时,虽然生产能力不高,但为了给生产能力留有余地,多采用单轨会让式。

当中段生产能力增大,采用单轨会让式不能满足生产需要时,可采用脉外双轨过渡式布置,如图 5-6(c)所示。图 5-6 所表示的中段均为脉外单轨会让式布置。只有到另一中段,由于矿体变厚,中段储量较大,不需要两个中段同时生产,为满足生产需要,在该中段采用了双

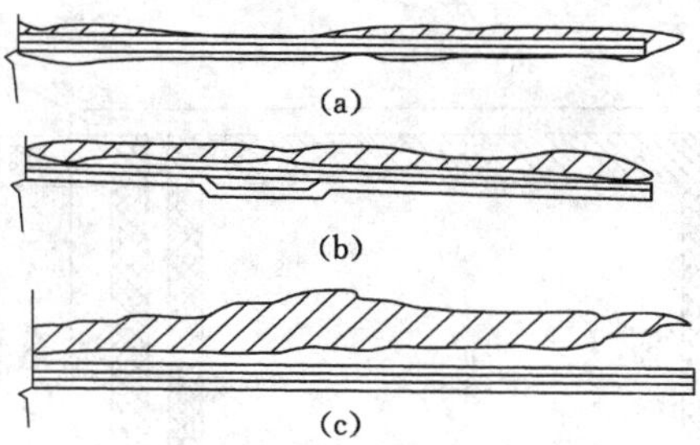

图 5-6　单一沿脉平巷布置

轨过渡式布置。这是大幅度提高运输能力的有效措施。生产能力在 20 万 t 以下的矿山，大都采用单轨会让式布置。

二、沿脉平巷加穿脉布置

如图 5-7 所示，当矿体厚度大于 8 m 时，多采用沿脉平巷加穿脉布置方式，即沿脉平巷布置在下盘围岩内，每隔一定距离掘一穿脉与沿脉平巷配合；在线路布置上，沿脉和穿脉巷道均为单轨布置。

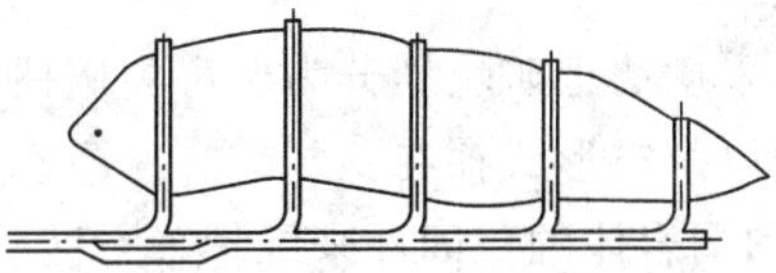

图 5-7　沿脉平巷加穿脉布置

穿脉巷道的间距，一是根据采矿方法而定，因穿脉垂直于矿体走向布置，如矿房宽为 8 m，则间距 15 m 为宜；二是取决于生产探矿需要，如探矿规定穿脉巷道间距为 30 m。

此外，中段平巷布置还有环形运输布置等，这些布置方式均适用于中大型矿山。

第四节　采矿方法分类

采矿方法是指为了回采矿块中的矿石，在矿块中和在围岩中所进行的采准、切割、回采的总和。

采矿方法种类很多，为了使用上的方便，有必要进行分类。目前通用的分类方法是按地压管理方式不同来分类的。因为地压管理方式既与矿岩的物理力学性质有关，同时又与采矿方法的适用条件、组成要素、回采工艺等有着密切关系，并且最终影响采矿方法的安全、效率和经济效果。

采矿方法按地压管理方式不同分为三大类，即空场采矿法、崩落采矿法和充填采矿法。

一、空场采矿法

（一）空场采矿法的概念

在回采过程中，将矿块划分为矿房和矿柱，第一步先采矿房，第二步再采矿柱。在回采矿房时，采场以敞空形式存在，仅依靠矿柱和围岩本身强度来维护。空场采矿法示意图如图 5-8 所示。

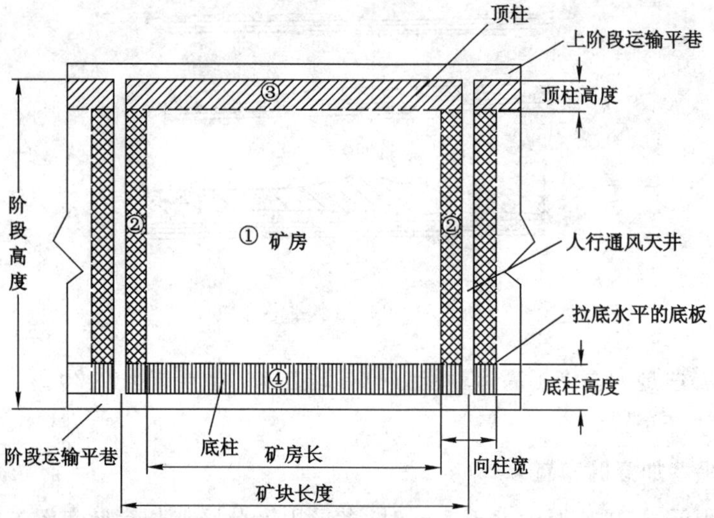

图 5-8 空场采矿法示意图

（二）空场采矿法的特点

(1) 在回采过程中，空场采矿法把矿块划分为矿房和矿柱两部分来开采。

(2) 在回采矿房时，采场以敞空形式存在。

(3) 空场采矿法用矿柱和围岩体的稳固性来维护采空区。

(4) 矿房采完以后，要及时回采矿柱，并及时处理采空区。

一般情况下，回采矿柱与采空区处理是同时进行的。有时为了改善矿柱回采条件，事先对矿房进行充填，然后用其他方法回采矿柱。

(5) 在回采过程中，采场主要依靠暂留的矿柱或永久矿柱进行自然支承，有时辅以人工矿柱支承。

（三）空场采矿法的适用条件

(1) 适用于开采矿石和围岩都很稳固的矿床。

(2) 采空区在一定时间内，允许有较大的暴露面积。

（四）空场采矿法的分类

空场采矿法目前应用比较广泛的有以下几种方法。

(1) 房柱法(包括全面法)；

(2) 浅孔留矿法；

(3) 分段矿房法；

(4) 阶段矿房法(包括垂直薄矿、水平薄矿的各方案)；

(5) 其他采矿方法及其变形方案。

二、崩落采矿法

崩落采矿法就是以崩落围岩来实现地压管理的采矿方法，即在崩落矿石的同时强制或自然崩落围岩，充填空区，用以控制和管理地压。崩落采矿法示意图如图 5-9 所示。

（一）崩落采矿法的特点

(1) 崩落采矿法不再把矿块划分为矿房和矿柱，而是以整个矿块作为一个回采单元，按

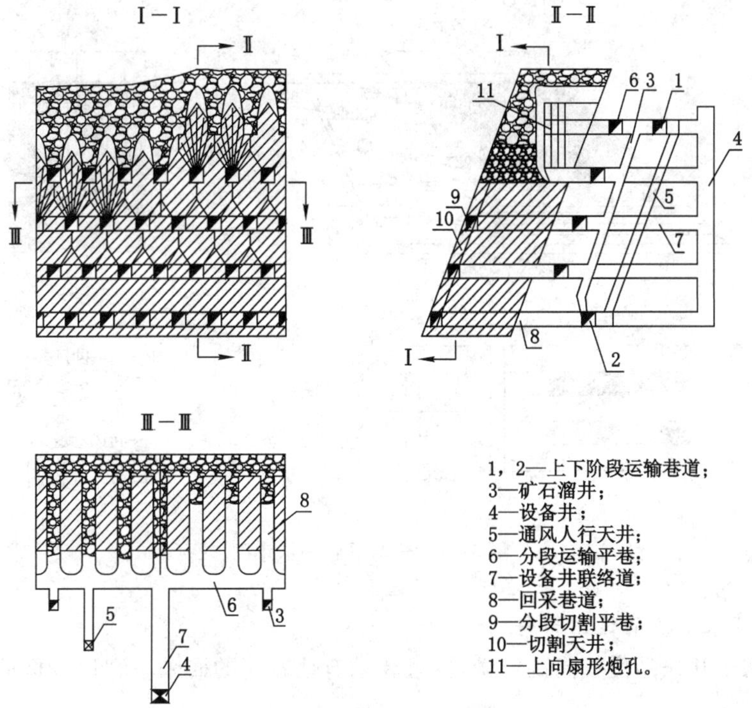

1，2—上下阶段运输巷道；
3—矿石溜井；
4—设备井；
5—通风人行天井；
6—分段运输平巷；
7—设备井联络道；
8—回采巷道；
9—分段切割平巷；
10—切割天井；
11—上向扇形炮孔。

图 5-9　崩落采矿法示意图

一定的回采顺序，连续进行单步骤回采。

（2）在回采过程中，围岩要自然或强制崩落，矿石是在覆盖岩石的直接接触下放矿。因此，这种采矿方法对放矿进行科学管理是十分必要的。

（3）崩落采矿法的开采是在一个阶段内自上而下进行的。与空场采矿法不同。

（二）崩落采矿法的适用条件

（1）地表和围岩允许崩落。

（2）矿石稳固，不需要大量支护，但随着支护技术的发展，对矿石稳固性的要求有所降低，围岩的稳固性不限，但上盘围岩易于崩落对采用这种方法更有利。

（3）矿石不很贵重，可选性好，或围岩含有品位，允许有较大的贫化率（一般不宜用于开采贵重金属或高品位的矿体）。

（4）急倾斜厚矿体或缓倾斜的极厚矿体。

（5）矿石需要剔出夹石或分级出矿。

三、充填采矿法

凡是随着采煤工作面的推进，逐步用充填料充填采空区的方法叫作充填采矿法。充填采矿法示意图如图 5-10 所示。

（一）充填采矿法的特点

充填采矿法也是将矿块划分为矿房和矿柱两步骤回采，先采矿房，后采矿柱。矿柱回采可用充填法，也可以考虑用其他方法。矿房的回采是采一分层，把矿石运出，随后充填这一层，然后再采一层，再充填一层。依此循环，直到全矿房采完为止。一采一充或两采一充。

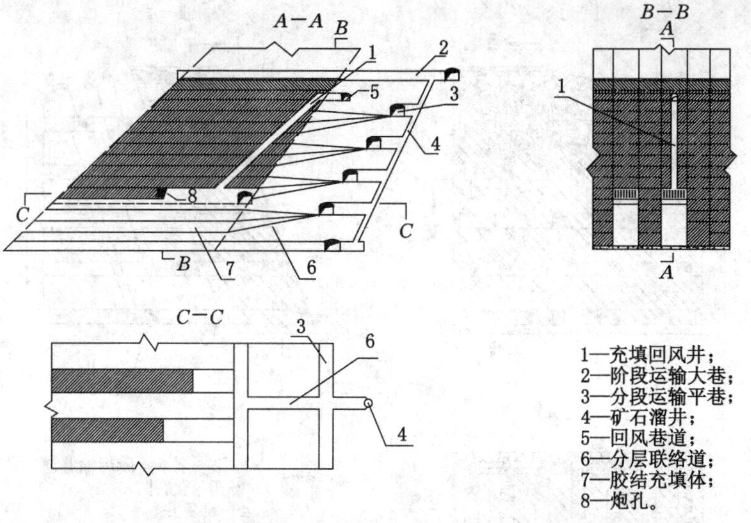

图 5-10　充填采矿法示意图

（二）充填采矿法的适用条件

(1) 适用于开采品位较高的富矿，并且要求有比较高的回采率和比较低的贫化率；或开采稀贵金属。

(2) 适用于开采赋存条件和开采技术条件比较复杂的矿床，如：

① 水文地质条件、矿体形状比较复杂；

② 矿体埋藏较深且地压较大；

③ 矿石或围岩有自燃发火的危险；

④ 地表或围岩不允许有大面积沉陷或剧烈移动而需要特殊保护；

⑤ 露天和地下同时进行开采。

(3) 适用于开采矿石稳固、围岩不稳固的矿床。如果能采用特殊的支护方法或下向分层充填法，也可以用来开采矿石不稳固的矿体。

(4) 适用于开采急倾斜矿体。因为急倾斜矿体便于向采场输送充填料，并且可以减少充填不到的空间及充填料接顶的面积。但是，如果能采用水力或风力充填的话，充填采矿法也可以用于缓倾斜薄矿脉的开采中。

（三）充填采矿法的分类

按矿块采煤工作面的推进方向和回采工艺特点，可分为① 上向分层充填采矿法；② 下向分层充填采矿法；③ 壁式充填采矿法；④ 削壁充填法；⑤ 支架充填法。

思　考　题

1. 什么叫矿石？什么叫废石？

2. 矿石品位是什么意思？

3. 金属矿床的分类方法有哪些？具体怎样分类？

4. 金属矿床开拓方法有哪些？

5．金属矿床常用的采矿方法有哪些？

6．适用空场采矿法矿山需具备哪些条件？

7．适用崩落采矿法矿山需具备哪些条件？

8．适用充填采矿法矿山需具备哪些条件？

第六章 露天开采

第一节 概 述

一、露天开采的特点

按处理围岩的方法不同,开采方法可分为地下开采(围岩不需采出)和露天开采(围岩需要采出)两类。露天开采的特点是采掘空间直接敞露于地表,为了采出有用矿物,需将矿体上覆的土岩及周围的岩石剥离掉,通过露天沟道线路系统把矿岩运至地表(图 6-1)。

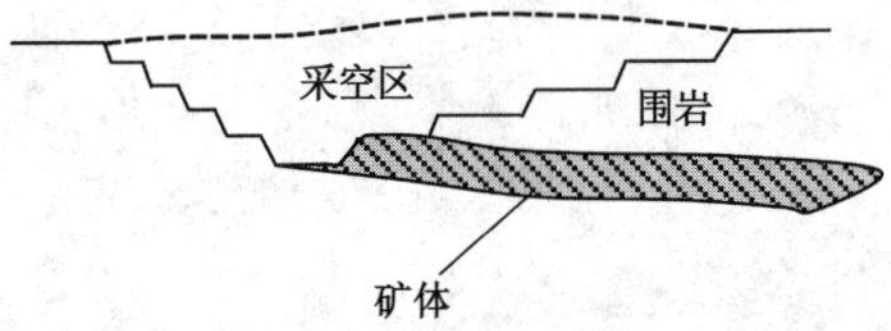

图 6-1 露天开采示意图

露天开采与地下开采相比,有以下优点:

(1) 机械化程度高。露天开采的作业空间限制较小,可采用大型的采掘运输设备,故露天开采较地下开采的矿山一般机械化程度高,大中型露天矿的机械化程度为 100%。

(2) 生产规模大、生产效率高。露天矿单个采场的生产规模可达 3 000 万～5 000 万 t/a。目前,世界上产能超过 1 000 万 t/a 的矿山 90%以上为露天开采,我国产能超过 2 000 万 t/a 的煤矿有 10 座,其中露天煤矿 8 座,国内产能最大煤矿为哈尔乌素露天煤矿及神华宝日希勒能源有限公司露天煤矿,产能均为 3 500 万 t/a。一般情况下,露天开采的全员劳动生产率为地下开采的 3～5 倍,甚至更高,国内大型露天煤矿的原煤工效可达 100 t/工以上。

(3) 生产成本低。露天开采的成本一般为地下开采的 1/3 左右。

(4) 资源回收率高。大型露天煤矿的回采率均在 90%以上。此外,露天开采可顺便采出伴生矿物,有利于资源综合利用。

(5) 作业安全、劳动条件好。露天开采的采掘空间直接敞露于地表,且机械化程度高,因此工作环境易于控制,劳动强度较低,作业安全性较高,并能开采易燃、多水、高瓦斯矿床。

(6) 矿山基本建设周期短,投产及达产快。

露天开采与地下开采相比,其缺点为:

(1) 对矿床埋藏条件要求较严格。一般要求矿床覆盖层薄和矿层厚,否则基建剥离量过大,生产剥采比大,生产成本高。

(2) 破坏和占用大量的土地和耕地。

(3) 受气候条件影响较大。暴雨、大风、严寒、酷热等对露天开采均有一定影响。

(4) 对环境污染较严重。露天矿采剥矿岩破坏地表植被，占用土地，破坏地下水，生产过程中产生大量粉尘，运输卡车排除尾气等污染空气，露天开采对生态环境的破坏较为明显。

二、露天开采的步骤

在赋存有地下资源的地区，经过普查、详查、精查等不同的地质勘探阶段，探明了矿床的产状、构造、储量等情况。经过矿区开发可行性研究、矿区总体设计、初步设计、技术设计和施工图等设计阶段，寻求技术上可行、经济上合理的露天矿开发方案。设计被批准后，即可进行露天矿区的建设。

一个露天矿区的建设要涉及许多部门，如铁道、电力、机械制造、民政等。露天矿从建设到生产需经过下述主要步骤：

(1) 地面准备

把交通线、输电线引入矿区，在进行开采的地区清除或迁移天然和人为的障碍物，如树林、河流、交通线路、房屋等。

(2) 矿体疏干、隔水和排水

当矿床的地下水丰富时，矿体需要先行疏干，即采用不同的方法将水从矿体及其周围岩体中排出，使地下水位降至所需水平。为了防止地表水流入露天采场，应修筑地面防水工程拦截或引走地表的水流。对露天矿日常生产时期的少量涌水和大气降雨汇水，则可通过地面排水和地下排水方式排出。

(3) 基本建设工作

即开掘沟道和进行基建剥离，以建立运输通道和采掘有用矿物的初始工作线，以及建立地面运输系统、建设排土场、建造地面生产系统中的构筑物及其他设施。

(4) 日常生产工作

即进行剥离和采矿工作。前者是为了剥离覆盖于矿体上部或周围的土岩，使有用矿物揭露出来，后者则指采掘有用矿物的作业。

以上 4 个步骤最初是顺序进行的，之后可同时进行，但在空间上需保持必要的超前关系。

三、名词术语

(一) 台阶及其要素

露天开采时，露天矿往往被从地表开始，把矿岩划分成多个具有一定高度的分层，自上而下逐层开采，并保持一定的超前关系，在开采过程中各分层在空间上构成阶梯状，每个阶梯就是一个台阶，如图 6-2 所示。台阶多以台阶下盘的标高来表示，如＋12 水平、－12 水平。

台阶要素包括：

(1) 台阶上部平盘(上盘)——台阶的上部水平面；

(2) 台阶下部平盘(下盘)——台阶的下部水平面；

(3) 台阶坡面——朝向采空区的台阶倾斜面；

(4) 台阶坡面角 α——台阶坡面与水平面所成交角；

(5) 台阶坡底线——台阶上部平盘与坡面的交线；

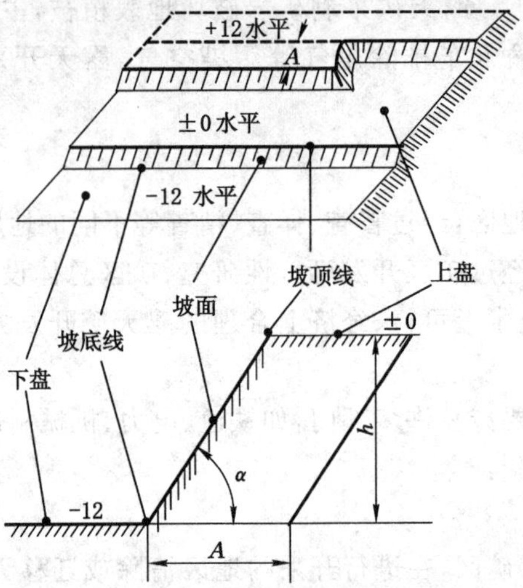

图 6-2　台阶示意图

(6) 台阶坡顶线——台阶下部平盘与坡面的交线；

(7) 台阶高度 h——台阶上部平盘与下部平盘的垂直距离。

台阶开采时一般顺序地划分为若干具有一定宽度的条带，称为采掘带，图 6-2 中 A 表示采掘带宽度。

(二) 露天矿场构成要素

露天矿场构成要素如图 6-3 所示，具体包括以下几个方面。

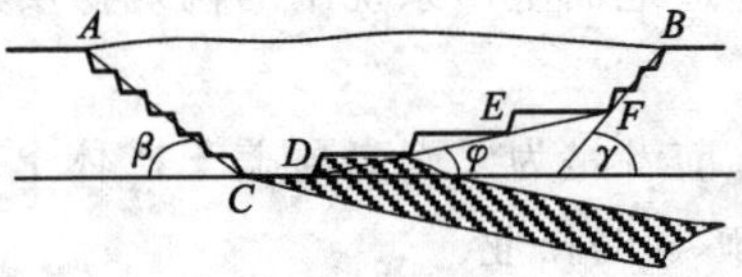

图 6-3　露天矿场构成要素

(1) 露天矿场边帮

露天矿场边帮是指露天开采境界四周的表面，即矿场四周由所有台阶坡面、平盘(或平台)和倾斜坑线组成的总体。位于开采矿体底板方向的边帮称为底帮，位于开采矿体顶板方向的边帮称为顶帮，位于露天矿场两端的边帮则称为端帮。

露天矿场边帮按其上的台阶是否作业可分为：

① 露天矿场工作帮(DF)——由工作台阶所组成、正在进行开采的边帮或其一部分。

② 露天矿场非工作帮(AC 及 BF)——由已结束采掘作业的非工作台阶组成的边帮或其一部分。

(2) 工作平盘

即工作台阶上的平盘，其宽度应能设置穿爆、采掘、运输等设备，并保证它们正常作业。

(3) 平台

即非工作台阶上的平盘。用于安设运输线路的称运输平台；阻挡片石下滑维持边帮稳定的为保安平台。

(4) 露天矿场场边帮的废止角(β、γ)

通过非工作帮最上一个台阶的坡顶线和最下一个台阶坡底线的假想平面与水平面的交角。

(5) 工作帮坡角 φ

通过工作帮最上和最下台阶坡底线的假想平面与水平面的交角。

(6) 露天矿场最终境界

露天矿场开采结束时,其上部最终边界和下部最终边界线所限定的位置。

第二节 生产工艺环节及工艺系统

一、生产工艺环节

露天开采生产工艺是指实现从原始地层中开采矿岩并将其运往指定地点的过程。露天开采生产工艺的主要环节包括以下几个方面。

(一) *矿岩的预先松碎工作——矿岩准备*

采掘设备能直接从整体中采落的松散土岩,无须这一生产环节,其余矿岩都要在采掘前做好准备。矿岩准备常用的方法是穿孔爆破,个别情况下也有用机械方法松散矿岩,或用水使土岩松软。

穿孔爆破即先用穿孔设备在矿岩中穿凿孔眼,将炸药装入钻孔并爆炸使矿岩从整体上分离下来,并破碎成一定的块度,便于采装。

露天矿常用的穿孔方法是机械法穿孔,即利用机械能破碎矿岩,形成所需规格的炮孔。露天矿常用的穿孔机械有:钢绳冲击式钻机、潜孔钻机、牙轮式钻机。

露天矿的爆破工作是指将矿用工业炸药,按一定的要求装填在炮孔中,利用炸药爆炸产生的化学能将岩石破碎至一定程度,并形成一定几何尺寸的爆堆。露天矿常用的爆破方法有:药室爆破法、浅眼爆破法、裸露爆破法、深孔爆破法等。

(二) *矿岩的采掘和装载——采装*

采装工作是指用一定的采掘设备将矿岩从整体或爆堆中采出,并装入运输或转载设备,或直接卸在指定地点。它在露天矿各生产环节中居主导地位。

采装工作所用的设备类型很多,主要有挖掘机(包括单斗挖掘机、拉斗铲、轮斗挖掘机、链斗挖掘机)、装载机、铲运机以及推土机和螺旋钻等。

(三) *矿岩向不同卸载地点的移运——运输*

把矿石或土岩自工作面采装后分别运往指定的卸载地点,这是露天矿的主要运输。此外,还有运送人员、设备、材料等的辅助运输,统称为杂业运输。运输工作是采装与排卸的连接环节,起着纽带作用,也决定着整个生产任务完成的好坏。

露天矿矿岩运输的物流具有单向性;运输强度高、运量大;矿岩硬度大、大块矿岩装卸有冲击作用;装卸地点频繁变动;运输线路移动多、坡度大,路面条件差;当矿石需要配矿时,运输组织工作复杂。

露天矿运输要求运距短,运输线路尽量固定;采用简单的运输方式和较少的运输设备类型;运输设备容积/强度要与采装卸设备、矿岩适应,运输设备可靠,主要设备停歇时间短;运输方式应保证工作安全且成本低。

露天矿常用的运输方式有铁路运输、公路运输、带式输送机运输、联合运输等。

(四) 矿岩在不同卸载点的卸载——排卸

排卸工作的目的是在一定场所(采空区或离采场较近的适当地区)堆放从露天采场内采出的土岩或卸载矿石。其中排弃土岩称为排土,容纳土岩排弃的场所称为排土场。

排土工作的任务是选择合理的排土工艺、参数和设备,组织排土环节内部各工序的紧密配合,充分发挥排土场的能力,保证采场持续均衡生产。

露天矿排土工程量大,大型露天煤矿的年剥离物排弃量近亿立方米,占用土地面积大,因此,排土工作对露天采矿的技术经济效果有重大影响。

排土工作与采掘工作相比有其自身的特殊性。由于露天矿排弃物料为爆破、挖掘后的松散剥离物,设备的效率较同型采掘设备为高,但排土台阶的稳定性和移动线路(推土犁排土和汽车直接排弃时)的质量较差。采掘工作一般是由上而下采出矿岩,形成空间;排土工作一般为由下而上堆垒废石,占压空间。两者在工艺方式和工程发展程序上都不同。

目前露天开采中使用的排土工艺方式,根据采用的设备可分为汽车-推土机排土、挖掘机排土、排土机排土、前装机排土、推土梨排土等。

二、生产工艺系统

露天开采工艺系统是完成采掘、运输和排卸这三个环节的机械设备和作业方法的总称。

(一) 按各环节所采用的设备作业方法的特征或作业过程中矿岩流的特征分类

按各环节所采用的设备作业方法的特征或作业过程中矿岩流的特征,露天开采工艺系统可分为三大类。

1. 间断开采工艺

各主要生产环节的矿岩流是间断的。该工艺的主要优点是:适应性强,可适用于各种矿床赋存条件。世界上多数国家广泛使用。

2. 连续开采工艺

各主要生产环节的矿岩流是连续的。该工艺是采掘工艺的发展方向,具有一系列优点。但其对矿岩性质有严格要求,目前多用于无须爆破即可挖掘的松软岩石。

3. 半连续开采工艺

部分生产环节的矿岩流为连续的,部分则是间断的,又称间断-连续开采工艺。该工艺能在硬岩开采中使用带式输送机运输,可提高单斗挖掘机利用率和生产能力,是采掘工艺的发展方向。

(二) 按所用设备可完成的生产环节数分类

按所用设备可完成的生产环节数,露天开采工艺系统又可分为两类。

1. 独立式开采工艺

三个主要生产环节各有独立的设备,可以是间断的、连续的、半连续的。

2. 合并式开采工艺

主要环节中有两个或三个环节是合并在一起,由同一设备完成的。最典型的就是剥离物直接倒堆工艺,可以是间断的、连续的。

综合考虑上述因素,露天开采工艺系统的分类如表 6-1 所示。

表 6-1　露天开采工艺系统分类

分类		设备
Ⅰ 间断开采工艺	A. 独立式开采工艺	1. 单斗挖掘机或前装机-铁道运输-推土犁(挖掘机) 2. 单斗挖掘机或前装机-汽车-推土机 3. 单斗挖掘机或前装机-联合运输
	B. 合并式开采工艺	1. 单斗挖掘机(拉斗铲)倒堆 2. 铲运机开采
Ⅱ 连续开采工艺	A. 独立式开采工艺	1. 多斗挖掘机-带式输送机-排土机 2. 水枪-水力运输-水力排土 3. 挖泥船-水力运输-水力排土
	B. 合并式开采工艺	1. 多斗挖掘机-运输排土桥 2. 带排土臂的轮斗挖掘机
Ⅲ 半连续开采工艺		1. 单斗挖掘机或前装机-汽车-(半)固定破碎站-带式输送机-排土机 2. 单斗挖掘机或前装机-移动破碎机-带式输送机-排土机 3. 多斗挖掘机-汽车或铁道运输 4. 以上间断开采工艺和连续开采工艺的其他组合

第三节　露天矿开采程序及开拓

一、开采程序

（一）概述

露天矿开采程序是指在采场内进行剥离岩石和采出矿石的程序，或称为剥采工程发展程序。露天矿开采程序主要研究矿山工程的发展顺序，包括：① 剥离工程和采矿工程的合理安排；② 掘沟工程和推帮工程的协调发展。其目的是保持露天矿持续生产，达到要求的产量，提高矿石质量，减少矿产资源损失，降低投资和成本，特别是前期成本，使露天矿的建设和生产取得最佳的经济效益。

以相邻两个台阶的开采程序(图 6-4)为例建立初步、基本的概念。

首先开掘自地表±0 标高到第一台阶下部平盘的出入沟 AB[图 6-4(a)]；

然后沿台阶全长开掘开段沟 BC[图 6-4(b)]；

在开段沟旁建立采掘工作面，在工作面推进过程中，逐条开采采掘带，每采一个采掘带，工作线推进一个采宽[图 6-4(c)]。在上部台阶工作线推出一定宽度后，下部台阶才能开掘出入沟和开段沟[图 6-4(d)及(e)]，对下部台阶工作线进行推进，上部台阶工作线则相应地继续推进。

掘出入沟、开段沟、推帮是露天矿剥采工程发展的一般程序，亦是台阶的一般开采程序。相邻台阶的工作线发展在空间上则存在一定的制约关系。

（二）台阶划分和台阶的开采程序

1. 台阶划分

露天矿场内的矿岩一般划分成许多台阶进行开采。台阶的划分应有利于发挥设备效率，提高矿石质量和保证作业安全。

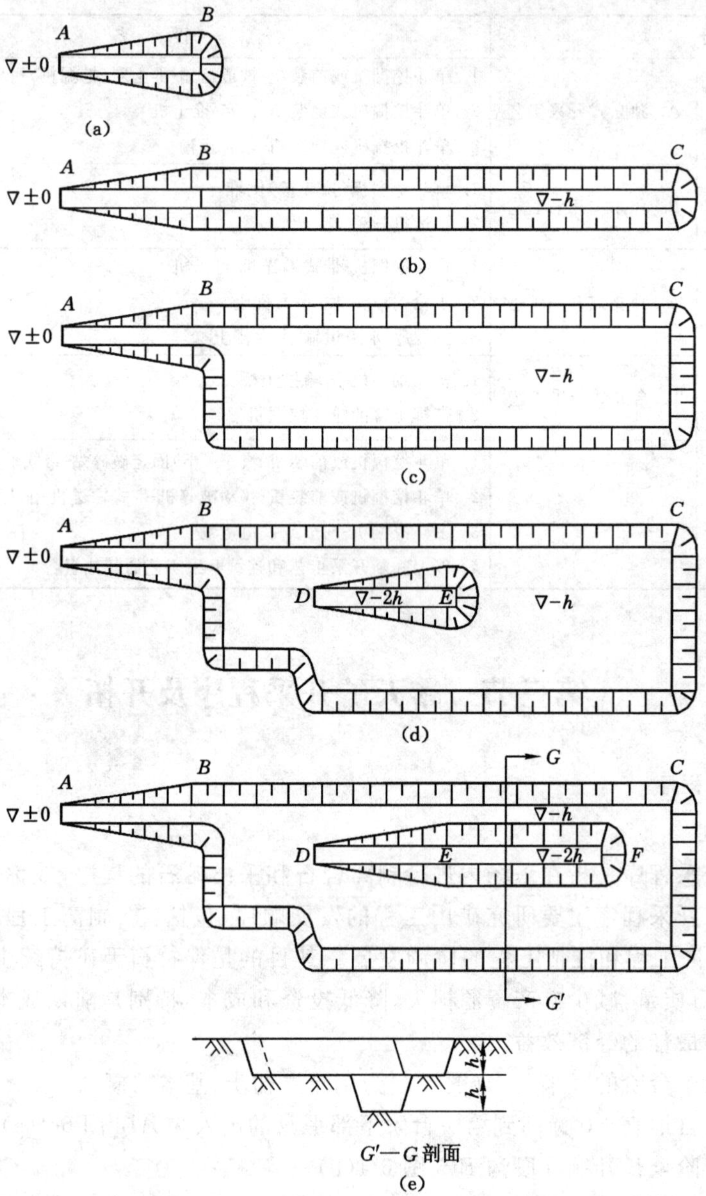

图 6-4　相邻两个台阶的开采程序示意图

台阶作业水平划分有水平分层[图 6-5(a)]、倾斜分层[图 6-5(b)]和混合分层三种方式。台阶一般采取水平分层，以有利于采掘和运输设备的作业，工作平盘一般应是水平的，有时为了便于排水，可稍带坡度，但不宜有较大的横坡和纵坡。

倾斜分层一般是指按照矿岩的分层接触面划分台阶的，以便于选采，实现矿岩分采分运。有时为了实现某种开采程序的需要，人为地将覆盖层岩石按一定的倾斜坡面划分成台阶。这种方式的台阶高度低，可缩短设备线形尺寸，并将剥离物横向运入内排土场，缩短运距。

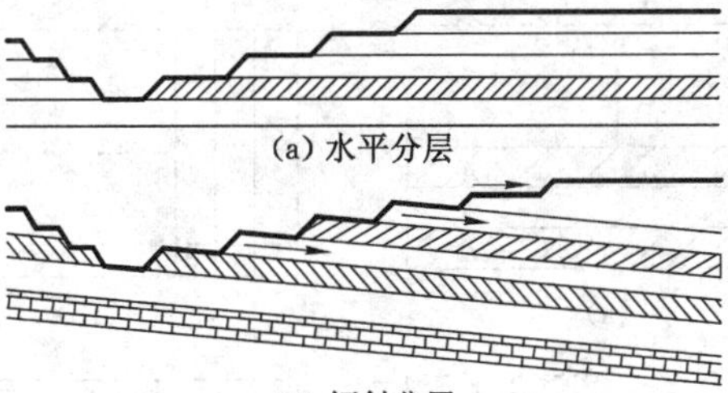

图 6-5 台阶划分示意图

台阶作业水平划分原则包括：

① 岩矿分开，以减少矿石的贫化和损失；

② 软、硬岩分开，考虑爆破因素；

③ 倾斜分层的作业面倾角应满足采运设备的作业性能要求。

台阶高度的确定应充分发挥采运设备的作业效率，保证矿石质量和回采率，保证运输条件。

2. 台阶的开采程序

台阶通常划分成具有一定宽度的采掘带进行开采，采掘带的宽度根据开采工艺、设备和矿岩性质确定。工作线可沿露天矿走向布置、横向布置、斜向布置、L 形和 U 形布置或圈形布置等。

工作线沿露天矿走向布置[图 6-6(a)、(e)]亦即沿露天矿纵向布置，简称纵采。此时工作线沿倾向或横向推进。沿露天矿走向布置时工作线较长，适合于露天矿各种开采工艺系统。

工作线沿横向布置[图 6-6(b)、(d)]亦即沿露天矿倾向布置，简称横采。此时工作线较短，主要适应于汽车运输的开采工艺。也可沿露天矿横向分期(区)，实行横采[图 6-6(c)]。

工作线沿斜向布置[图 6-6(f)]，指工作线与露天矿走向保持一定的交角，是为了达到某种目的而采取的措施。

工作线沿 L 形和 U 形布置[图 6-6(d)]是开段沟采取基坑形式的工作线发展方式，是适应于采用汽车运输的开采工艺条件下的开采程序。

工作线沿圈形布置，指将工作线布置成封闭圈的形态。逐步加大或者缩小封闭圈，其工作线长度是不断变化的。

二、开拓

露天矿开拓的目的是建立地面与露天矿采场内各工作水平以及各工作水平之间的矿岩运输通道，用以建立采矿场与排土场和工业场地的运输关系，及时准备出新的工作水平。

露天矿开拓系统是露天矿采场内运输矿岩的干线、沟道系统的总称。开拓系统与运输有关，所以也将开拓系统叫作开拓运输系统。

露天矿开拓设计是露天开采设计中带有全局性的大问题，它一方面受露天开采境界的影响，另一方面不仅影响着基建工程量、基建投资和基建时间，还影响着矿山生产能力、矿石

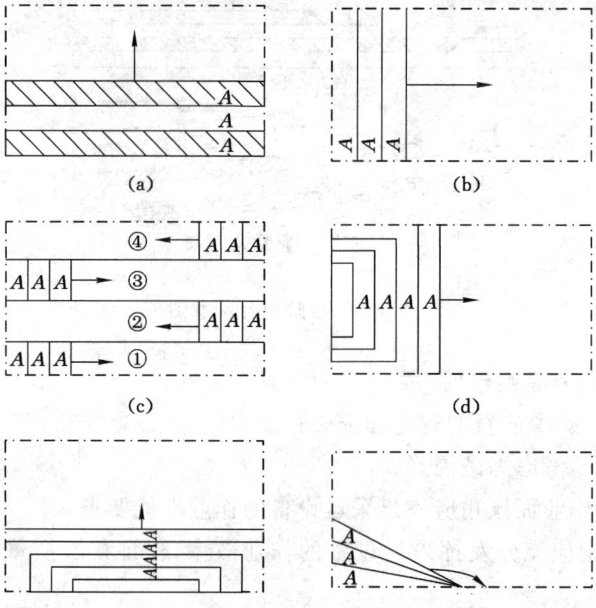

图 6-6　台阶开采程序示意图

损失和贫化、生产的可靠性与均衡性以及生产成本。开拓系统一旦形成，若再想改造，则会严重地影响生产，造成很大的经济损失。

依据所选取的运输设备，露天开拓方法主要包括公路运输开拓、铁路运输开拓、带式输送机运输开拓、平硐溜井开拓、提升机提升开拓等。公路运输开拓、铁路运输开拓属于单一开拓运输方式，而其余开拓方法均属于两种及以上运输方式组成的联合运输开拓。

第四节　露天矿开采境界及剥采比

一、露天矿开采境界

露天矿开采境界是指露天矿场开采终了时形成的空间轮廓。它由矿场的地表境界、底部境界和四周帮坡组成。

露天矿开采境界一经确定，就相应地确定了露天矿的可采矿量和剥岩量。露天矿开采境界的大小不仅对矿山的生产规模和服务年限有重大影响，而且还与矿山的基建投资、投产与达产时间、设备数量、矿山人员编制和采矿成本等一系列技术经济指标有密切关系。因此，合理地确定露天矿开采境界，是露天矿设计的一项重要工作。

（一）影响露天矿开采境界的因素

影响露天矿开采境界的因素很多，可归为以下三大类。

1. 自然因素

包括矿体赋存条件（如矿体形态、大小、厚度、倾角等）、矿床勘探程度及储量等级、矿石和围岩的物理力学性质、工程地质和水文地质条件、矿区地形地貌。

2. 技术组织因素

包括露天开采与地下开采的技术水平、装备水平、矿区附近交通状况。

3. 经济因素

包括矿石的质量和价值、原矿和精矿成本及售价、基建投资和建设期限、国家及地区经济发展的方针及政策。

(二) 确定露天矿开采境界的原则

露天矿开采境界的确定实质是对剥采比大小的控制,使之不超过经济合理剥采比。主要有以下三种原则:

(1) 按境界剥采比小于等于经济合理剥采比确定境界;

(2) 按平均剥采比小于等于经济合理剥采比确定境界;

(3) 按自然生产剥采比或均衡生产剥采比小于等于经济合理剥采比确定境界。

二、剥采比

图 6-7 中,随着露天矿开采境界由 $abcd$ 扩展到 $a'b'c'd'$,可采的矿石量从 A_1 增加到 A_1+A_2,但需要剥离的岩石量也从 V_1 增大到 V_1+V_2。因此,露天矿开采境界的确定,与剥岩量和可采矿量联系在一起,也就是与剥采比有关。剥采比是指某个特定区域内或特定时期内,剥离岩石量与采出矿石量的比值。

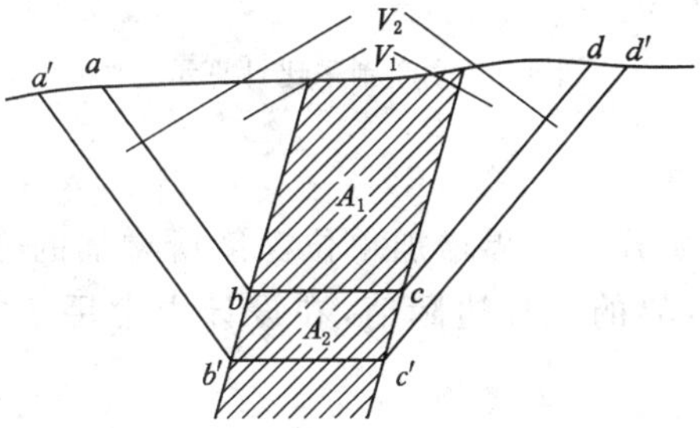

图 6-7　剥采比计算示意图

露天矿设计和生产中常用的几种剥采比包括:平均剥采比 n_p、生产剥采比 n_s、境界剥采比 n_k、经济合理剥采比 n_j 等。

(一) 平均剥采比 n_p

平均剥采比是指露天境界内,岩石总量与矿石总量之比值(图 6-8),即

$$n_p = \frac{V_p}{A_p} \tag{6-1}$$

式中　n_p——平均剥采比,m^3/t;

V_p——露天开采境界内的岩石量,m^3;

A_p——露天开采境界内的矿石量,t。

该指标反映露天矿的总体经济效果,在设计中常作为参照指标,用来衡量设计的质量。

(二) 生产剥采比 n_s

生产剥采比是指露天矿在一定生产时期内剥离的岩石量与采出的矿石量之比值(图 6-9),即

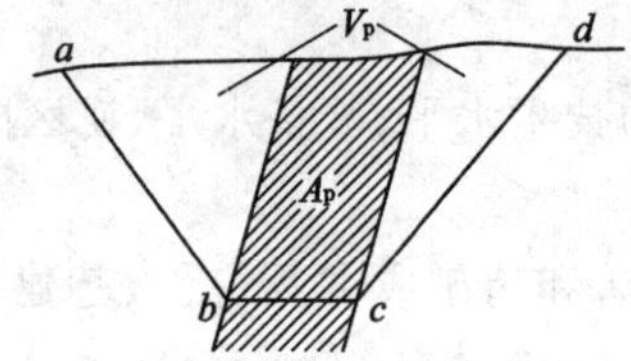

图 6-8 平均剥采比计算示意图

$$n_s = \frac{V_s}{A_s} \tag{6-2}$$

式中 n_s——生产剥采比，m^3/t；

V_s——某一生产时期内所剥离的岩石量，m^3；

A_s——某一生产时期内所采出的矿石量，t。

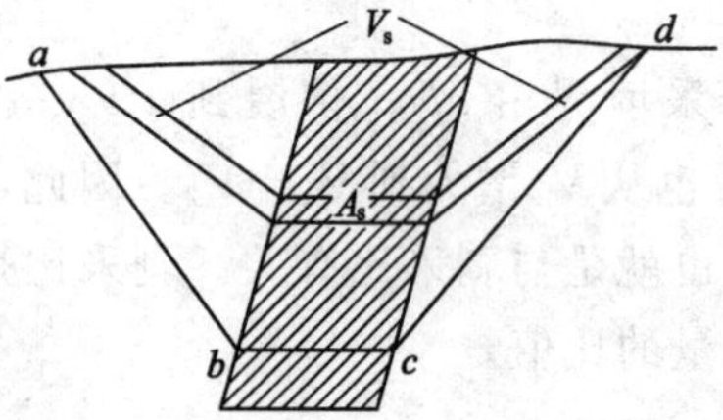

图 6-9 生产剥采比计算示意图

（三）境界剥采比 n_k

境界剥采比是指露天矿开采境界增加单位深度所增加的岩石量与矿石量的比值（图6-10）。它是露天矿开采境界的一种边际值，在设计中常用于露天矿开采境界的经济分析，即

$$n_k = \frac{\Delta V}{\Delta A} \tag{6-3}$$

式中 n_k——境界剥采比，m^3/t；

ΔV——露天矿开采境界延深单位深度所增加的矿石量，m^3；

ΔA——露天矿开采境界延深单位深度所增加的岩石量，t。

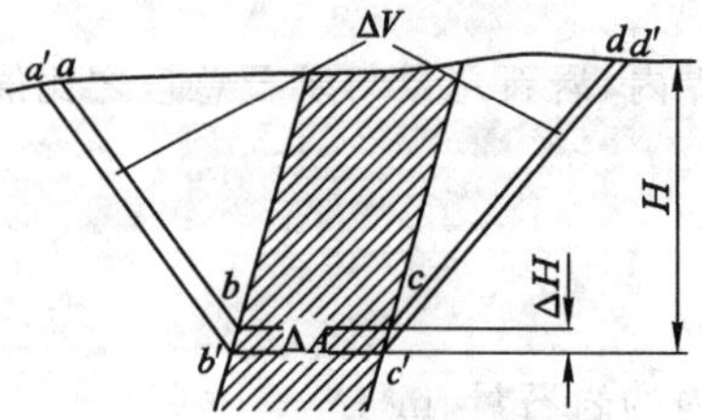

图 6-10 境界剥采比计算示意图

（四）经济合理剥采比 n_j

经济合理剥采比是指在特定的技术经济条件下所允许的最大剥采比。它是一个理论上的极限值，是确定露天矿开采境界的重要技术经济依据。

思　考　题

1. 简述台阶的定义、基本要素与表示方法。
2. 简述露天矿场要素及其定义。
3. 手绘相邻两个台阶的开采程序示意图。
4. 简述常用剥采比的定义。

第七章　矿井通风与安全

第一节　概　　述

一、矿井通风的任务

矿山生产过程中会产生大量有毒、有害气体和粉尘，矿岩中还能析出放射性和爆炸性气体。此外，矿内空气的温、湿度也发生了变化。这些不利因素对矿工的安全和健康造成极大的威胁。矿山通风的基本任务是，不断地向作业地点供给足够数量的新鲜空气，稀释和排出各种有毒、有害气体、放射性和爆炸性气体以及粉尘，调节气候条件，确保作业地点良好的空气质量，创造一个安全、舒适的工作环境，保证矿工安全和健康，提高劳动生产率。为创造良好的矿山大气环境，必须正确解决下列通风技术问题：

(1) 研究矿山有毒、有害、放射性及爆炸气体和粉尘的生成原因与分布规律，积极采取有效的消烟、排毒、降尘措施。研究矿山气候条件的变化规律，正确解决冬季防冻和深热矿井的降温问题。

(2) 研究矿山自然通风的规律，充分利用自然风流的有效作用，控制自然风流的不利影响。

(3) 正确确定矿山的总供风量和各作业地点所需的风量。

(4) 正确选择矿井通风系统、通风网络结构和通风方法。

(5) 正确计算矿井通风阻力，合理确定矿井所需的通风动力。

(6) 随着生产的发展变化，及时进行风量调节。

(7) 对矿山通风状况进行检查、测定，及时发现问题，解决问题。

(8) 研究露天矿大气污染特征及通风除尘方法。

二、矿井空气及其成分

矿井空气主要来自地面。地面空气是由氧气、氮气、二氧化碳和其他气体组成的混合物。地面空气进入矿井后，发生了一系列变化，如氧气浓度减少；混入各种有害气体和粉尘；空气的温度、湿度、压力也发生了变化等。这种进入矿井发生变化的空气叫作矿井空气，其中变化不大的称为新鲜空气，如井下进风道中的风流；变化程度较大的称为污浊空气，如井下回风道中的风流。但矿井空气中主要成分仍然是氧气、氮气等。矿井空气的污浊程度与矿井的通风状况、生产的操作方式和各种有害气体的涌出情况以及所采取的各种防治技术措施有关。

《煤矿安全规程》规定采掘工作面的进风流中，氧气浓度不低于20%，二氧化碳浓度不得超过0.5%。采区回风巷、采掘工作面回风巷风流中甲烷浓度超过1.0%或者二氧化碳浓度超过1.5%时，必须停止工作，撤出人员，采取措施，进行处理。

矿井空气中的有毒有害气体可分为三大类:爆炸性气体(如甲烷)、刺激性气体(如二氧化硫)、窒息性气体。其中窒息性气体又可分为单纯窒息性气体(如氮气)和化学性窒息性气体(如一氧化碳)。这些有毒有害气体总称为矿井瓦斯。由于甲烷在有害气体中占90%以上,所以有时候所说的瓦斯就单独对甲烷而言。

(一)甲烷

甲烷是植物成煤过程中的一种伴生气体。它无色、无味、无臭、比空气轻,因此容易在巷道顶板附近、冒落处和上山巷道掘进头等处积聚。甲烷不溶于水,扩散性强,易于从周围岩中涌出。甲烷无毒,但其浓度升高时会使氧气浓度相对下降而使人窒息死亡。甲烷能在空气中燃烧,并放出潜在热量。因此,甲烷与空气混合后浓度达到5%～16%时遇火源即发生爆炸,爆炸时产生高温、冲击波会造成大量人员伤亡和财产的损失。

(二)一氧化碳

一氧化碳是一种无色、无味、无臭的气体,相对密度为0.97,微溶于水,能与空气均匀地混合。一氧化碳能燃烧,当空气中一氧化碳浓度在13%～75%范围内时有爆炸的危险。

主要危害:血红素是人体血液中携带氧气和排出二氧化碳的细胞。一氧化碳与人体血液中血红素的亲和力比氧大250～300倍。一旦一氧化碳进入人体后,首先就与血液中的血红素相结合,因而减少了血红素与氧结合的机会,使血红素失去输氧的功能,从而造成人体血液"窒息"。当空气中一氧化碳浓度为0.08%时,40 min引起头痛、眩晕和恶心;当空气中一氧化碳浓度为0.32%时,5～10 min引起头痛、眩晕,30 min引起昏迷、死亡。

主要来源:爆破,矿井火灾,煤炭自燃以及煤尘瓦斯爆炸事故等。

矿井空气中有害气体对井下作业人员的生命安全危害极大,因此,《煤矿安全规程》对常见有害气体的安全标准做了明确的规定,如表7-1所示。

表7-1　矿井有害气体最高允许浓度

有害气体名称	符号	最高允许浓度/%
一氧化碳	CO	0.002 4
氧化氮(折算成二氧化氮)	NO_2	0.000 25
二氧化硫	SO_2	0.000 5
硫化氢	H_2S	0.000 66
氨	NH_3	0.004

第二节　矿井通风基本理论

一、空气的主要物理参数

(一)温度

温度是描述物体冷热状态的物理量,是矿井表示气候条件的主要参数之一。热力学绝对温标的单位为K,通常用T表示。日常用摄氏温标t表示,摄氏温标的单位为℃,其关系为:$T=273.15+t$。

（二）压力（压强）

空气的压强在矿井通风中习惯称为压力。空气的压力指空气的静压，用符号 p 表示，它是空气分子热运动对器壁碰撞的宏观表现。根据物理学分子运动理论，空气的压力是单位体积空气分子不规则热运动产生的总动能的三分之二转化为能对外做功的机械能，所以，空气压力的大小可以用仪器测定。

矿井常用压力单位为 Pa、MPa、mmHg、mmH_2O、bar、atm 等。

（三）湿度

表示空气中所含水蒸气量的多少或潮湿程度。

表示空气湿度的方法有绝对湿度、相对湿度和含湿量三种。

1. 绝对湿度

每立方米空气中所含水蒸气的质量叫空气的绝对湿度，其单位与密度单位相同（kg/m^3），其值等于水蒸气在其分压力与温度下的密度。

在一定的温度和压力下，单位体积空气中所能容纳的水蒸气量是有极限的，超过这一极限值，多余的水蒸气就会凝结出来。这种含有极限值水蒸气的湿空气叫饱和空气，这时水蒸气分压力叫饱和水蒸气压力，其所含的水蒸气量叫饱和湿度 ρ_S。

2. 相对湿度

单位体积空气中实际含有的水蒸气量（ρ_V）与其同温度下的饱和水蒸气量（ρ_S）之比称为空气的相对湿度，即

$$\varphi = \rho_V / \rho_S$$

相对湿度是反映空气中所含水蒸气量接近饱和程度的指标。

φ 越小，空气越干燥，$\varphi=0$ 为干空气；

φ 越大，空气越潮湿，$\varphi=1$ 为饱和空气。

温度下降，其相对湿度增大，冷却到 $\varphi=1$ 时的温度称为露点。

（四）黏性

黏性是指流体抵抗剪切力的性质。当流体层间发生相对运动时，在流体内部两个流体层的接触面上，便产生黏性阻力（内摩擦力）以阻止相对运动，流体具有的这一性质，称作流体的黏性。温度会影响流体黏性。

（五）密度

单位体积空气所具有的质量称为空气的密度，与 p、t、湿度等有关。湿空气密度为干空气密度和水蒸气密度之和。根据气体状态方程，可推出空气密度计算公式为

$$\rho = 0.003\,484\,\frac{p}{T}\left(1 - \frac{0.378\varphi p_{sat}}{p}\right)$$

式中，p 为大气压，Pa；p_{sat} 为饱和水蒸气压，Pa；φ 为相对湿度；T 为空气绝对温度，$T=t+273.15$，K。

二、矿井通风中的能量方程

矿井通风中空气流动规律遵循质量守恒和能量守恒定律，表现为连续流动的空气有能量转化的过程。

通风的能量方程可以通过黏性流体微元的伯努利方程给出，对于两截面的能量变化可表示为

$$h_R = p_1 - p_2 + \left(\frac{v_1^2}{2} - \frac{v_2^2}{2}\right)\rho_m + g\rho_m(Z_1 - Z_2)$$

能量方程表达了空气在流动过程中的压能、动能和位能的变化规律，是能量守恒和转换定律在矿井通风中的应用。我国矿井通风中习惯使用单位体积(1 m^3)流体的能量方程。在考虑空气的可压缩性时，1 m^3 空气流动过程中的能量损失[h_R，J/m^3(Pa)，即通风阻力]可由 1 kg 空气流动过程中的能量损失(L_R，J/kg)乘以按流动过程状态考虑计算的空气密度 ρ_m，即 $h_R = L_R \cdot \rho_m$。

关于能量方程使用的几点说明：

(1) 能量方程的意义是，表示 1 kg(或 1 m^3)空气由 1 断面流向 2 断面的过程中所消耗的能量(通风阻力)，等于流经 1、2 断面间空气总机械能(静压能、动压能和位能)的变化量。

(2) 风流流动必须是稳定流，即断面上的参数不随时间的变化而变化；所研究的始、末断面要选在缓变流场上。

(3) 风流总是从总能量(机械能)大的地方流向总能量小的地方。在判断风流方向时，应用始、末两断面上的总能量，而不能只用其中的某一项。如不知风流方向，列能量方程时，应先假设风流方向，如果计算出的能量损失(通风阻力)为正，说明风流方向假设正确；如果为负，则风流方向与假设相反。

(4) 正确选择求位能时的基准面。

(5) 在始、末断面间有压源时，压源的作用方向与风流的方向一致，压源为正，说明压源对风流做功；如果两者方向相反，压源为负，则压源成为通风阻力。

(6) 应用能量方程时要注意各项单位的一致性。

(7) 对于流动过程中流量发生变化，则按总能量守恒与转换定律列方程，即

$$Q_1\left(\rho_{1m}Z_1 g + p_1 + \frac{v_1^2}{2}\rho_1\right) = Q_2\left(\rho_{2m}Z_2 g + p_2 + \frac{v_2^2}{2}\rho_2\right) + Q_3\left(\rho_{3m}Z_3 g + p_3 + \frac{v_3^2}{2}\rho_3\right) + Q_2 \cdot h_{R12} + Q_3 \cdot h_{R13}$$

例 7-1　在某一通风井巷中，测得 1、2 两断面的绝对静压分别为 101 324.7 Pa 和 101 858 Pa，若 $v_1 = v_2$，两断面间的高差 $Z_1 - Z_2 = 100$ m，巷道中 $\rho_{m12} = 1.2$ kg/m^3，求 1、2 两断面间的通风阻力，并判断风流方向。

解　假设风流方向 1→2，列能量方程：

$$h_{R12} = (p_1 - p_2) + \left(\frac{v_1^2}{2}\rho_1 - \frac{v_2^2}{2}\rho_2\right) + (Z_1 - Z_2)g\rho_{m12}$$

$$= (101\ 324.7 - 101\ 858) + 0 + 100 \times 9.81 \times 1.2 = 643.9\ (\text{J/m}^3)$$

由于阻力值为正，所以原假设风流方向正确，1→2。

三、矿用通风机

矿井通风的主要动力是通风机，通风机是矿井的“肺脏”。由于通风机日夜不停地运转，加之其功率大，因此其能耗很大。据统计，全国部属煤矿主要通风机平均电耗约占矿井电耗的 16%。合理地选择和使用通风机，不仅关系到矿井的安全生产和职工的身体健康，而且对矿井的主要技术经济指标也有一定影响。

矿用通风机按其服务范围可分为三种：主要通风机，服务于全矿或矿井的一部分；辅助

通风机，服务于矿井网络的某采区或工作面，帮助主要通风机通风，以保证该分支风量；局部通风机，服务于独头掘进巷道等局部地区。

通风机按其构造和工作原理可分为离心式通风机和轴流式通风机两种。

（一）离心式通风机

1. 离心式通风机的构造

离心式通风机一般由进风口、工作轮（叶轮）、螺形机壳和前导器等部分组成。图 7-1 是 G4-73-11 型离心式通风机叶片出口构造角与风流速度图。工作轮是对空气做功的部件，由呈双曲线形的前盘、呈平板状的后盘和夹在两者之间的轮毂以及固定在轮毂上的叶片组成。风流沿叶片间流道流动，在流道出口处，风流相对速度 w_2 的方向与圆周速度 u_2 的反方向夹角称为叶片出口构造角，以 β_2 表示。根据出口构造角 β_2 的大小，离心式通风机可分为前倾式（$\beta_2>90°$）、径向式（$\beta_2=90°$）和后倾式（$\beta_2<90°$）三种。β_2 不同，通风机的性能也不同。矿用离心式通风机多为后倾式。

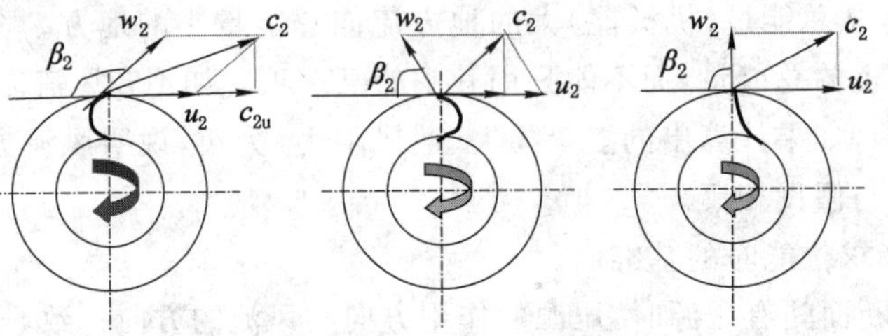

图 7-1　G4-73-11 型离心式通风机叶片出口构造角与风流速度图

2. 离心式通风机的工作原理

当电机通过传动装置带动叶轮旋转时，叶片流道间的空气随叶片旋转而旋转，获得离心力，经叶端被抛出叶轮，进入机壳。在机壳内速度逐渐减小，压力逐渐升高后经扩散器排出。与此同时，在叶片入口（叶根）形成较低的压力（低于进风口压力），于是，进风口的风流便在此压差的作用下流入叶道，自叶根流入，在叶端流出，如此源源不断，形成连续的流动。

（二）轴流式通风机

1. 轴流式通风机的构造

轴流式通风机主要由进风口、叶轮、整流器、风筒、扩散（芯筒）器和传动部件等部分组成。

2. 轴流式通风机的工作原理

在轴流式通风机中，风流流动的特点是，当叶（动）轮转动时，气流沿等半径的圆柱面旋绕流出。用与机轴同心、半径为 R 的圆柱面切割叶（动）轮叶片，并将此切割面展开成平面，就得到了由翼剖面排列而成的翼栅，如图 7-2 所示。

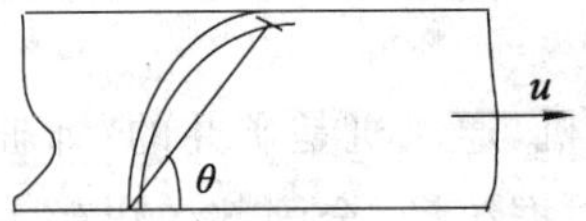

图 7-2　轴流式通风机的工作原理图

在叶片迎风侧做一外切线称为弦线。弦线与叶（动）轮旋转方向（u）的夹角称为叶片安装角，以 θ 表示。叶（动）轮上叶片的安装角可根据需要在规定范围内调整，但必须保持一致。

当叶（动）轮旋转时，翼栅即以圆周速度 u 移动。处于叶片迎面的气流受挤压，静压增加；与此同时，叶片背的气体静压降低，翼栅受压差作用，但受轴承限制，不能向前运动，于是叶片迎面的高压气流由叶道出口流出，翼背的低压区“吸引”叶道入口侧的气体流入，形成穿过翼栅的连续气流。

我国煤矿常用的轴流式通风机型号有 GAF 和 BD 或 BDK（对旋式）等系列。对旋式轴流式通风机的特点是：一级叶轮和二级叶轮直接对接，旋转方向相反；机翼形叶片的扭曲方向也相反，两级叶片安装角一般相差 3°；电机为防爆型安装在主风筒中的密闭罩内，与通风机流道中的含瓦斯气流隔离，密闭罩中有扁管与大气相通，以达到散热目的。此种通风机可进行反转反风。

第三节　矿井通风系统及局部通风

矿井通风系统是向矿井各作业地点供给新鲜空气、排出污浊空气的通风网络、通风动力和通风控制设施的总称，包括矿井的总体通风形式、采区通风和掘进通风（局部通风）。矿井通风系统是否合理，对矿井的通风状况好坏、能否保障矿井安全生产和提高经济效益起着重要的作用。

一、矿井通风方法

矿井通风方法是指矿井通风机的工作方法，有压入式、抽出式和压入抽出联合式。

（一）压入式

主要通风机安设在入风井口，在压入式主要通风机作用下，整个矿井通风系统处在高于当地大气压的正压状态。当冒落裂隙通达地面时，压入式通风矿井采区的有害气体通过塌陷区向外漏出。当主要通风机因故停止运转时，井下风流的压力降低。

（二）抽出式

主要通风机安装在回风井口，在抽出式主要通风机的作用下，整个矿井通风系统处在低于当地大气压力的负压状态。当主要通风机因故停止运转时，井下风流的压力提高，比较安全。

（二）压入抽出联合式

在入风井口设一风机作压入式工作，回风井口设一风机作抽出式工作。通风系统的进风部分处于正压，回风部分处于负压，工作面大致处于中间，其正压或负压均不大，采空区通连地表的漏风因而较小。其缺点是使用的通风机设备多，管理复杂。

二、矿井通风方式

每个矿井，至少有两个直通地面的井筒，其中一个进风，另一个回风。进、回风井的布置方式称为矿井通风方式。矿井通风方式分为中央式、对角式、区域式以及混合式等。

（一）中央式

进、回风井均位于井田走向中央。根据进、回风井的相对位置，又分为中央并列式和中央边界式（中央分列式）。

（二）对角式

1. 两翼对角式和单翼对角式

进风井大致位于井田走向的中央，两个回风井位于井田边界的两翼（沿倾斜方向的浅部），称为两翼对角式；如果只有一个回风井，且进、回风分别位于井田的两翼称为单翼对角式。

2. 分区对角式

进风井位于井田走向的中央，在各采区开掘一个不深的小回风井，无总回风巷。

（三）区域式

在井田的每一个生产区域开凿进、回风井，分别构成独立的通风系统。

（四）混合式

由上述诸种方式混合组成。例如，中央分列与两翼对角混合式，中央并列与两翼对角混合式等等。

三、矿井通风组成部分

（一）采区通风

采区通风是矿井通风系统的主要组成部分，它是由采区内风流通过的巷道系统、通风构筑物和通风设备等组成。采区通风主要取决于采煤方法。

1. 采区通风系统的基本要求

每一个采区，都必须布置回风道，实行分区通风。采煤和掘进工作面应设置独立通风系统。有特殊困难必须串联通风时应符合有关规定。煤层倾角大于 12°的采煤工作面采用下行通风时，报矿总工程师批准，采煤和掘进工作面的进风和回风，都不得经过采空区或冒落区。

2. 采区通风形式

采区通风一般是指采区上（下）山的通风布局，通常上（下）山至少要有两条；对生产能力大的采区可有三条或四条上山。采区通风形式按风流方向的不同分为轨道上山进风，输送机上山回风；按巷道布局类型的不同可分为 U 型、Z 型、Y 型、E 型等。

（二）局部通风

利用局部通风机或主要通风机产生的风压对井下独头巷道进行通风的方法称为局部通风，又称掘进通风。

从定义可以看出，局部通风的方法主要指局部通风机通风和利用矿井全压通风。

局部通风机通风方式主要有压入式通风和抽出式通风，特殊时可采用压抽混合式通风。

利用矿井全压通风方式主要有采用风筒导风、平行巷道导风、钻孔导风、风幛导风等。

1. 局部通风系统的设计原则

矿井和采区通风系统设计应为局部通风创造条件；局部通风系统要安全可靠、经济合理和技术先进。尽量采用技术先进的低噪、高效型局部通风机。压入式通风宜用柔性风筒，抽出式通风宜用带刚性骨架的可伸缩风筒或完全刚性的风筒。风筒材质应选择阻燃、抗静电型。当一台通风机不能满足通风要求时可考虑选用两台或多台通风机联合运行。

2. 局部通风设计步骤

确定局部通风系统，绘制掘进巷道局部通风系统布置图。按通风方法和最大通风距离，选择风筒类型与直径；计算通风机风量和风筒出口风量；按掘进巷道通风长度变化，分阶段计算局部通风系统总阻力；按计算所得局部通风机设计风量和风压，选择局部通风机；按矿井灾害特点，选择配套安全技术装备。

四、矿井通风设计的内容与要求

矿井通风设计是矿井设计的主要内容之一，是反映矿井设计质量和水平的主要因素。设计的基本任务是建立一个安全可靠、技术先进和经济的矿井通风系统。

（一）矿井通风设计的内容

(1) 确定矿井通风系统；

(2) 计算并分配矿井风量；

(3) 计算矿井通风阻力；

(4) 选择通风设备；

(5) 概算矿井通风费用。

（二）矿井通风设计的要求

(1) 将足够的新鲜空气有效地送到井下工作场所，保证生产和良好的劳动条件；

(2) 通风系统简单，风流稳定，易于管理，具有抗灾能力；

(3) 发生事故时，风流易于控制，人员便于撤出；

(4) 有符合规定的井下环境及安全监测系统或检测措施；

(5) 通风系统的基建投资省，营运费用低，综合经济效益好。

（三）矿井通风系统的要求

(1) 每一矿井必须有完整的独立通风系统。

(2) 进风井口应按全年风向频率，必须布置在不受粉尘、煤尘、灰尘、有害气体和高温气体侵入的地方。

(3) 箕斗提升井或装有胶带输送机的井筒不应兼作进风井，如果兼作回风井使用，必须采取措施，满足安全的要求。

(4) 多风机通风系统，在满足风量按需分配的前提下，各主要通风机的工作风压应接近。

(5) 每一个生产水平和每一个采区，必须布置回风巷，实行分区通风。

(6) 井下爆破材料库必须有单独的新鲜风流，回风风流必须直接引入矿井的总回风巷或主要回风巷中。

(7) 井下充电室必须有单独的新鲜风流，回风风流应引入回风巷。

（四）确定矿井通风系统

根据矿井瓦斯涌出量、矿井设计生产能力、煤层赋存条件、表土层厚度、井田面积、地温、煤层自燃倾向性及兼顾中后期生产需要等条件，提出多个技术上可行的方案，通过优化或技术经济比较后确定矿井通风系统。

第四节　矿井灾害防治

一、矿井瓦斯灾害防治

（一）基本概念

1. 矿井瓦斯

矿井瓦斯是煤矿生产过程中，从煤与岩石内涌出的各种气体的总称。煤矿术语中的瓦斯指的就是甲烷。

2. 瓦斯涌出量

瓦斯涌出量是指在矿井建设和生产过程中从煤与岩石内涌出的瓦斯量，对应于整个矿井的叫矿井瓦斯涌出量，对应于翼、采区或工作面的叫翼、采区或工作面瓦斯涌出量。

3. 瓦斯喷出

瓦斯喷出是大量承压状态的瓦斯从煤与岩石裂缝中快速喷出的现象。根据喷瓦斯裂缝呈现原因的不同，可把瓦斯喷出分成地质来源形成的和采掘卸压形成的两大类。

4. 煤与瓦斯突出

煤矿地下采掘过程中，在极短的时间内（几秒到几分钟），从煤、岩层内以极快的速度向采掘空间内喷出煤（岩）和瓦斯（CH_4、CO_2）的现象称作煤与瓦斯突出。它所产生的高速瓦斯流（含煤粉或岩粉）能够摧毁巷道设施，破坏通风系统，甚至造成风流逆转；喷出的瓦斯由几百到几万立方米，能使井巷充满瓦斯，造成人员窒息，引起瓦斯燃烧或爆炸；喷出的煤、岩由几千吨到万吨以上，能够造成煤流埋人；猛烈的动力效应可能导致冒顶和火灾事故的发生。

5. 瓦斯爆炸

瓦斯爆炸是一定浓度的甲烷和空气中的氧气在高温热源的作用下发生激烈氧化反应的过程。矿内瓦斯爆炸的有害因素是高温、冲击波和有害气体。

焰面是巷道中运动着的化学反应区和高温气体，其速度大、温度高。从正常的燃烧速度（1～2.5 m/s）到爆轰式传播速度（2 500 m/s），焰面温度可高达 2 150～2 650 ℃。焰面经过之处，人被烧死或大面积烧伤，可燃物被点燃而发生火灾。

冲击波锋面压力由几个大气压到 20 个大气压，前向冲击波叠加和反射时可达 100 个大气压。其传播速度总是大于声速，所到之处造成人员伤亡，设备和通风设施损坏，巷道垮塌。瓦斯爆炸后生成大量有害气体，某些煤矿分析爆炸后的气体成分为 O_2 6%～10%，N_2 82%～88%，CO_2 4%～8%，CO 2%～4%。如果有煤尘参与爆炸，CO 的生成量更大，往往成为人员大量伤亡的主要原因。

（二）矿井瓦斯事故防治

1. 预防瓦斯喷出的措施

预防瓦斯喷出，首先要加强地质工作，查清楚施工地区的地质构造、断层、溶洞的位置、裂隙的位置和走向以及瓦斯储量和压力等情况，然后采取相应的预防或处理措施。当瓦斯喷出量和压力都不大时，可采用黄泥或水泥砂浆等充填材料堵塞喷出口；当瓦斯喷出量和压力较大时，在可能的喷出地点附近打前探钻孔，探测、排放。

2. 预防煤与瓦斯突出的措施

预防煤与瓦斯突出的主要技术措施分为两类：实施以后可使较大范围煤层消除突出危险性的措施，称为区域性防突措施；实施以后可使局部区域（如掘进工作面）消除突出危险性的措施，称为局部防突措施。松动爆破、钻孔排放瓦斯、水力冲孔、超前钻孔、金属骨架、超前支架、卸压槽、震动放炮是常见的局部防突措施。

3. 预防瓦斯爆炸的措施

(1) 防止瓦斯积聚

有效地通风是防止瓦斯积聚的最基本最有效方法。瓦斯矿井必须做到风流稳定，有足够的风量和风速，避免循环风；局部通风风筒末端要靠近工作面；放炮时间内也不能中断通风;向瓦斯积聚地点加大风量和提高风速;及时处理局部积存的瓦斯;抽放瓦斯;经常检查瓦斯浓度和通风状况。

(2) 防止瓦斯引燃

防止瓦斯引燃的原则,是对一切非生产必需的热源坚决禁绝。生产中可能产生的热源必须严加管理和控制,防止其引燃瓦斯。

(3) 防止瓦斯爆炸灾害事故扩大的措施

万一发生爆炸,应使灾害波及范围局限在尽可能小的区域内,以减少损失;常用于防止瓦斯爆炸灾害事故扩大的措施有分区通风、隔爆水袋、防爆门等。

二、矿井火灾防治

(一) 基本概念

1. 矿井火灾

在矿井或煤田范围内发生威胁安全生产、造成一定资源和经济损失或者人员伤亡的燃烧事故,称为矿井或煤田火灾。火灾是矿井或煤田较常见的灾害之一。

2. 内因(自燃)火灾

自燃物在一定的外部(适量的通风供氧)条件下,自身发生物理化学变化,产生并积聚热量,达到自燃点而形成的火灾称为内因火灾。在煤矿中自燃物主要是有自燃倾向性的煤炭。在整个矿井火灾事故中,内因火灾占的比例很大。

3. 外因火灾

可燃物在外界火源(明火或高温热源)的作用下,引起燃烧而形成的火灾叫外因火灾。

4. 自燃火灾

在理论上,自燃火灾是指有自燃倾向性的煤层被开采破碎后在常温下与空气接触,发生氧化,产生热量后温度升高,出现发火和冒烟的现象。在《矿井防灭火规范》中规定出现下列现象之一,即为自燃火灾:由于自燃出现火炭、火焰、烟雾等现象;由于自燃出现空气、煤炭、围岩及其他介质温度升高,并超过 70 ℃,其风流中出现一氧化碳,且有上升趋势。

5. 煤层自然发火期

从(火源处的)煤层被开采破碎、接触空气之日起,至出现上述定义的自燃现象或温度上升到自燃点为止,所经历的时间叫煤层的自然发火期,以月或天为单位。煤层的自然发火期取决于煤的内部结构和物理化学性质、被开采破坏后的堆积状态参数(分散度)、裂隙或空隙度、通风供氧、蓄热和散热等外部环境等因素。

(二) 矿井火灾防治对策

矿井火灾的防治可以采取技术对策、教育对策和管理对策。

1. 技术对策

技术对策是防止火灾发生的关键对策。它要求从工程设计开始,在生产和管理的各个环节中,针对火灾产生的条件,制定切实可行的技术措施。技术对策又可分为灾前对策和灾后对策。

(1) 灾前对策

灾前对策的主要目标是破坏燃烧的充要条件,防止起火;其次是防止已发生的火灾扩大。

防止起火的主要对策有:① 确定发火危险区——潜在火源和可燃物共同存在的地方,

加强明火与潜在高温热源的控制与管理，防止火源产生。② 消除燃烧的物质基础。井下尽量不用或少用可燃材料，采用不燃或阻燃材料和设备，例如使用阻燃风筒、阻燃胶带，支架采用非木质化。③ 防止火源与可燃物接触和作用。在潜在高温热源与可燃物之间留有一定的安全距离。④ 安装可靠的保护设施，防止潜在热源转化为显热源。例如，变电所安装过电流保护装置，防止电缆短路。

防止火灾扩大的主要对策有：① 潜在高温热源前后 10 m 范围内应使用不燃支架。② 划分火源危险区，在危险区的两端设防火门；矿井有反风装置，采区有局部反风系统。③ 在有发火危险的地方，设置报警、消防装置和设施。④ 在发火危险区内设避难硐室。

(2) 灾后对策

灾后对策主要有：① 报警。采集处于萌芽状态的火灾信息，发出报警。② 控制。利用已有设施控制火势发展，使非灾区与灾区隔离。③ 灭火。迅速采取有效措施灭火。④ 避难。使灾区受威胁的人员尽快选择安全路线逃离灾区，或撤至灾区内预设的避难硐室等待救援。

2. 教育对策

教育对策包括知识、技术和态度教育三个方面。

3. 管理对策

管理对策是通过制定各种规程、规范和标准，且强制性执行防止火灾发生的策略。

这三种对策简称“三 E”对策。前两者是防火的基础，后者是防火的保证。如果片面地强调某一对策都不能收到满意的效果。

(三) 矿井火灾防治技术

常见的矿井火灾防治技术既包括开拓开采技术防火、灌浆防火、阻化剂防火等防火技术，也包括惰气防火等灭火技术。

1. 防火技术

(1) 开拓开采技术防火

开拓开采技术防火主要技术措施有以下三种。

① 合理地进行巷道布置

对一些服务时间较长的巷道应尽量采用岩石巷道，若将其布置在煤层中时应采用宽煤柱护巷。采区巷道布置应有利于采用均压防火技术。

区段巷道分采分掘。过去和现在有不少矿井为了解决独头巷道掘进通风问题，采用上区段的运输顺槽与下区段的回风顺槽同时掘进，中间再掘进一些联络眼(横川)的布置方式。

推广无煤柱开采技术，减少煤柱发火，并采取相应的区段跳采、巷旁充填技术等措施解决取消煤柱之后所带来的采空区难以密闭和隔离等问题。

② 选择合理的采煤方法和先进的回采工艺，提高回采率，加快回采进度

坚持自上而下的开采顺序。合理确定近距离相邻煤层(下煤层顶板冒落高度大于层间距)和厚煤层分层同采时两工作面之间的错距，防止上、下之间采空区连通。

③ 选择合理的通风系统

矿井采用对角式和区域式通风系统比中央式通风系统更有利防火。通风系统要在一定范围内具有可调性。当一个采区发生火灾时，能够根据救灾的需要，做到随时停风、减风或反风。这样，一旦一个采区发生火灾，就有条件防止火灾气体侵入其他采区，避免扩大事故范围。在巷道布置上，要为区域通风和局部反风创造条件。选择采区和工作面通风系统的

原则也是尽量减少采空区的漏风压差，不要让新、乏风从采空区边缘流过。

（2）灌浆防火

按与回采的关系，预防性灌浆可分为采前预灌、随采随灌、采后封闭灌浆三种。

① 采前预灌

采前预灌是指在工作面尚未回采前对其上部的采空区进行灌浆的方法。这种灌浆方法适用于开采老窑多的易自燃、特厚煤层。

② 随采随灌

随采随灌是指灌浆作为回采工艺的一部分，随工作面回采向采空区进行灌浆的方法。随采随灌又分为钻孔灌浆、埋管灌浆、工作面洒浆、插管灌浆等多种方法。

a. 钻孔灌浆是指在煤层底板的集中运输或回风巷道或专门开掘的灌浆巷道内，每隔一定距离（10～15 m）向采空区进行打钻灌浆的一种方法。

b. 埋管灌浆是指在工作面的回风巷道内铺设灌浆管道的一种灌浆方法。其具体方法是：工作面放顶前，在回风巷道的灌浆支管上接一段（10～15 m）预埋钢管，预埋钢管和支管之间用高压胶管连接。工作面放顶后始终保持预埋钢管压在采空区内 5～8 m，预埋钢管用回柱绞车拉着外移。

c. 工作面洒浆是指向采空区喷洒灌浆的一种灌浆方法。为了保证灌浆质量，自然发火危险性较大的工作面应在埋管灌浆的同时还向采空区喷洒灌浆。其具体方法是：工作面放顶之前，从回风巷道灌浆管上接出一根预胶管，沿倾斜方向分段向冒落区里喷洒泥浆。

d. 插管灌浆的具体方法是：注浆主管路沿工作面倾斜铺设在支架的前连杆上，每隔 20 m 左右预留一个三通接头，并安装分支软管和插管。将插管插入支架掩护梁后面的垮落岩石内灌浆，插入深度应不小于 0.5 m。工作面每推进两个循环，注浆一次。

加强灌浆管理对保证灌浆质量、提高灌浆效果至关重要。随采随灌时注意观察灌入水量与排出水量的比例，如果排出水量过少，则说明灌浆区可能有泥积存，应停止灌浆；如果排出水里含泥量过大或过于集中，说明采空区已形成泥浆沟，灌浆不均匀，应移动管口位置。灌浆后应再灌几分钟清水，清洗管道，以免泥浆在管道内沉淀。

③ 采后封闭灌浆

采后封闭灌浆是指利用钻孔向工作面后部采空区内注浆，采空区封闭后，在密闭墙上插管灌浆，防止停采线遗煤自燃的方法。

（3）阻化剂防火

在化学上，凡是能减小化学反应速度的物质皆称为阻化剂，其作用机理是：① 增加煤在低温时的化学惰性，或提高煤氧化的活化能；② 形成液膜包围煤块和煤的表面裂隙面；③ 充填煤柱内部裂隙；④ 增加煤体的蓄水能力；⑤ 水分蒸发吸热降温。阻化剂防火的实质是降低煤在低温时的氧化速度，延长煤的自然发火期。

目前煤矿常使用的阻化剂有：氯化钙、氯化镁、氯化铝、氯化锌以及水玻璃、氢氧化钙等。从目前的应用结果来看，氯化钙、氯化镁、氯化铝、氯化锌等氯化物对褐煤、长焰煤和气煤有较好的阻化效果；水玻璃、氢氧化钙对高硫煤有较高阻化率。应用阻化剂防火的主要方法是：表面喷洒、用钻孔向煤体压注以及利用专用设备。

2. 灭火技术

（1）灭火原理

灭火是破坏燃烧三个条件同时存在和消除燃烧三个条件(之一、之二或全部)的过程。灭火的实质就是把正在燃烧体系内的物质冷却,将其温度降低到燃点之下,使燃烧停止。

灭火原理主要有以下四个方面:① 冷却。把燃烧物质的温度降低到燃点以下。② 隔离和窒息。使燃烧反应体系与环境隔离,抑制参加反应的物质。③ 稀释。降低参加反应物(液体、气体)的浓度。④ 中断链反应。现代燃烧理论认为,燃烧是可燃物分解成游离状态的自由基与氧原子相结合,发生链反应后形成的。因此,阻止链反应发生或不使自由基与氧原子结合,就可以抑制燃烧,达到灭火目的。在实际灭火中,是以上几种原理的综合应用。

(2) 灭火方法

灭火就其方法而言,可分为直接灭火、隔绝灭火和联合灭火三大类。

① 直接灭火

直接灭火法是指采用灭火剂或挖出火源等方法把火直接扑灭。

灭火剂是指可用于扑灭火源的物质,常用的灭火剂有水、泡沫、干粉、二氧化碳、四氯化碳、卤代烷、惰气、沙子和岩粉等。

直接灭火除了向火源喷射灭火剂外,在有些条件下还可以清除可燃物,消除燃烧的物质基础。煤矿常用的是挖出火源。

② 隔绝灭火

当不能直接将火扑灭时,为了迅速控制火势,使火熄灭,可在通往火源的所有巷道内砌筑密闭墙,使火源与空气隔绝。火区封闭后其内惰性气体(如 CO_2 和 N_2 等)的浓度逐渐增加,氧气浓度逐渐下降,燃烧因缺氧而窒息。此种灭火方法称为隔绝灭火。以氮气和湿式惰气为例,氮气注入采空区后具有降低氧浓度的作用。液氮灭火还具有冷却降温作用。在 20 ℃的环境温度下,液氮的汽化热为 423 kJ/kg。直接用液氮注入火区时,液氮汽化,吸收热量,使火区气体、煤层和围岩的温度降低,火区冷却会加速火源熄灭;在封闭火区的过程中,氮气注入火区后,兼有抑爆作用。

湿式惰气是燃料油与一定比例的空气混合在惰气发生装置(机)内经充分燃烧后产生的烟气。由于烟气中基本上是惰性气体或不可燃气体,因此,将其压入火区后,可起到惰化火区、窒息火源的作用;压入正在密闭的火区可起到阻爆作用。

三、矿山综合防尘

(一) 矿尘的危害

矿尘具有很大的危害性,表现在以下几个方面:

(1) 污染工作场所,危害人体健康,引起职业病

工人长期吸入矿尘后,轻者会患呼吸道炎症、皮肤病,重者会患尘肺病,而尘肺病引发的矿工致残和死亡人数在国内外都十分惊人。

(2) 某些矿尘(如煤尘、硫化尘)在一定条件下可以爆炸

煤尘能够在完全没有瓦斯存在的情况下爆炸,对于瓦斯矿井,煤尘则有可能参与瓦斯同时爆炸。煤尘或瓦斯煤尘爆炸都将给矿山以突然性的袭击,酿成严重灾害。

(3) 加速机械磨损,缩短精密仪器使用寿命

随着矿山机械化、电气化、自动化程度的提高,矿尘对设备性能及其使用寿命的影响将会越来越突出,应引起高度的重视。

(4) 降低工作场所能见度,增加工伤事故的发生

在某些综采工作面干割煤时，工作面煤尘浓度高达 4 000～8 000 mg/m^3，有的甚至更高，这种情况下，工作面能见度极低，往往会导致误操作，造成人员的意外伤亡。

（二）煤尘爆炸性

《煤矿安全规程》规定：新建矿井或者生产矿井每延深一个新水平，应当进行 1 次煤尘爆炸性鉴定工作，鉴定结果必须报省级煤炭行业管理部门和煤矿安全监察机构。

煤尘爆炸性的鉴定方法有两种：一种是在大型煤尘爆炸试验巷道中进行，这种方法比较准确可靠，但工作繁重复杂，所以一般作为标准鉴定用；另一种是在实验室内使用大管状煤尘爆炸性鉴定仪进行，这种方法操作简便，目前多采用。

（三）煤尘爆炸机理及防治措施

1. 煤尘爆炸的机理

煤尘爆炸是在高温或一定点火能的热源作用下，空气中氧气与煤尘急剧氧化的反应过程，是一种非常复杂的链式反应。一般认为其爆炸机理及过程主要表现在以下方面：

(1) 煤本身是可燃物质，当它以粉末状态存在时，总表面积显著增加，吸氧和被氧化的能力大大增强，一旦遇见火源，氧化过程迅速展开。

(2) 当温度达到 300～400 ℃时，煤的干馏现象急剧增强，放出大量的可燃性气体，主要成分为甲烷、乙烷、丙烷、丁烷、氢和 1%左右的其他碳氢化合物。

(3) 形成的可燃气体与空气混合在高温作用下吸收能量，在尘粒周围形成气体外壳，即活化中心，当活化中心的能量达到一定程度后，链反应过程开始，游离基迅速增加，发生了尘粒的闪燃。

(4) 闪燃所形成的热量传递给周围的尘粒，并使之参与链反应，导致燃烧过程急剧循环进行。当燃烧不断加剧使火焰速度达到每秒数百米后，煤尘的燃烧便在一定临界条件下跳跃式地转变为爆炸。

煤尘爆炸必须同时具备三个条件：煤尘本身具有爆炸性；煤尘必须悬浮于空气中，并达到一定的浓度；存在能引燃煤尘爆炸的高温热源。

2. 预防煤尘爆炸的技术措施

预防煤尘爆炸的技术措施主要包括减、降尘措施，防止煤尘引燃措施及限制煤尘爆炸范围扩大等三个方面。

(1) 减、降尘措施

减、降尘措施是指在煤矿井下生产过程中，通过减少煤尘产生量或降低空气中悬浮煤尘含量以达到从根本上杜绝煤尘爆炸的可能性。

(2) 防止煤尘引燃措施

防止煤尘引燃措施与防止瓦斯引燃措施大致相同，同时特别要注意的是，瓦斯爆炸往往会引起煤尘爆炸。此外，煤尘在特别干燥的条件下可产生静电，放电时产生的火花也能自身引爆。

(3) 限制煤尘爆炸范围扩大措施

防止煤尘爆炸危害，除采取防尘措施外，还应采取降低爆炸威力、限制爆炸范围扩大的措施，包括清除落尘、撒布岩粉、设置水棚（包括水槽棚和水袋棚两种）、设置岩粉棚、设置自动隔爆棚等。

(四) 矿山综合防尘

矿山综合防尘是指采用各种技术手段减少矿山粉尘的产生量,降低空气中的粉尘浓度,以防止粉尘对人体、矿山等产生危害的措施。大体上将综合防尘技术措施分为通风除尘、湿式作业、个体防护及一些特殊的除、降尘措施。

1. 通风除尘

通风除尘是指通过风流的流动将井下作业点的悬浮矿尘带出,降低作业场所的矿尘浓度的防尘措施。因此,搞好矿井通风工作能有效地稀释和及时地排出矿尘。

通风除尘效果的好坏主要取决于风速及矿尘密度、粒度、形状、湿润程度等。风速过低,粗粒矿尘将与空气分离下沉,不易排出;风速过高,会将落尘扬起,增大矿内空气中的粉尘浓度。把能使呼吸性粉尘保持悬浮并随风流运动而排出的最低风速称为最低排尘风速;把能最大限度排除浮尘而又不致使落尘二次飞扬的风速称为最优排尘风速。一般来说,掘进工作面的最优排尘风速为0.4～0.7 m/s,机械化采煤工作面的最优排尘风速为1.5～2.5 m/s。

2. 湿式作业

湿式作业是利用水或其他液体,使之与尘粒相接触而捕集粉尘的方法。它是矿井综合防尘的主要技术措施之一,具有所需设备简单、使用方便、费用较低和除尘效果较好等优点。其缺点是增加了工作场所的湿度,恶化了工作环境,影响煤矿产品的质量。除缺水和严寒地区外,该法在一般煤矿应用较为广泛。我国煤矿较成熟的经验是采取以湿式凿岩为主,配合喷雾洒水、水封爆破和水炮泥以及煤层注水等防尘技术措施。

3. 个体防护

个体防护是指通过佩戴各种防护面具以减少吸入人体粉尘的一项补救措施。

个体防护的用具主要有防尘口罩、防尘风罩、防尘帽、防尘呼吸器等,其目的是使佩戴者能呼吸净化后的清洁空气而不影响正常工作。

思考题

1. 矿山通风的基本任务是什么?存在哪些技术问题?
2. 矿井空气的主要成分及有害气体类型有哪些?
3. 如何利用能量方程判断矿井通风风流方向?如何计算井巷通风摩擦阻力?
4. 列举矿用通风机的常见类型。矿井通风机并联联合工作有何特点?
5. 什么是矿井通风系统?矿井通风系统包括哪些内容?阐述矿井通风系统的重要性。
6. 矿井通风分别有哪些方法、方式?其设计内容包括哪些方面?
7. 矿井瓦斯有哪些灾害形式?如何预防瓦斯爆炸?
8. 预防煤与瓦斯突出的主要技术措施有哪些?
9. 矿井火灾有哪些表现形式?矿井自燃火灾与自然发火从定义上有何区别?
10. 矿井火灾防治技术灾前、灾后常用对策有哪些?
11. 常用煤矿自燃火灾防治技术有哪几种?
12. 阻化剂防灭火的作用机理有哪几种?列举三种常见阻化剂及适用条件。
13. 矿山粉尘的危害有哪些?综合防尘技术有哪几种?
14. 简述煤尘爆炸的机理及防治技术。

第八章 选矿绪论

第一节 选矿的任务和发展

矿产资源是人类社会发展和国民经济建设的重要物质基础，是多种行业（如冶金、化工、航天、建材、电力、轻工、核工业）的主要原料来源。人类社会生产的每一次巨大进步都伴随着矿产资源的飞跃发展。

随着矿产资源的开发与利用，可供人类利用的矿石所呈现的“贫、细、杂”的特点越来越明显。所谓“贫”是指矿石中有用矿物的含量低，很多矿石开采出后必须经过分选加工才可符合其他行业的原料要求，例如钨矿资源，经过数十年的开采利用，原矿中 WO_3 的含量已下降数倍，原矿品位下降不仅给选矿带来难度，也使矿物加工的地位和作用显得越来越重要；所谓“细”是指原矿中有用矿物的嵌布粒度细，其导致矿石分选所需要的磨矿细度增加，这不仅增加了选前破碎和磨矿的经济成本和技术难度（选矿厂是矿山企业能耗相对比较高的工厂，其中选矿厂总能耗的40%～70%用于破碎和磨矿），也给后续的分选带来多种困难；所谓“杂”是指矿床矿物组成复杂，多金属复合矿越来越多，有价矿物的种类也越来越多，矿石的“杂”给分选带来诸多难题，如含有多种有用矿物的矿石通过浮选进行分选时，需要综合考虑有用矿物的分选顺序，分选顺序不同则所需的药剂制度也不同，这就需要考虑活化和抑制的矛盾关系，此外，有用矿物种类越多，物理化学性质越相近，分选难度也越大。

选矿的任务是为更合理、更充分利用矿产资源（包括金属矿、非金属矿和煤炭等）。选矿是依据不同组分之间的物理化学性质（如密度、磁性、导电性、润湿性、溶解性等）的差异，并通过一定的调控手段和设备扩大这些差异（如通过浮选药剂增加矿物的润湿性差异，通过磁化焙烧增加矿物的磁性等），实现不同组分的分离和富集的过程。对于某些金属矿石，若不经过选矿方法进行富集，则会由于技术或经济原因无法进行冶炼，从而不能使之成为合理利用的矿石。实践证明，对开采出来的矿产资源进行分选，是最大限度利用自然资源、促进科学技术发展和经济进步的必要步骤。

人类利用矿产资源已有上千年历史，最古老的选矿方法是人工拣选。直到19世纪末至20世纪20年代，世界工业生产快速发展使生产过程机械化和自动化成为现实，促进了选矿技术由古代的手工作业向工业技术的真正转变。第一种实现机械化生产的方法是重选，直至今日，重选仍然是煤炭分选的主要选别方法。由于冶金技术的发展以及对矿石的要求，人们将人工拣选用于金属矿石分选的同时，又将重选应用于成分较简单的金属矿石的分选过程。随着冶金工业的进一步发展和多金属矿石的开发利用，为了弥补重选的不足，在大量研究的基础上，20世纪初期浮选和磁选相继应用于选矿生产中，特别是20世纪初黄药、黑药在硫化矿选矿中的工业应用，使选矿技术能够处理大部分天然矿物原料。

从20世纪20年代到60年代，选矿已经从一门纯工程技术向工程科学转化，形成了较独立的学科体系，包括碎矿磨矿、重选、电磁选和浮选。所谓选矿学，是以天然矿物资源(包括金属矿物、非金属矿物和煤炭等)为研究对象，运用物理、化学方法，对天然矿物资源进行选别、分离和富集，其目的是为冶金、化工等行业提供合格的原料。

20 世纪 60 年代以来，随着世界经济发展，人们对矿产资源的需求增加以及矿产资源贫细化严重、环境污染与治理问题日益突出，传统的选矿方法已不能满足实际。20 世纪 90 年代，国家教育委员会招生目录将“选矿”更名为“矿物加工”。所谓矿物加工学，是用物理、化学的方法，对天然矿物资源进行分离、富集、提纯、提取和深加工等，以获取有用物质，其目的已经不单纯的是为其他行业提供合格原料，也可直接得到金属、矿物材料等。

第二节　矿物资源加工常用的术语、工艺指标及其计算

矿物：在地壳中由于自然的物理化学作用或生物作用形成的自然元素或化合物，其成分比较均一，具有相对固定的化学成分和确定的晶体结构。

矿石：在现代技术经济条件下可以开采、加工、利用的矿物集合体，否则称为岩石。矿石一般由有用矿物和脉石矿物组成。

有用矿物：又称矿石矿物，是指可以利用的金属或非金属矿物。

脉石矿物：目前技术经济条件下还不能被利用的矿物。脉石矿物和有用矿物的划分是相对的，随着矿物原料需求增加以及工艺技术进步，目前不能利用的脉石矿物也可能逐步变为有用矿物，同样，岩石和矿石的划分也是相对的。

精矿：分选所得的有用矿物含量较高、适合冶炼加工的最终产品。

中矿：分选过程中得到的尚需进一步处理的中间产品。

尾矿：有用矿物含量很低、不需进一步处理(或技术经济不适合于进一步处理)的产品。

品位：矿石中某种金属或有用成分的含量，是衡量产品质量的指标之一，常用%、g/t 等表示。原矿品位一般以 α 表示；精矿品位一般以 β 表示；尾矿品位一般以 θ 表示。例如，某铜精矿的品位为 15%，表示 100 t 干精矿中含 15 t 铜。

产率：选矿过程中得到的某一产品的质量与原矿质量的百分比，以 γ 表示。例如某选矿厂每昼夜处理原矿石为 1 000 t，得到合格的精矿为 100 t，那么产率 $\gamma=100/1\,000\times100\%=10\%$。

选矿比：原矿的质量与精矿质量的比值，表示获得 1 t 精矿所需处理的原矿石的吨数。

富集比：又称富矿比，精矿中有用组分含量的百分数(β)和原矿中该有用成分含量百分数的(α)的比值，常用 i 表示。富集比表示精矿中有用矿物的含量比原矿中该组分含量增加的倍数。

回收率：精矿中有用组分的数量与原矿中该组分数量的比值，常用 ε 表示。假设物料的分选流程如图 8-1 所示。

原矿经分选，存在两种平衡，分别为物料质量守恒和有用矿物质量守恒，其中：

物料质量守恒关系式为：

$$m_1 = m_{精} + m_{尾} \tag{8-1}$$

有用矿物质量守恒关系式为：

$$m_1\alpha = m_{精}\beta + m_{尾}\theta \tag{8-2}$$

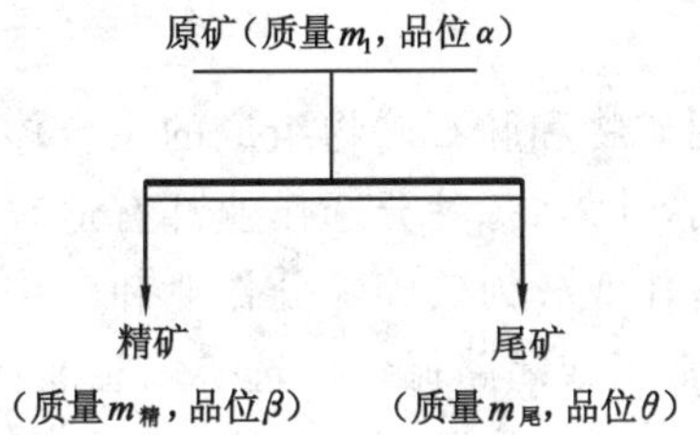

图 8-1　某矿分选流程图

将式(8-1)和式(8-2)联立，得到：

$$m_1\alpha = m_精\beta + (m_1 - m_精)\theta \tag{8-3}$$

即

$$m_1(\alpha - \theta) = m_精(\beta - \theta) \tag{8-4}$$

根据产率γ定义以及式(8-4)可得：

$$\gamma = \frac{m_精}{m_1} \times 100\% = \frac{\alpha - \theta}{\beta - \theta} \times 100\% \tag{8-5}$$

精矿中有用矿物质量为$m_精\beta$，原矿中有用矿物质量为$m_1\alpha$，那么回收率ε为：

$$\varepsilon = \frac{m_精\beta}{m_1\alpha} \times 100\% \tag{8-6}$$

由式(8-5)和式(8-6)可得：

$$\varepsilon = \frac{\beta(\alpha - \theta)}{\alpha(\beta - \theta)} \times 100\% \tag{8-7}$$

选矿工艺流程图：分选过程中的作业顺序以及产品的流向的路线图。

单体颗粒：仅含一种化学成分(组分)或物质的颗粒。

连生颗粒：含有两种或两种以上组分或物质的颗粒。该颗粒是两种或者两种以上矿物连生在一起。

单体解离度：入选给料或分选所得的产物(精矿、尾矿等)中某种组分以单体解离颗粒存在的百分数。对于破碎产品，某种矿物的单体解离度的定义为：同一粒度级别的物料群中，某矿物的单体解离颗粒数占该粒群中所含矿物颗粒总数的百分比，即：

$$C = \frac{A}{A + B} \tag{8-8}$$

式中，C代表某矿物的单体解离度；A代表该矿物的单体解离颗粒数；B代表含有该矿物的连生体颗粒数。

单体解离度对选别指标有明显影响，单体解离度不够会导致精矿品位低、尾矿品位高、中矿产率大，恶化分选效果。

第三节　矿物加工的基本过程和基本内容

矿石的处理是在选矿厂中完成的，分为矿石的选前准备作业、分选作业、选后产品处理作业等三个基本过程。

一、选前准备作业

矿石是由不同种类的有用矿物和脉石矿物组成的集合体。为了将有用矿物富集，首要前提是通过粉碎实现单体解离，此外，每种分选作业都有适宜的粒度范围，也需要在选前加入一定的粉碎作业。选前准备作业分为破碎筛分作业和磨矿分级作业，破碎机和筛分机多为联合作业，磨矿机和分级机常组成闭路循环。选矿厂总能耗的40%～70%用于破碎和磨矿，一般而言，冲击挤压破碎的能耗比研磨磨碎的能耗低得多，因此，在粉碎过程中的一个基本原则是“多碎少磨”。

二、分选作业

矿物单体解离、粒度符合要求后，充分利用矿物的物理化学性质差异，采用适当的手段，使有用矿物和脉石矿物进行分离，常用的方法有重选、磁电选和浮选。

重选是依据矿石(煤炭)中各组分的密度差异进行分选的方法。颗粒的粒度和形状也会影响重选效果。重选适用于密度差异较大的不同物料颗粒间的分选，其优势在于处理量大、能耗少且造价一般较低，能够以较低的成本处理各种粒度的矿石；但对于－0.074 mm 的物料，重选设备处理能力一般较低，分选效果差。目前重选是煤炭分选的主要分选方法。

磁选是利用矿物之间的磁性差异进行分选的方法，多用于黑色金属、有色金属以及非金属矿中除去含铁杂质，也可用于净化生产、生活用水和回收重介质选煤中的介质(磁铁矿)。磁选的发展归根到底是磁选机的发展，强磁性矿物可用弱磁场磁选机进行富集和分离，弱磁性矿物可用强磁场磁选机进行分选。

电选是基于矿物的不同电学性质差异，在高压电场中利用作用于颗粒上的电力和机械力差异进行分选的一种分选方法，多用于有色金属、非金属矿、稀有金属矿、黑色金属矿等矿石的分选。

浮选是利用矿物颗粒间表面润湿性的差异进行分选的方法。通过浮选药剂扩大矿物之间的润湿性差异，在溶液中疏水性矿物与气泡(运载工具)碰撞形成矿化气泡，最终形成泡沫层，亲水性矿物不能与气泡作用而留在槽中，从而实现不同矿物的分离。浮选分为正浮选和反浮选，所谓正浮选是指将有用矿物疏水，通过泡沫富集有用矿物，槽内产品以脉石矿物为主；反浮选则是将脉石矿物疏水，泡沫产品为脉石矿物，有用矿物则留在槽内。浮选是应用最广泛的选矿方法，广泛用于有色金属、黑色金属(如铁矿石的正浮选和反浮选，与磁选流程联合)、稀有金属以及煤泥等分选。

除上述四种方法外，还有光电分选、化学选矿和其他的分选方法，各种分选方法可单独使用也可联合使用。

在选矿厂，磨矿车间和选别车间是主体车间，通常称为主厂房。

三、选后产品处理作业

矿石经过选前准备作业和分选作业后得到精矿、尾矿等产品，但这些选矿产品大都含有大量水分，不利于运输和冶炼加工，需要进行脱水作业。脱水作业基本由以下三个部分组成。

(1) 浓缩：在重力或离心力的作用下使选矿产品中的固体颗粒沉淀，脱去部分水分，通常在浓缩机中进行。

(2) 过滤：浓缩之后进一步通过过滤脱水，一般在过滤机中完成，是将矿浆通过一透水而不透过固体颗粒的间隔层实现固液分离的。

(3) 干燥：一般在干燥机或其他干燥设备中进行，是物料脱水的最后阶段，一般只是在脱水后的精矿还需要进行干燥时才使用。

由浓缩、过滤和干燥等工序组成的辅助车间称为脱水车间。

第四节 选矿方法在工业中的应用

选矿学是研究矿物分选的一门学问，是实现分离、富集和综合利用矿产资源的技术科学，在国民经济中占有重要地位。选矿方法在工业中有以下几方面应用：

(1) 将矿石中有价成分富集，为后续作业提供质量合格的原料。例如一些金属矿石开采出来的品位很低(如钼矿开采出来的品位仅为千分之几或万分之几)，难以满足冶炼要求，需要通过选矿方法富集后才可进行冶炼。

(2) 脱除矿物资源中的有害杂质或者无用矿物。如铁矿石中的硅酸盐类矿物，含量过高不利于冶炼，可通过正浮选或反浮选脱除硅，满足冶炼要求；某些含铁高的高岭土矿石不能直接用于生产陶瓷或工业填料、涂料，可通过磁选方法脱除其中大量铁，使之满足生产需求；煤炭开采出来后含量大量脉石，增加了运输成本和降低了发热量，通过分选工艺脱除大量脉石可提高煤炭综合利用效率和增加经济效益。

(3) 将矿石中多种有用矿物分选得到各种精矿产品，以利于分别加工利用。例如铜铅锌多金属硫化矿，若不经过合理的分选，难以得到合格的精矿，冶炼过程也无法进行，经浮选分离后可分别得到铜精矿、铅精矿、锌精矿和硫精矿，满足冶炼要求。

(4) 为冶炼提供"精料"，提高冶炼技术经济指标。例如某铜冶炼厂铜精矿品位提高1%，每年可多生产粗铜达三千多吨，节约一百多万元；铁冶炼厂提高铁精矿品位可提高高炉产量，降低焦比和节约石灰，减少炉渣，运输费用也得以降低。

(5) 物尽其用，变废为宝，综合回收，节约资源。例如磁选尾矿可通过螺旋选矿机选别后得到铁精矿，炼铜炉渣中采用选矿方法可回收大量的铜金属。

思 考 题

1. 矿石分选的方法有哪些？它们的依据是什么？

2. 选矿涉及的主要术语有哪些？具体定义是什么？

3. 选矿的主要任务是什么？

4. 某 500 g 铜矿经选矿处理后得到 13.6 g 铜精矿，经化学分析得到精矿中 Cu 的品位为 10.5%，尾矿中 Cu 的品位为 0.035%，请问：

(1) 精矿产率、回收率、原矿品位、富集比和选矿比各为多少？

(2) 若通过浮选得到 Cu 品位为 20%以上的铜精矿，那么精矿的产率和质量最大值不能超过多少才可满足要求？

第九章　破碎与磨矿

破碎与磨矿在选矿中占有重要地位。矿石中有用矿物与脉石矿物能够实现分选的前提是单体解离,这对分选指标有重要影响,而破碎与磨矿是实现矿物单体解离的有效途径。选矿厂几乎一半的基建费用于破碎和磨矿设备,其中磨矿能耗占全厂总能耗的40%～60%,因此,确定合理的粉碎工艺,合理地选择、使用以及维护粉碎设备,对提高生产能力和指标、降低成本具有重要意义。

第一节　概　　述

利用外力使大块物料被破坏成小块的过程称为粉碎过程。按照作用力的形式和产物粒度不同,可将粉碎分为破碎、磨矿、超细粉碎和超微粉碎,各阶段产品粒度特性如表9-1所示。

表9-1　粉碎各阶段产品粒度特性

阶段		给料最大粒度/mm	产品最大粒度/mm	粉碎比
破碎	粗碎	1 500～300	350～100	3～15
	中碎	350～100	100～40	3～15
	细碎	100～40	30～5	1～20
磨矿	一段磨矿	30～10	1～0.3	1～100
	二段磨矿	1～0.3	0.1～0.075	1～100
超细粉碎		0.1～0.075	0.075～0.000 1	1～1 000
超微粉碎		0.075～0.000 1	−0.000 1	1～1 000

粉碎是一个高能耗的作业,相对而言,通过冲击挤压方式将物料破碎的能耗比研磨磨碎的方式低得多,因此,粉碎过程中的一个基本原则是"多碎少磨"。粉碎过程的进行程度以破碎比衡量。所谓破碎比是指被粉碎物料粉碎前的最大粒度 D_{max} 与粉碎后产物的最大粒度 d_{max} 的比值。粉碎过程中各阶段都有一个粉碎比,称为部分粉碎比或阶段粉碎比,以 i_n 表示,那么,整个阶段的总粉碎比 i 与各阶段的粉碎比 i_n 的关系为:

$$i = i_1 \cdot i_2 \cdot i_3 \cdot \cdots \cdot i_n$$

一、物料粒度组成的表示方法

粒度是颗粒大小的量度。对于单一颗粒,形状规则的颗粒(如球形、立方体形)可用直径表示其粒度,记为 d。但一般物料的颗粒形状是不规则的,为了表示它们的粒度,需测出它们的长度 a、宽度 b 和厚度 c,用其算术平均值表示它们的直径 d,即:

$$d=(a+b+c)/3$$

单个颗粒仅用粒度表示它们的尺寸就足够了，但对于由许多形状不一的颗粒组成的物料，不仅难以测出每个颗粒的尺寸，而且无法选用合理的粒度来描述这个集合体的尺寸特性，即单用粒度的概念是无法衡量碎散物料的尺寸特征的，为此，人们建立了粒级、粒度组成和平均粒度的概念，通过这些来描述物料的尺寸特征。

粒级是采用某种分级方法(如筛分等)将粒度范围较宽的物料分成粒度范围较窄的若干个级别。粒级通常以它们的上限尺寸 d_1 和下限尺寸 d_2 来表示，如 $d_1 \sim d_2$，$-d_1+d_2$，$d_2 \sim d_1$ 等。

粒度组成是记录物料中各个级别的质量分数或累计质量分数的文字资料，表明物料的粒度构成情况，是对物料粒度分布特征的一种数字描述。

平均粒度是物料中颗粒粒度大小的一种统计表示方法，单一粒级的平均粒度 d 是上限尺寸 d_1 与下限尺寸 d_2 的算术平均值，即：

$$d=(d_1+d_2)/2$$

对于多个粒级组成的物料，平均粒度的计算一般分为算术平均粒度 $d_{算}$、加权几何平均粒度 $d_{几何}$、调和平均粒度 $d_{调和}$。以 d_i 和 γ_i 分别表示某一粒级的平均粒度及其质量分数，那么：

$$d_{算} = \sum(\gamma_i d_i)$$

$$d_{几何} = d_1^{\gamma_1} d_2^{\gamma_2} d_3^{\gamma_3} \cdots d_n^{\gamma_n}$$

$$d_{调和} = \frac{1}{\sum(\gamma_i d_i)}$$

三者的大小顺序为 $d_{算} > d_{几何} > d_{调和}$。在实践中，当每个粒级上限粒度与下限粒度之比不大于 $\sqrt{2}$ 时一般采用算术平均值衡量碎散物料的平均粒度。

值得注意的是，平均粒度并不能全面说明物料的粒度特征。例如，有两种碎散物料，其中一种碎散物料的粒度上限为 30 mm，下限为 2 mm，而另一种物料的粒度上限和下限分别为 19 mm 和 13 mm，虽然这两种碎散粒度的算术平均粒度相等，但很显然，这两种物料粒度的均匀程度会有所差别，为充分描述物料的粒度特征，除了采用平均粒度外，还引入了偏差系数 $K_{偏}$ 衡量粒度的均匀程度，计算公式为：

$$K_{偏} = \frac{\sqrt{\sum (d_i - d_{算})^2 \gamma_i}}{d_{算}} \times 100\%$$

一般认为，$K_{偏} < 40\%$ 的物料是粒度均匀的物料，$K_{偏}$ 介于 40%～60%之间的物料是粒度中等均匀的物料，$K_{偏} > 60\%$ 的物料为粒度不均匀的物料。

二、粒度分析的方法

粒度分析是实际生产和选矿试验的一项重要工作。对于质量、形状和大小不一的碎散物料，难以通过简单的线测法测出粒度，只能借助粒度分析(确定粒度组成的试验)的方法测定其粒度，目前，在实际工作中常采用的粒度分析方法有筛分分析法、水力沉降分析法、显微粒度分析法和激光粒度分析法等。

（一）筛分分析法

筛分分析法是最古老的粒度分析方法之一，是目前试验研究阶段和生产实践中应用最多的粒度分析方法。筛分分析法是让已知质量的物料连续通过筛孔尺寸大小不同的筛子分成不同粒度级别。筛分分析法适用的粒度范围为 0.01～100 mm，其中粒度大于 0.1 mm 的物料多采用干筛，小于 0.1 mm 的物料常采用湿筛。筛分分析法的设备简单，易于操作，但颗粒形状对筛分效果的影响比较大。

粗粒物料可采用人工筛析，但对于几毫米以下的物料，人工筛析的难度和工作量都大，需借助标准筛在振动筛上进行筛析。所谓标准筛是一套筛孔尺寸大小有一定比例的、筛孔宽度和筛丝直径都是按照标准制造的筛子。使用标准筛时将筛子按照筛孔由大到小的顺序从上到下排列起来，这时各个筛子所处的层次次序称为筛序。

用标准筛进行粒度分析时，筛分含水含泥少的物料，且对分析结果要求不是很严格时可只采用干筛。对于含水、含泥多，黏结严重的物料，且对分析结果要求比较严格时，可采用干筛和湿筛结合的方法。干筛是否进行到终点的标志是 1 min 内筛出的物料质量不大于筛上物料的 1% 或不大于所筛物料总质量的 0.1%。为了保证筛析结果的可信度，通过筛析所得到的各粒级物料的质量总和与所筛物料总质量的差值不能超过原来物料质量的 1%。

筛分分析的结果可用表格法、图示法和特性函数法分析。

(二) 其他粒度分析法

1. 水力沉降分析法

水力沉降分析法也称水析法，适用于 1～75 μm 的物料的粒度分析。水力沉降分析法是利用颗粒在水中具有不同的沉降速度进行粒度分析的一种方法。水力沉降分析法是根据颗粒的当量直径(具有相同沉降速度的颗粒的直径)进行分析的，测试结果与颗粒形状、密度有关。通过水力沉降分析法，粒度较大的低密度颗粒与粒度较小的高密度颗粒可能包含在同一粒级内，密度相同的物料水析时，形状规则的小颗粒与形状不规则的大颗粒也可能包含在同一粒级内。

2. 显微粒度分析法

显微粒度分析法常用来检验分选作业产品以及校正水力沉降分析法的分析结果。该法是利用显微镜对颗粒尺寸和形状进行直接观察的一种粒度分析方法，最佳的测定粒度范围为 0.25～50 μm。

3. 激光粒度分析法

激光粒度分析法是利用激光粒度分析仪对微细粒级物料进行粒度组成分析的一种方法。该方法测试速度快，所需样品质量少(小于 1 g)，需要平行测试 3 次以上，以保证测试结果的真实可靠性，最终的测试结果为测试结果的算术平均值。

第二节　矿石的破碎

破碎力主要为压应力，破碎产物的粒度大于 5 mm。破碎过程的技术指标是破碎比和破碎效率。所谓破碎效率是指每消耗 1 kW·h 能量所获得的破碎产物的吨数。破碎比又分极限破碎比、名义破碎比和真实破碎比。极限破碎比是指物料破碎前后的最大粒度的比值，名义破碎比是指给料机给料口的有效宽度(0.85 b)与给料口宽度的比值，真实破碎比是指破碎前后平均粒度的比值，真实破碎比比极限破碎比和名义破碎比更能反映破碎过程的作业情况。

一、矿石破碎设备

(一) 粗碎设备

生产中的使用的粗碎设备主要有颚式破碎机和旋回破碎机两类。粗碎设备属于重型设备，通常采用开路作业方式。

1. 颚式破碎机

颚式破碎机属于间断工作的破碎机械，最早是由布莱克（W. E. Black）于 1858 年发明，经过一百多年的发展，目前广泛采用的是简单摆式[又称双肘板简单摆动式，如图 9-1(a)和图 9-2 所示]颚式破碎机和复杂摆式[又称单肘板复杂摆动式，如图 9-1(b)和图 9-3 所示]颚式破碎机两类。

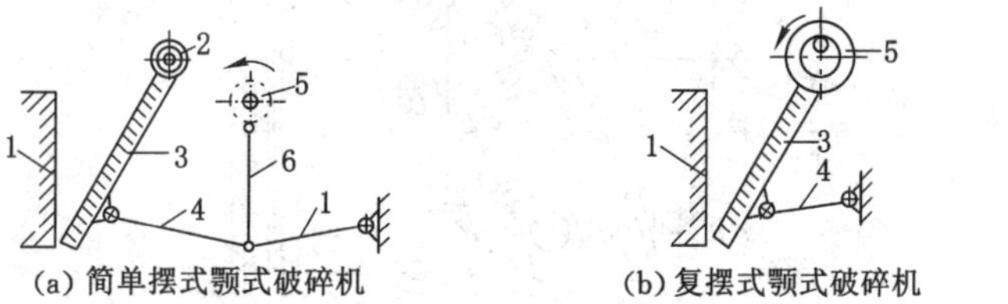

1—定颚；2—可动颚悬挂轴；3—动颚；4—前(后)推力板；5—偏心轴；6—连杆。

图 9-1 颚式破碎机的主要类型

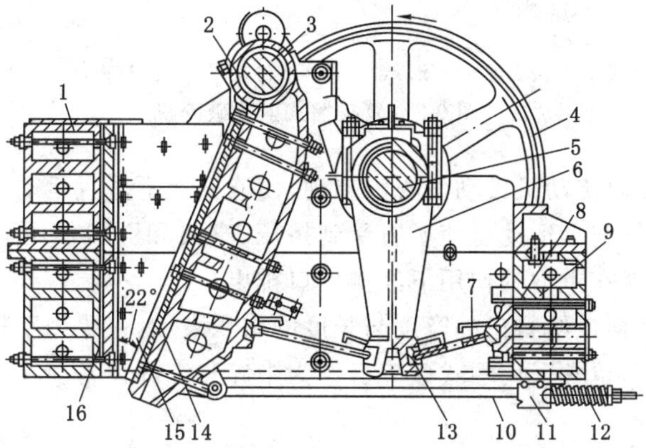

1—机架；2—动颚；3—悬挂轴；4—飞轮；5—偏心轴；6—连杆；7—肘板；
8—挡板；9—后壁；10—拉杆；11—凸轮；12—弹簧；13—凹槽；14，16—衬板；15—侧壁衬板。

图 9-2 简单摆式颚式破碎机

颚式破碎机的破碎腔由动颚、定颚以及两个侧壁组成。破碎机工作时矿石在腔体内受力破碎。简单摆式颚式破碎机的动颚悬挂轴与偏心轴分开，动颚以轴心为中心做简单摆动，动颚上各点运动轨迹为圆弧线。下部的摆动幅度较大，上部的较小，这样容易导致上部大块物料所得到的压缩量不足，因而会降低破碎机的生产能力，但下部的摆幅大，有利于物料排出。颚式破碎机破碎物料以压碎为主，多制成大、中型，破碎比可达 3～5。

复杂摆式颚式破碎机的悬挂轴与轴心轴合二为一，动颚上部运动轨迹为圆形，中部为椭圆形，下部近似弧形，有压碎、折断和磨剥的作用。复杂摆式颚式破碎机的动颚上下部分对定颚的运动不同步，交替进行压碎和磨矿，使功率消耗均匀，但复杂摆式颚式破碎机的动颚重量和破碎力集中在偏心轴上，这样会导致受力情况恶化，因此，以前复杂摆式颚式破碎机多制造成中小型设备，但随着耐冲击的大型滚动轴承和高强度材料的出现，复杂摆式颚式破碎机已经实现大型化。复杂摆式颚式破碎机的破碎比可高达 10，比简单摆式颚式破碎机构造简单、紧凑、质量小。

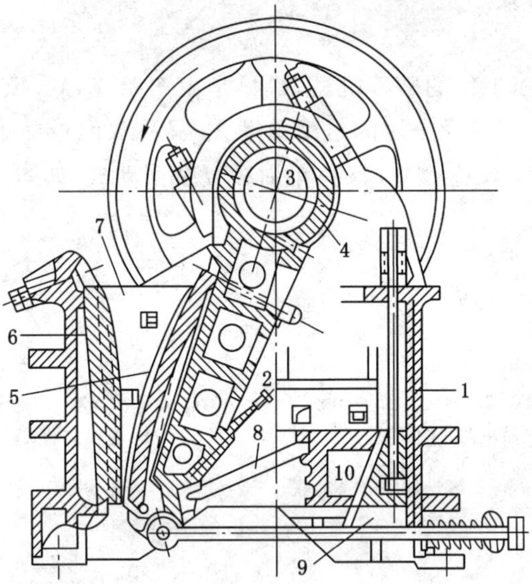

1—机架;2—动颚;3—偏心轴;4—滚珠轴承;5,6—衬板;7—侧壁衬板;8—肘板;9,10—楔块。

图 9-3 复杂摆式颚式破碎机

颚式破碎机工作时传动机带动偏心轴转动,使连杆上下垂直运动,借助肘板使动颚绕悬挂轴做周期摆动;连杆向上运动可使矿石受到挤压、弯曲和劈裂作用而破碎,当连杆向下运动时,已被破碎的物料在重力的作用下经排矿口排出。

颚式破碎机的规格以给料口的宽度与长度的乘积表示,主要用于粗碎作业,但是对于生产规模较小的选矿厂,也常采用颚式破碎机作为中碎和细碎设备。

2. 旋回破碎机

旋回破碎机又称粗碎圆锥破碎机,是最早于 1878 年根据美国的查尔斯(B. Charles)的专利制造的。

旋回破碎机属于连续工作的破碎机械,主要工作部件是内外两个以相反方向放置的截头圆锥体,内锥体锥顶向上,称为动锥,外锥体锥顶向下,称为定锥,两锥之间形成的环形间隙为破碎腔。动锥的主轴支撑在横梁上面的固定悬挂点中,主轴下部置于偏心套筒内,偏心套筒转动时使锥体围绕中轴做连续的偏心旋回运动,动锥靠近定锥时,矿石受到排挤而破碎,离开时破碎产品在重力的作用下由排矿口排出。

图 9-4 为中心排料型旋回破碎机结构图。电动机通过胶带轮 18 和弹性联轴器 19、小圆锥齿轮 17,带动固定在偏心轴套 22 上的大圆锥齿轮 15 旋转,使动锥做旋摆运动,动锥的运动既有公转也有自转,旋回破碎机也因此而得名。动锥在破碎腔内沿定锥的周边滚动,当动锥靠近定锥时进行破碎,相对的一侧进行排矿,因此旋回破碎机的破碎和排矿是连续进行的。

胶带轮上的削弱断面轴销是旋回破碎机的保险装置,当大块非破碎物进入破碎腔时,该轴销首先被剪断,破碎机也就停止运转,从而保证破碎机其他零件不受到破坏。

旋回破碎机的规格常以破碎机给矿口宽度/排矿口宽度(中国)或动锥底部直径(欧美国家)表示。普通旋回破碎机的排矿口大小的调节是通过升降动锥来实现的,调节装置位于主

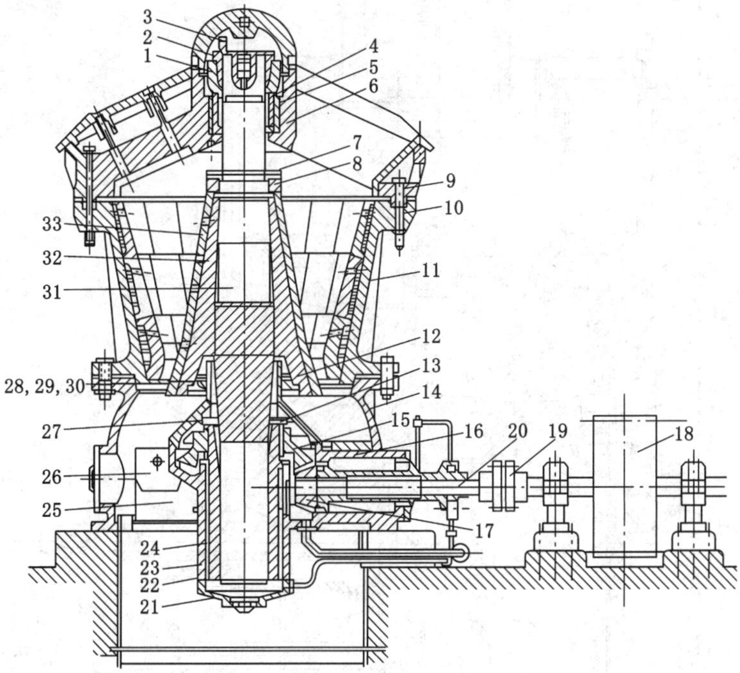

1—锥形压紧套；2—锥形螺帽；3—楔形键；4,23—衬套；5—锥形衬套；6—支撑环；7—锁紧板；8—螺帽；9—横梁；10—固定圆锥；11,33—衬板；12—挡油环；13—止推圆盘；14—下机架；15—大圆锥齿轮；16,26—护板；17—小圆锥齿轮；18—胶带轮；19—弹性联轴器；20—传动轴；21—机架下盖；22—偏心轴套；24—中心套筒；25—筋板；27—压盖；28,29,30—密封套环；31—主轴；32—可推锥。

图 9-4　中心排料型旋回破碎机

轴上端的悬吊点处，拧紧或旋松锥形螺母会引起动锥的上升或下降，进而可实现排矿口大小的调节，而液压旋回圆锥破碎机的排矿口宽度则是通过液压系统来实现的。

与颚式破碎机相比，旋回破碎机工作连续和稳定，生产能力大，生产效率高，在给矿粒度和产品粒度相同的情况下，旋回破碎机的生产能力是同规格颚式破碎机的 2～3 倍。旋回破碎机易于启动，破碎比大，可以挤满给仓，辅助设备少，无须设置料仓和给料机，产品粒度均匀，广泛应用于各种硬度矿石的粗碎、中碎；但其缺点是构造复杂，机身较高，要求厂房高度大，基建费用大，质量较大，安装维修较复杂，不适合破碎潮湿和黏性物料。

（二）中细碎圆锥破碎机

圆锥破碎机是旋回破碎机的改造形式，主要用作矿石的中碎和细碎，习惯上称为中细碎圆锥破碎机。圆锥破碎机是目前应用最广泛的中、细碎设备，在大、中型选矿厂几乎无合适的机械能够替代。这种设备的不足之处是破碎黏性矿石时易堵塞，在破碎前常需要进行脱泥等处理工序。

图 9-5 为弹簧型圆锥破碎机的基本结构图。从图中可看出，中细碎圆锥破碎机的工作原理与旋回破碎机基本相似，但结构上有所区别，主要表现为：

(1) 旋回破碎机的两个圆锥形状是急倾斜的，动锥正立，定锥倒立，这主要是为了增加给料口；而中细碎破碎机的动锥和定锥的形状均为缓倾斜的正立截头圆锥，圆锥腔中

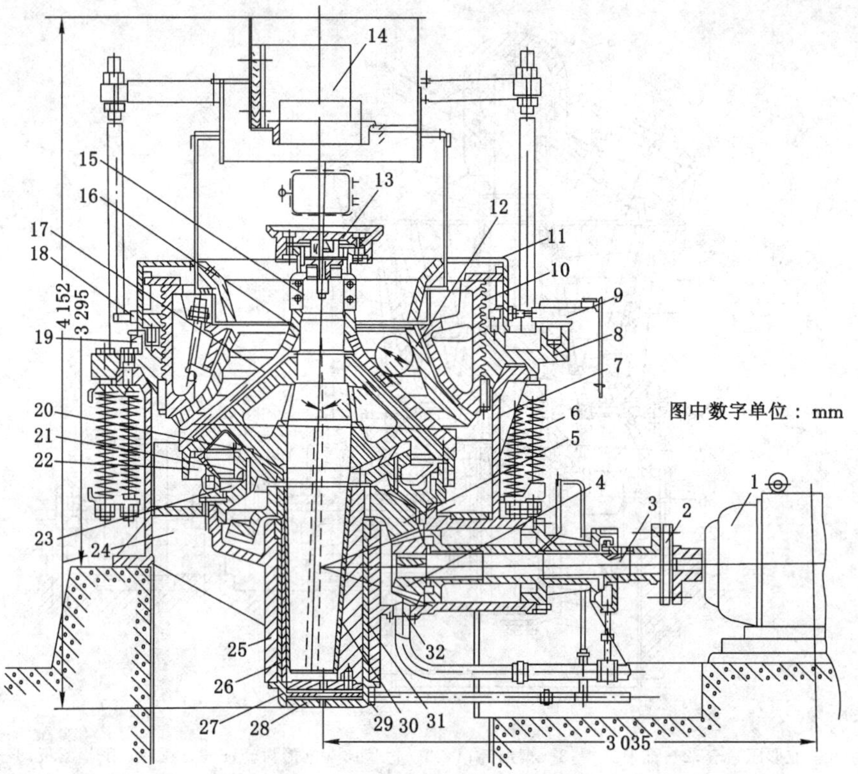

1—电动机；2，7—机架；3—传动轴；4—小圆锥齿轮；5—大圆锥齿轮；6—保险弹簧；8—支承环；9—推动油缸；10—调整环；11—防尘罩；12—固定锥衬板；13—给料盘；14—给料箱；15—主轴；16—可动锥衬板；17—可动锥体；18—锁紧螺帽；19—活塞；20—球面轴瓦；21—球面轴承座；22—球形颈圈；23—环形槽；24—筋板；25—中心套筒；26—衬套；27—止推圆盘；28—机架下盖；29—进油孔；30—锥形衬套；31—偏心轴承；32—排油孔。

图 9-5　弹簧型圆锥破碎机

存在一个具有一定长度的平行破碎区，可使矿石在破碎机内多次破碎，达到控制产品粒度的目的。

(2) 旋回破碎机的动锥悬挂在机器上部的横梁上，而中细碎圆锥破碎机的动锥支撑在下部的球面轴承上，这是由于旋回破碎机的动锥形状为急倾斜，破碎矿石时作用在上面的垂直分力较小，可采用结构简单的悬吊式支撑，而中细碎圆锥破碎机的动锥形状为缓倾斜，破碎时作用于上面的垂直分力较大，需要采用球面轴承支撑。

(3) 旋回破碎机采用干式防尘装置，而中细碎圆锥破碎机采用水封防尘装置，可适应粉尘较大的工作环境。

(4) 旋回破碎机采用动锥的升降来调节排料口的大小，而中细碎圆锥破碎机则通过调节定锥的高度来调节排料口的宽度。

中细碎圆锥破碎机的规格常用动锥底部直径表示。依据破碎腔形式(图 9-6)，中细碎圆锥破碎机分为标准型圆锥破碎机、短头型圆锥破碎机和中间型圆锥破碎机，其中标准型圆锥破碎机和短头型圆锥破碎机的应用最广泛。标准型圆锥破碎机的平行带短，给矿口宽度大，可处理粒度较大的矿石，矿石在标准型圆锥破碎机中的破碎次数少，产物粒度相对较大，因而常用作中碎设备；短头型破碎机的平行带长，矿石破碎次数多，产物粒度细，给矿口宽度小，常用作细碎设备；中间型圆锥破碎机处于两者结构的破碎机之间。

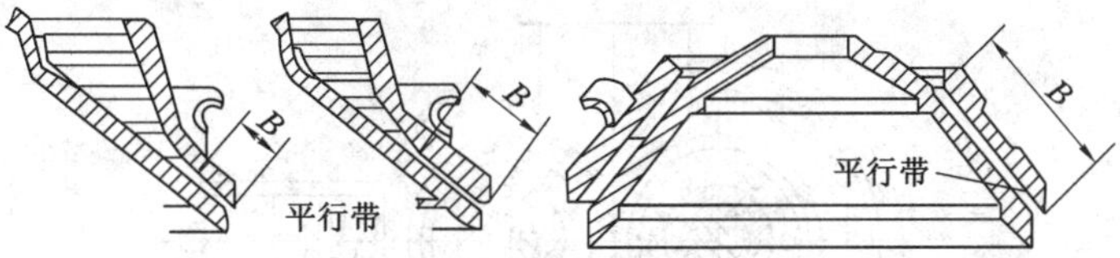

图 9-6　中细碎圆锥破碎机的破碎腔形式

（三）其他破碎机械

1. 冲击式破碎机

冲击式破碎机的类型主要有反击式破碎机（图 9-7）、锤式破碎机和笼式破碎机等，是应用冲击力作用进行破碎的一种设备。

矿石落到高速运转的转子上，受到锤头的强烈冲击后，在锤头和反击面之间反复受到冲击、碰撞而破碎，破碎产物在自重的作用下排出。

反击式破碎机结构简单，适应能力强，硬度高、脆性、含水量高的矿石均可采用，破碎比 i 大，可高达 30～40，生产能力高，功率消耗较低，在破碎过程中可进行选择性破碎；但反击式破碎机的锤头磨损严重，寿命较短，在硬度大的金属矿山的应用相对较少。

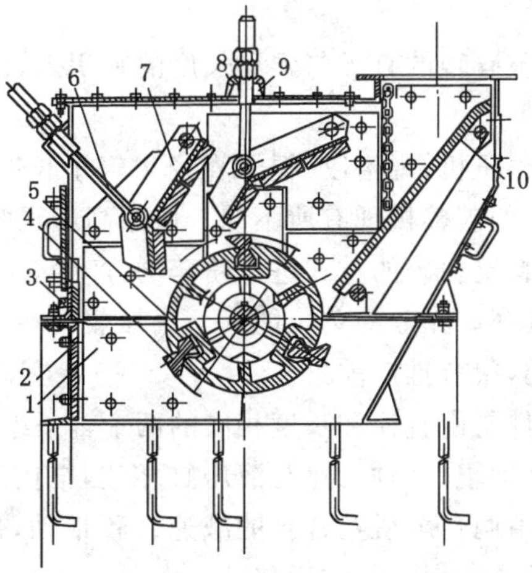

1—机体护板；2—下机体；3—上机体；4—打击板；5—转子；
6—拉杆螺栓；7—反击板；8—球面垫圈；9—锥面垫圈；10—给料溜板。

图 9-7　单转子反击式破碎机

2. 辊式破碎机

辊式破碎机按照辊面形式可分为光面辊式和齿面辊式两种，按照辊数可分为单辊、双辊（对辊）、三辊和四辊四种。该类破碎机的构造简单，产品粒度均匀，在非金属矿、硅酸盐矿、水泥行业等工业部门有所应用；其缺点是生产能力较小，辊面磨损不均匀，占地面积大，在金属矿山应用相对较少。

图 9-8 为双辊式破碎机的结构。双辊式破碎机是常见的中硬矿石中、细碎设备，由破碎

辊、调整装置、传动装置、机架以及弹簧保险装置组成。破碎辊由辊、轮毂和辊皮三部分组成，其中辊皮用高锰钢、高铬白口铸铁等耐磨材料制成，磨损后可进行更换。

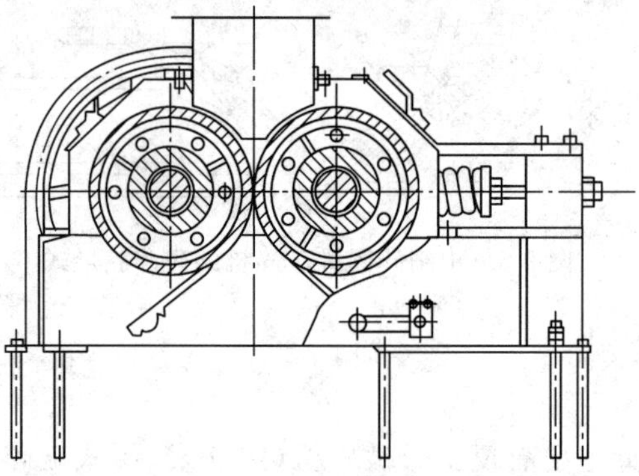

图 9-8　双辊式破碎机结构图

破碎辊是在水平轴上平行安装的相向回转的圆辊，其中一个辊子的轴是不可移动的，另一个可移动，借助物料的自身重力以及辊面之间的摩擦力，将给入的物料卷进两辊之间，矿石受到挤压和研剥作用而破碎，然后在自身重力作用下排出。排矿口宽度可通过增减垫片来调节，或利用涡轮调整机械调整两个辊子之间产生的作用力，保持排料口间隙，使产品粒度均匀。

辊式破碎机的规格以破碎辊的直径与辊子长度的乘积来表示。

3. 高压辊磨机

高压辊磨机又称高压辊压机，规格以“辊子直径×辊子长度”表示。高压辊磨机的外形与辊式破碎机相似，但两者的破碎机理有所不同。应用高压辊磨机符合“多碎少磨”的原则，这是因为高压辊磨机是以料层粉碎的方式进行粉碎的，产生含有大量裂缝的细粒，有利于后续的单体解离，减少了后续磨矿作业的单位能耗。高压辊磨机已经在水泥行业获得广泛应用，在金属矿山也有所应用，很有推广前景。

高压辊磨机的工作部件是由直径和长度相同的两个辊子组成，其中一个为固定辊，其轴承座是固定的，另一个是活动辊，其轴承座与液压缸相连，缸内压强的变化促使辊子沿径向前后移动。两个辊子分别由两台电机及各自的减速装置带动，带动活动辊的电机及其减速装置安装在活动小车上，随活动辊一起前后移动。

高压辊磨机的给料装置必须具有一定的高度，有的给料斗中加设螺旋压力装置，以保证物料挤满连续均匀地进入工作辊间的压力区。矿石给入两个沿相反方向旋转的辊子之间后受到辊子的挤压力，形状不规则的大矿石首先受到点接触压力，矿石的整体体积变小且趋于密实，与此同时，矿石所受到的压力由点接触压力变为线接触压力，物料密实程度增加，矿石块的内应力也迅速上升，当矿石经过两个辊子之间的最小间隙时将受到更大压力，矿石块内开始出现裂纹并不断扩展，矿石从内部开始破碎，形成极易破碎的饼状小块，这为下一步工序减小了能耗。

辊子之间的间隙与生产能力密切相关，间隙宽度与辊子直径之比称为相对间隙宽度，相对间隙宽度的范围为 0.01～0.02。给料中大于辊子间隙宽度的颗粒含量应小于 20%，辊子直径与最大给料粒度的比值应大于 30～40。

二、影响破碎过程的因素

破碎效果的影响因素分为矿石的性质、破碎设备的性能及结构、操作等三方面的因素。

（一）矿石的性质

矿石的性质对破碎效果的影响因素分为密度、硬度、平均粒度、含水和含泥量以及矿石的结构等。矿石的密度越大，按给矿计的生产能力就越大；破碎产物的粒度相同时，矿石给矿的平均粒度越大则生产能力就越低；结构松散以及解理发育良好的矿石易于破碎，含水和含泥量大的矿石易于黏结堵塞破碎腔，严重时会导致破碎机的生产能力降低。

（二）破碎设备的性能及结构

破碎设备的性能及结构对破碎效果的影响因素分为破碎机的类型和规格、转速与行程、排矿口大小以及啮角等。同规格的不同设备在同一破碎作业中的生产能力不同，同类型设备规格尺寸大者生产率高，在选择设备时应首先根据矿石性质和处理量选择设备类型和规格。破碎机的排矿口大小与生产率和破碎比有关，排矿口大者生产率高但破碎比较小，破碎作用减弱。破碎机动颚和动锥的行程大者可处理硬而脆的矿石。反之处理软而黏的矿石；转速增加可稍微提高破碎机的生产率，但功耗会增加，转速过高还会导致生产率下降和破碎机堵塞，因而通常不以增加转速的方式提高生产率。

（三）操作因素

操作因素中重要的是给料的连续性和均匀性。连续、均匀给料能保证正常生产和提高生产率，闭路破碎时破碎机的生产能力可增加 15%～40%。

第三节　筛 分 设 备

一、筛分机械

工业生产中完成筛分作用的设备或机械称为筛分机或筛子，目前尚未统一的分类标准。目前，振动筛是国内绝大多数选矿厂采用的筛分设备，其中自定中心振动筛应用最多，近年来，细筛在国内外选矿厂的应用已引起人们的高度重视。下面分别就常用的筛分设备的结构特征、工作性能和应用情况进行介绍。

（一）固定筛

固定筛是指在工作中筛框和筛面均不做运动的一类筛分设备。在工业生产中应用较多的固定筛有固定格筛、固定条筛和滚轴筛三类。

固定格筛是由平行排列的钢棒或钢条组成，一般水平安装在原矿仓顶部，保证粗碎破碎机的入料粒度符合要求，筛上的大块另行破碎。固定格筛一般应用于生产规模和生产能力较小的选矿厂。

固定条筛主要用于粗碎和中碎前的预先筛分，一般倾斜安装，安装倾角为 40°～50°。对于大块矿石倾角可小些，黏性矿石倾角可大些。安装倾角应大于矿石与筛面的摩擦角，这样矿石可依靠自身重力自上而下沿着筛面滚滑。固定条筛的筛孔尺寸一般不小于 50 mm，约为筛下粒度的 1.1～1.2 倍，其长度一般为宽度的 2 倍。

固定条筛具有结构简单、无运动部件、不消耗动力的优点；但其缺点是筛孔容易堵塞、筛分效率较低且需要较大的安装高差。

(二) 惯性振动筛

惯性振动筛是利用离心惯性力使筛子产生振动达到筛分的一种机械。国产惯性振动筛分为座式和吊式两种,图 9-9 和图 9-10 分别为 SZ 型惯性振动筛的工作原理示意图和结构图。

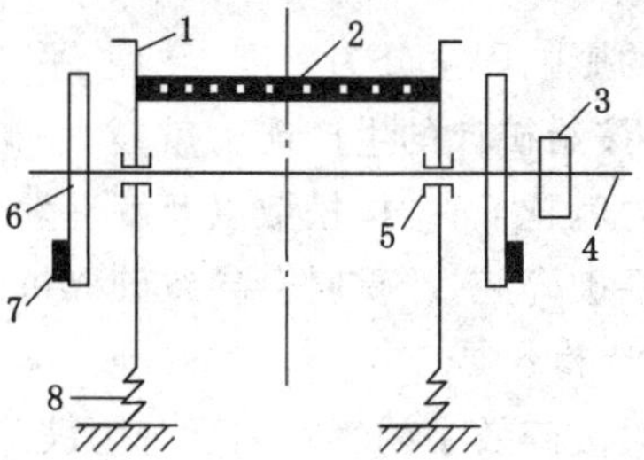

1—筛箱;2—筛网;3—胶带轮;4—主轴;5—轴承;6—偏重轮;7—重块;8—板簧。

图 9-9　SZ 型惯性振动筛的工作原理示意图

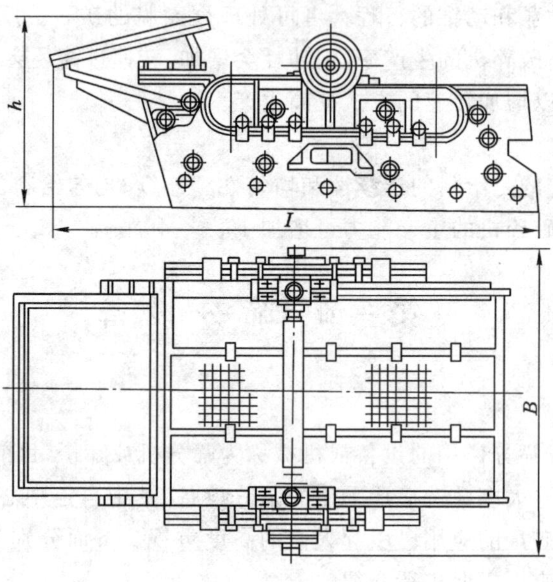

图 9-10　SZ 型惯性振动筛的结构图

从图 9-9 中可看出,这种筛子是由八个部分组成,其中筛网 2 固定在筛箱 1 上,筛箱安装在两个椭圆形板簧 8 上,板簧组底座与倾斜角为 15°~25°的基础固定,偏重轮 6 和胶带轮 3 安装在主轴 4 上,重块 7 安装在偏重轮 6 上。偏重轮转动时就产生不平衡的离心惯性力,作用于筛框和弹簧使筛子产生振动,通过调节偏重块在偏重轮上的位置可调节惯性振动筛的振幅。

惯性振动筛适用于中、细粒级矿石的筛分以及潮湿、黏性物料的筛分。由于弹簧联结可平衡惯性力,故惯性振动筛的转速可很高,筛分效率可高达 80%,但电动机的振动大会影响设备的使用寿命。惯性振动筛振幅小,振次高,要求均匀给料,否则会导致筛分效率降低。惯性振动筛不适合处理粗粒物料(粒度一般不超过 100 mm),且筛子不宜做得太长,只有中小型选矿厂适合采用。规格是以筛网宽度×长度来表示。

（三）自定中心振动筛

国产的自定中心振动筛一般为吊式筛，也有座式筛。惯性振动筛与自定中心振动筛的区别主要是前者的传动轴与胶带轮是同心安装的，后者的胶带轮和主轴不是同心。

图 9-11 为胶带轮偏心式自定中心振动筛示意图。当主轴转动时，主轴偏心所产生的离心惯性力使筛箱系统做圆周运动，调整偏重块重量，使偏重轮以及重块产生的离心惯性力与筛体旋转时产生的惯性离心力达到平衡，使胶带轮的中心线在空间不发生位移，实现胶带轮的"自定中心"，消除胶带时紧时松的现象。自定中心振动筛的振幅比惯性振动筛大些，而振次较低，因此可筛分较粗一些的物料，一般适用于大中型选矿厂的中、细物料筛分。

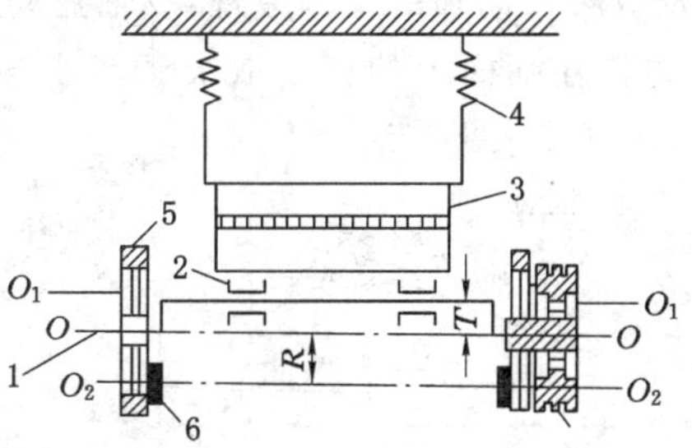

1—主轴；2—轴承；3—筛框；4—弹簧；5—偏重轮；6—配重；7—胶带轮。

图 9-11　胶带轮偏心式自定中心振动筛示意图

（四）重型振动筛

重型振动筛的原理与自定中心振动筛的原理相似，但振动器的主轴不完全偏心，而是以皮带轮的轴孔偏心来达到运转时的自定中心目的的。振动器的重块可以自动调整，减缓启动或停车时的共振对支撑弹簧的损害。筛子的振幅可通过重锤重块质量来调节，振次可通过改变小胶带轮的大小来调节。图 9-12 和图 9-13 为重型振动筛的结构示意图及其振动器的结构图。

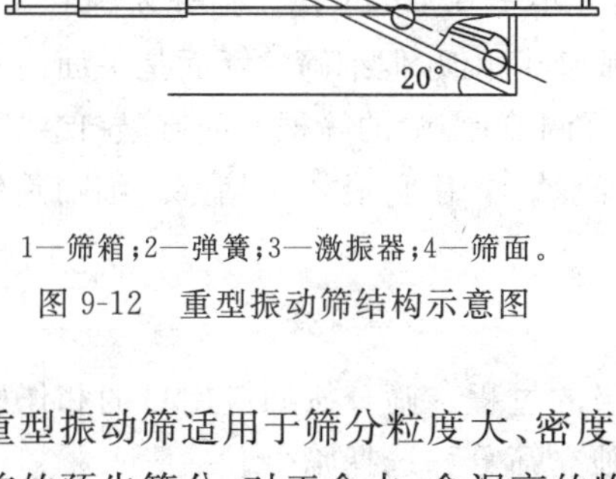

1—筛箱；2—弹簧；3—激振器；4—筛面。

图 9-12　重型振动筛结构示意图

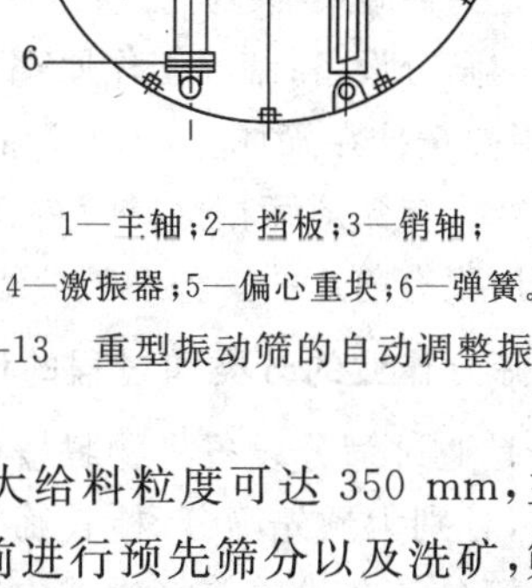

1—主轴；2—挡板；3—销轴；

4—激振器；5—偏心重块；6—弹簧。

图 9-13　重型振动筛的自动调整振动器

重型振动筛适用于筛分粒度大、密度大的物料，最大给料粒度可达 350 mm，主要用于中碎前的预先筛分；对于含水、含泥高的物料可在破碎前进行预先筛分以及洗矿，筛下物进入洗矿脱泥系统，筛上物再次进入中碎机。

(五) 共振筛

共振筛也称弹性连杆式振动筛。共振筛的弹簧和筛箱组成一个弹性系统，该系统有自振频率，传动装置的强迫振动频率接近弹性系统的自振频率，使筛子在接近共振状态下工作，因此称为共振筛。振动过程中筛箱的动能和弹簧的弹性势能相互转化，因此功耗小。

共振筛的振幅大，筛分效率高，处理能力大，电耗小，结构紧凑，但机器质量大，制造工艺复杂，振幅难稳定，在选矿厂用得较少，在选煤厂应用广泛。

(六) 直线振动筛

图 9-14 为直线振动筛及双轴振动筛的工作原理，双轴振动筛的筛子只是在 x 轴方向振动，振动方向角一般为 45°，物料在筛面上的移动取决于筛子振动方向角，而不是依靠筛面倾斜，因而，直线振动筛的筛面可以水平安装。

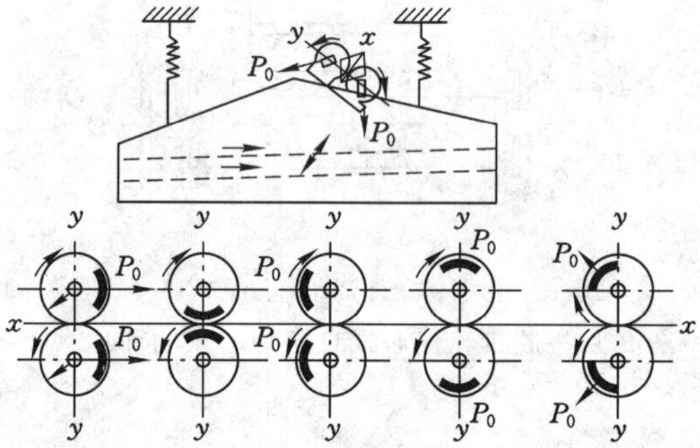

图 9-14　直线振动筛及双轴振动筛的工作原理

直线振动筛的筛分效率高，生产率大，可筛分粗块物料，安装高度小，对脱水、脱泥和重介质选矿脱介有利。但其缺点是结构比较复杂，制造和润滑要求高，振幅也不容易调整。

(七) 弧形筛和细筛

弧形筛是一种具有曲线筛面的湿式细粒筛分设备，分为压力给矿式和自流给矿式。图 9-15 为弧形筛的结构与工作原理图。矿浆以一定的速度沿切向进入筛子内表面，垂直流过筛条，受到筛条边棱的切割作用使矿浆层厚度逐渐变薄，达到分离效果。

弧形筛结构简单，工作可靠，分级精度高，产品粒度均匀，单位面积处理能力大，在煤炭、冶金、建材、化工等部门广泛使用，在选矿厂主要用于选别前的预先筛分和脱水、脱泥作业，主要缺点是筛面磨损快，采用尼龙筛条可增强抗磨性。

细筛是一种湿式细粒筛分设备，一般是指筛孔尺寸小于 0.4 mm、用于筛分 0.045～0.2 mm 以下物料的筛分设备；细筛工作原理与自流给矿式弧形筛相似，但细筛的筛面是平面而不是弧形，筛框用弹簧挂在筛体上，因此，筛面与水平倾角可调节；细筛的筛框背面有敲打装置，使筛孔不易堵塞。与弧形筛相比，细筛在筛分过程中具有富集作用，筛孔不易堵塞。细筛是黑色金属矿选矿厂很有前途的一种细粒分级设备。

二、筛分作业的分类和过程的评价指标

筛分是通过筛分设备将物料按照粒度进行分级的过程。筛分按照应用目的和作用场合分为五类，分别为预先筛分、检查筛分、准备筛分、独立筛分和选择筛分。

预先筛分是在粉碎前将物料中合格的细粒部分预先分出，增加设备的生产能力和工作

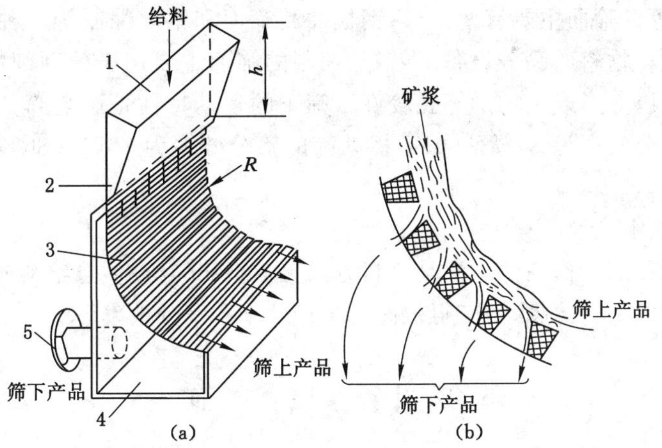

1—给料槽；2—排出口；3—筛面；4—筛下产品接收器；5—排矿管。

图 9-15　弧形筛结构与工作原理图

效率；检查筛分的作用是控制产物粒度，防止产物中的粗粒部分进入下一步作业，保证破碎的粒度符合要求；准备筛分是将物料制备成粒度较窄的供下一道工序使用的原料；独立筛分是筛分产物直接作为最终产品供给用户使用；选择筛分是为了进一步提高分选过程产物的质量，保证选矿厂最终产品的质量符合要求。

筛分作业好坏的评价指标分为数量指标和质量指标，其中数量指标是指筛子的生产率，即单位时间内给到筛子上的物料量；质量指标是指筛子的筛分效率，即通过筛分实际得到的细粒级别质量与入筛物料中所含有的粒度小于筛孔尺寸的那部分物料的质量之比，用百分数表示，计算公式为：

$$\eta=\frac{Q_1\beta}{Q\alpha}\times 100\%=\frac{\beta(\alpha-\theta)}{\alpha(\beta-\theta)}\times 100\%$$

式中　Q、Q_1——入料和筛下产物的质量，t；

α、β——入料和筛下物中小于规定粒度的细粒含量，%；

θ——筛上物中小于规定粒度的细粒含量，%。

三、筛分过程的影响因素

筛分过程的影响因素分为三类，分别是物料性质、筛分机工作参数以及操作条件等。

（一）物料性质

物料性质对筛分过程的影响主要分为物料的粒度组成、含水含泥量以及颗粒的形状。物料的粒度组成是最主要的影响因素，粒度小于筛孔尺寸 3/4 的颗粒容易透过筛孔，称为易筛颗粒，大于筛孔尺寸 3/4 的颗粒难以透过筛孔，称为难筛颗粒，物料粒度为筛孔尺寸的 1～1.5 倍的为阻碍粒；筛上的过粗颗粒可采取筛孔尺寸大的辅助筛预先排出，一般要求入筛的物料中最大的粒度不大于筛孔尺寸的 2.5～4.0 倍。物料含水含泥量多时会导致干筛的筛分效率下降，这时需要采用湿筛或者进行预先洗矿脱泥。颗粒的形状对筛分过程有一定影响，一般情况下，圆形的颗粒易于通过方形筛孔，长条形、板状和片状的颗粒容易通过长条形筛孔。

（二）筛分机工作参数

筛分机工作参数分为筛面种类、筛孔形状、筛孔尺寸、筛子的运动特性、筛子的长度和宽度、筛面的倾角等。筛面主要有棒条形、钢板冲孔筛面和钢丝编制等三种，其中前两种筛面主要用于处理粗粒物料的筛分设备上，钢丝编制的筛面主要用于处理细粒物料的筛分设备上。筛孔形状中以方形或长方形筛孔较好。筛子的运动特性是影响筛分效率的主要因素，其中固定筛的筛分效率为 50%～60%，摇动筛的筛分效率为 70%～80%，而振动筛的筛分效率高于 90%。

（三）操作条件

影响筛分过程的操作条件主要是给料方式，连续、均匀给料，且给料速度适宜，使物料沿整个筛面宽度铺成一层薄膜，可获得较高的生产效率和筛分效率。

第四节　磨　　矿

磨矿作业是矿石破碎过程的连续，通常在磨矿机中进行。磨矿机中装有介质，介质的种类决定了磨矿机的类型，若介质是钢球的磨矿机叫球磨机，介质为钢棒的磨矿机叫棒磨机，介质为砾石的磨矿机叫砾磨机，不外加介质，以自身矿石为介质的磨矿机叫自磨机。

磨矿作业可以干式进行，也可以湿式进行，但一般以湿式进行，且与分级设备组成闭路循环。磨矿产品的质量是矿石分选指标的重要影响因素，实际工作中通常以磨矿机运转率、磨矿机生产率、磨矿机比生产率和磨矿效率等来衡量磨矿作业的工作质量。

一、磨矿过程的基本原理

（一）磨矿机对矿石的粉碎作用

矿石在磨矿机中的粉碎是在冲击力和研磨力的联合作用下进行的。磨矿机运转时，筒体的旋转和摩擦力使磨矿介质沿着筒体上升的一侧升高，上升达到一定高度时，当颗粒自身重力（实际是重力的向心分力）大于离心力时就脱离筒体抛射下落，对矿石产生冲击力，同时，球磨机运转过程中磨矿介质还有滑动现象，对矿石产生研磨。磨矿机对矿石的粉碎作用如图 9-16 所示。

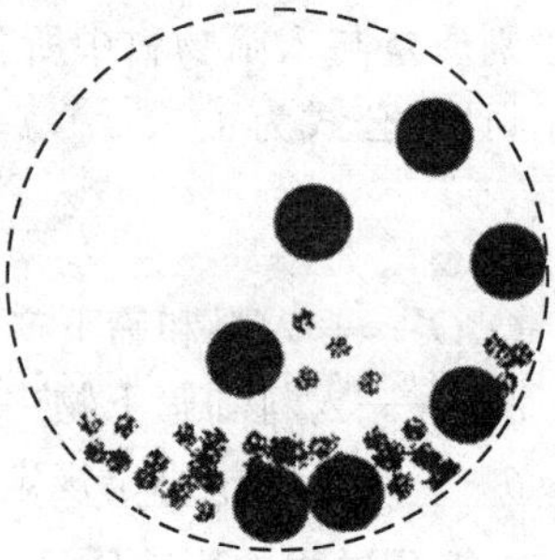

图 9-16　磨矿机对矿石的粉碎作用

（二）磨矿介质在筒体内的运动状态

滚筒球磨机内磨矿介质的运动状态主要取决于筒体的运转速度、介质充填率、磨矿机衬板的形状和磨矿机内矿浆浓度等，其中筒体的运转速度和介质充填率是最主要的影响因素。

介质充填率有一最佳范围，过高或过低都不利于磨矿效果。介质的最佳充填率与磨矿机结构、磨矿类型、操作条件以及研磨介质形状等有关。介质充填率有一极限装球率，介质充填率过高时介质中心部位的球只能蠕动，不能有效工作，同样，介质充填率过低时也不利于工作，例如，介质为钢球的球磨机，当介质充填率低于 40%时钢球沿筒壁内滑动十分严重，而介质充填率过低时钢球只能在筒体内壁的最低点附近跳动，也不利于工作。一般来说，球磨机的装球率为 40%～50%、棒磨机的为 35%～45%。

图 9-17 为磨矿机在三种转速时磨矿介质的运动状态。当低速运转时，磨矿介质提升的高度低，介质提升到一定高度后向下“泻落”，称为泻落式运动状态[图 9-17(a)]，这种方式磨

矿的冲击力小，研磨作用大。

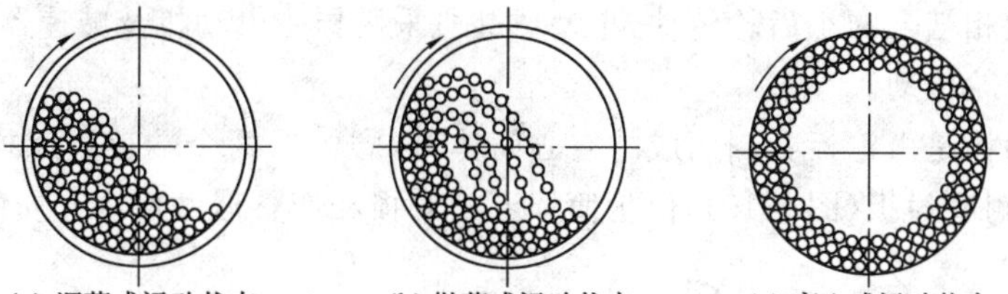

图 9-17 磨矿机在三种转速时磨矿介质的运动状态

当磨矿机的转速增加到一定程度时，介质达到一定高度后就以一定的初速度离开筒体，沿着抛物线轨迹向下“抛落”，这时介质的运动状态发生了质的变化，实践中将介质的这种运动状态称为抛落式运动状态[图 9-17(b)]，此时介质对矿石既有强烈的冲击作用，也有较强的研磨作用。

当筒体运转到一定速度之后，磨矿介质几乎是随着筒体做同心运动而不下落，这种运动状态称为离心式运动状态，此时介质对矿石无任何磨矿作用，称为磨矿机的非工作状态。在生产中，通常将最外层的磨矿介质做离心运动时的筒体转速称为临界转速。磨矿机正常工作时的实际转速为临界转速的 50%～90%。

二、磨矿设备

(一) 球磨机

球磨机的规格以筒体直径×长度表示。按排料方式，球磨机可分为格子型球磨机、溢流型球磨机和周边排矿型球磨机三类，生产中球磨机的类型主要有格子型球磨机和溢流型球磨机两种类型。

1. 格子型球磨机

格子型球磨机是由筒体、给矿端部、排矿端部和传动装置等部分组成。结构示意图如图 9-18 所示。

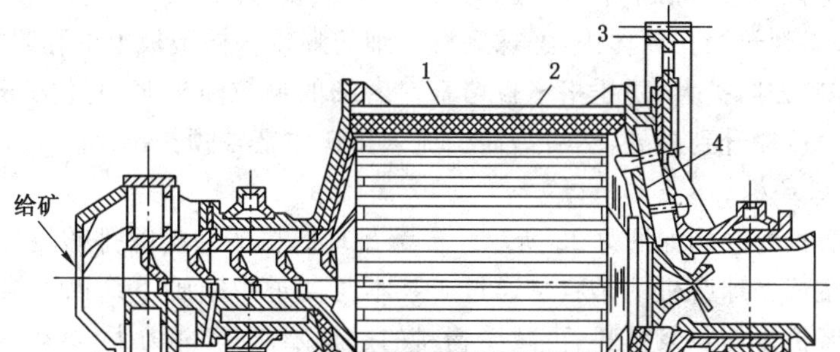

1—筒体；2—筒体衬板；3—大齿轮；4—排矿格子；5—给矿器。

图 9-18 格子型球磨机的结构

球磨机几乎都采用齿轮传动方式，大型球磨机采用低速同步电动机通过联轴节带动与筒体上的大齿轮相啮合的小齿轮传动，小型球磨机采用异步电动机及减速器传动，现代大型球磨机已有无齿轮传动。

球磨机的筒体是由钢板卷制而成的空心筒体，球磨机的两个端盖以螺栓连接在法兰盘上，筒壁上铺有耐磨衬板(图9-19)，保护筒体不被磨损和调整球磨机内介质的运动状态。

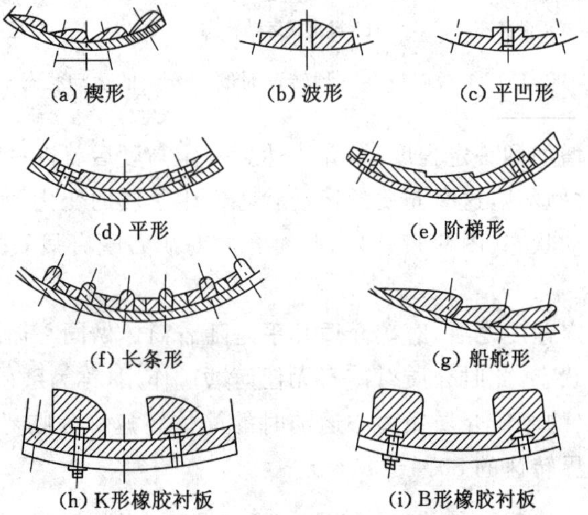

图9-19　衬板的常见形状

球磨机的给矿端由端盖、中空轴径和给矿器组成。中空轴径内带有螺旋叶片的轴颈内套，起到保护轴径和向球磨机筒体内推进矿石的作用。给矿器分为鼓式、蜗式和联合式三种(图9-20)，采用哪种给矿器取决于球磨机是开路作业还是闭路作业。鼓式给矿器适用于开路作业，且要求给矿点的位置较高；蜗式给矿器适用于两段磨矿的第二段球磨机给料；联合式给矿器适用于第一段闭路的磨矿机给料。

球磨机的排料端盖由格子板、端板和排矿中空轴颈组成(图9-21)。格子板相当于一个屏障，将钢球和粗颗粒挡在筒体内，经球磨机磨细的颗粒从格子板上的孔眼排出。孔眼的断面为梯形，向排矿方向扩大，防止格子板堵塞。磨细的颗粒随矿浆通过格子板进入扇形室，随着球磨机转动被提升到高处，然后沿筒壁流入排矿中空轴颈排出。

2. 溢流型球磨机

溢流型球磨机的结构如图9-22所示。溢流型球磨机的结构除排矿端外，其余与格子型球磨机相似。溢流型球磨机的排料是通过矿浆本身高过中空轴下缘而自流溢出的，无格子板。格子型球磨机为低料浆排料，可减少物料的过粉碎，生产能力大，磨矿效率高，适用于第一段磨矿；溢流型球磨机的结构简单，产品粒度较细，易于过粉碎，生产能力低于格子型球磨机，适用于第二段磨矿。

（二）棒磨机

棒磨机主要是利用圆棒滚动时产生磨碎和压碎作用将矿石压碎的。棒磨机分为溢流型棒磨机和开口型棒磨机两种，目前绝大部分为溢流型棒磨机。

溢流型棒磨机与溢流型球磨机的结构相似，区别在于前者的筒体长度与直径之比大，这有利于保证钢棒的顺利运动；前者的锥形端盖曲率较小，且内铺平滑衬板，直径相等时，前者

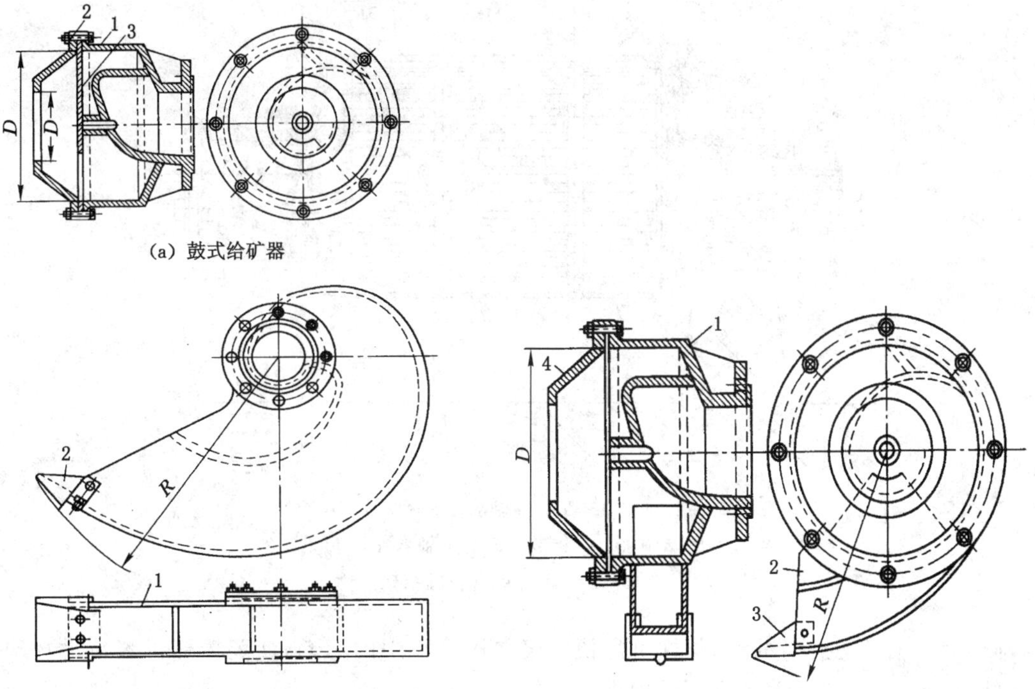

(a) 鼓式给矿器

(b) 蜗式给矿器

(c) 联合给矿器

1—给矿器机体;2—螺旋形勺子;3—勺头;4—端盖。

图 9-20　给矿器的构造

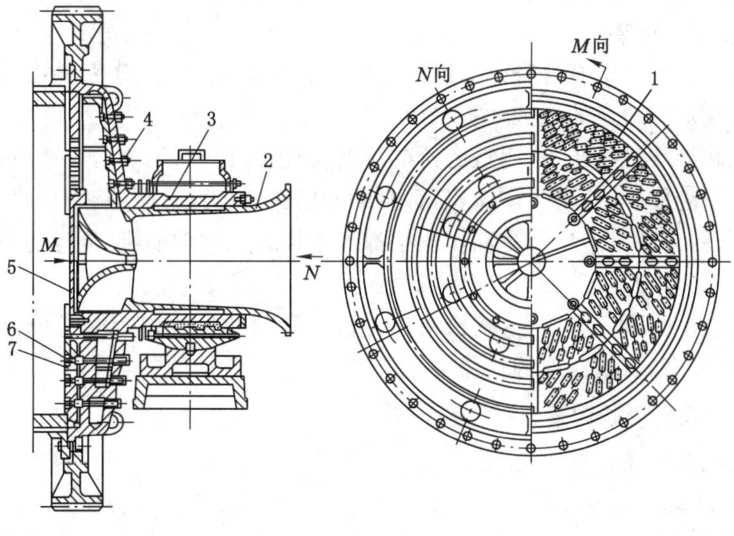

1—格子板;2—轴承内套;3—排矿中空轴径;4—簸箕形衬板;5—中心衬板;6—筋条;7—楔铁。

图 9-21　球磨机排料端盖

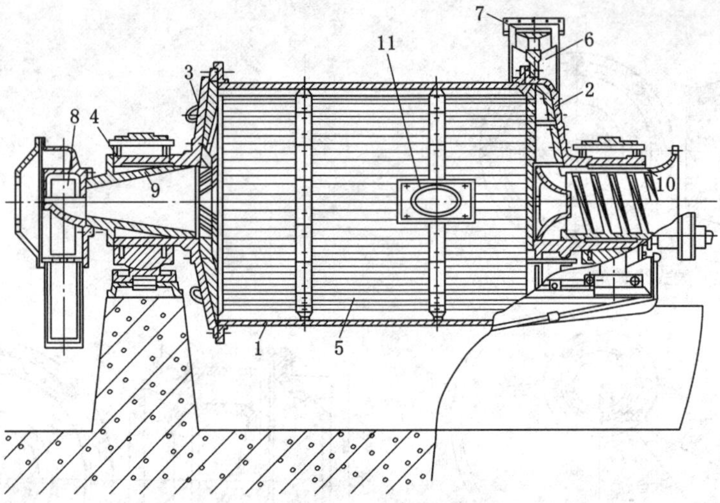

1—圆筒；2，3—溢流盖；4—主轴承；5—衬板；6—小齿轮；
7—大齿轮；8—给矿器；9—锥形衬套；10—轴承衬套；11—检修孔。

图 9-22　溢流型球磨机结构

的排料中空轴颈比后者的大，这样可加快矿浆在棒磨机中的运动，使装棒变得容易，检修时人可以经此出入，这样筒体可不设检查孔。

为了防止磨矿时磨矿介质钢棒歪斜产生乱棒现象，棒磨机的锥形端盖敷上衬板后的内表面为平的。棒磨机的产物粒度均匀，过粉碎现象少，常常开路工作，但棒磨机的利用系数低于相同筒体直径的球磨机，生产率也低于球磨机，且不适于用作细磨设备。棒磨机一般在第一段开路磨矿中用于矿石的细碎和粗磨。对于一些易于过粉碎的选矿厂，如钨矿、锡矿等选矿厂，为了防止过粉碎可采用棒磨机，在某些情况下也可代替圆锥破碎机进行细碎。

（三）自磨机和砾磨机

自磨机是以被粉碎矿石自身作为磨矿介质进行磨矿的设备，分为湿式和干式两种。干式自磨工艺仅在水源缺乏的地区才被采用。

与球磨机和棒磨机相比，自磨机的给矿粒度大，破碎比大，用一台自磨机就可完成中碎、细碎和粗磨三个阶段，简化了生产流程，且自磨的钢耗低、对后续的选别作业无铁污染，物料的泥化程度轻，但自磨机的生产率和作业率都低于棒磨机和球磨机，能耗还高于棒磨机和球磨机。

砾磨机的磨矿介质为砾石，其机械结构与格子型球磨机相似，磨矿比与球磨机相近，但前者能够降低钢耗和后续作业的铁污染。

三、磨矿过程的影响因素

磨矿过程的影响因素分为以下几方面。

（一）磨矿机的生产率

磨矿机的生产率与给矿粒度、产物粒度以及给矿的硬度有关。显然，矿石的硬度越大，可磨性越小，磨矿机的生产率就越低。给矿粒度越粗，磨到一定细度所需的时间就越长，生产率就越低，因此，在实践中应推行“多碎少磨”。

（二）待磨物料的性质

待磨物料的性质包括矿石的可磨性、粒度组成、黏土质的含量、矿石的成分和密度等。矿石的可磨性越高，磨矿机的生产率就越高；自磨过程中给矿粒度不大且大块比例小时不利于自磨过程进行，但给矿粒度过大以及过大块比例过高也会降低生产率，因此，自磨机给矿一般应进行配矿；给矿中几种矿物机械力学性质差异大有利于磨矿以及选择性磨矿；适当黏土质的存在有利于磨矿过程进行，但是含量过高时会减弱磨矿介质的冲击力，反而不利于磨矿过程进行。

（三）磨矿机结构的影响

格子型球磨机、溢流型球磨机和溢流型棒磨机的生产率依次降低。同类型的磨矿机，功率消耗以及生产率与直径和长度有一定函数关系，长度影响磨矿细度，且磨矿机的长度和直径之比应适应；现在磨矿机长度有增大的趋势，大规模的选矿厂趋向于用大型磨矿机。衬板磨损后介质充填率降低，导致生产率下降，这种情况下应增加介质，以增加生产率。

（四）磨矿机的临界转速和转速率

超过临界转速时，介质在磨矿机内做离心运动，不利于磨矿作用，经推导，磨矿机的临界转速 n_c 与直径 D 或半径 R 有关，具体关系为：

$$n_c = 30/(R)^{0.5} = 42.3/(D)^{0.5}$$

转速率 φ 为磨矿机的实际转速与临界转速之比，其值与脱离角 α（钢球开始抛落时已经升到的位置）的关系为：

$$\varphi = (\cos\alpha)^{0.5}$$

在临界转速以内工作时，当介质充填率一定时，适当提高转速率是提高生产率的方法之一，但这样会增加磨损，振动也会加强，应考虑传动部件的强度以及电动机负荷等情况。目前，球磨机的临界转速率为 66%～85%，棒磨机的为 50%～70%，自磨机的为 66%～70%，砾磨机的为 77%～85%。

（五）磨矿介质的填充率和料球比

磨矿介质的填充率有最佳的范围，通常球磨机的介质填充率为 40%～50%，棒磨机的为 35%～45%，自磨机的磨矿介质是矿石本身，填充率为 25%～40%，砾磨机的最佳填充率为 43%左右。棒磨机和球磨机都有最佳的料球比，若料球比过小则会降低磨矿机的处理量，增加钢耗；若料球比过大则影响介质的运动和物料在磨矿机中的流通，降低磨矿机的处理量。通常情况下，球磨机的最佳料球比为 0.8～1.6，棒磨机比球磨机高一些。

（六）合理配球和补球

矿粒直径与其所需要的钢球直径之间存在对应关系，粗细不等的粒级应配以直径不同的钢球。磨矿时磨矿介质量逐渐减小，需定时添加几种不同尺寸的钢球，保证介质量和原来的配球比稳定不变。

（七）磨矿浓度

磨矿机中矿石的质量占整个矿浆质量比的百分数称为矿浆浓度，一般通过调节入磨补加水来调节。矿浆浓度越大，溢流型磨机的排矿粒度就越粗，但对格子型球磨机的影响较小，自磨机的矿浆浓度比球磨机和棒磨机低些；给矿粒度粗、密度和硬度大的矿石可用高浓度的矿浆，细磨或密度较小的矿石可用低一些的矿浆浓度；磨矿机转速提高时可用较低的矿浆浓度。

(八) 分级返砂比

与磨矿机组成闭路工作的分级机对磨矿过程有很大影响。分级效率高则磨矿机生产率也高,返砂过低作用不明显,返砂过多会使磨矿机堵塞。分级循环返砂比一般是通过调节磨矿机排矿补加水量来调节的。

此外,磨矿机给料应该连续、均匀,给矿量少容易引起磨矿机内出现空打现象,导致磨矿机磨损过大,给矿量过多容易引起磨矿机的"涨肚"。

第五节 分　级

分级是将粒度不同的物料按沉降速度的不同分为若干个粒度相近的窄级别的过程,分为干式分级(以空气为介质)和湿式分级(以水为介质),其中湿式分级是选矿厂常用的分级方式。

分级与筛分不同,筛分是严格按照几何粒度进行分离的,不受密度的影响,而分级是与密度和粒度密切相关的,在分级所得的同一级别中,既有密度大的小颗粒也有密度小的大颗粒,经常出现粗、细夹杂的现象。磨矿过程中的分级作业将物料分为粗、细两部分,其中细粒部分称为溢流,粗粒部分称为沉砂或返砂。

溢流产品的粒度就是分级作业的分级粒度。在分级中还常用到分离粒度,所谓分离粒度是指进入沉砂和溢流中的概率各为50%的粒度。在理想情况下,大于分离粒度的颗粒全部进入沉砂,小于分离粒度的颗粒全部进入溢流,但由于设备和操作等方面的原因,会出现粗细混杂的情况,该程度越严重说明分级精度越低,分级效果越不理想。

分级效果的评价指标分为分级的量效率和质效率,其中,分级的量效率的计算公式为:

$$\varepsilon=\frac{\beta(\alpha-\theta)}{\alpha(\beta-\theta)}\times 100\%$$

分级的质效率的计算公式为:

$$E=\frac{(\alpha-\beta)(\beta-\alpha)}{\alpha(\beta-\theta)(100-\alpha)}\times 100\%$$

式中,α、β、θ 分别为分级作业的给料、溢流和沉砂中小于某一粒级的质量百分数。

一、螺旋分级机

螺旋分级机经常与磨矿构成闭路作业,及时分出粒度合格的产物,还可用于洗矿和矿浆的脱泥脱水。

螺旋分级机工作时矿浆从槽旁侧进入,在槽的下部形成沉降分级区,粗粒沉到底部被螺旋向上推送而排出,细粒则随矿浆经溢流排出。螺旋分级机的规格以直径表示,分为高堰式、低堰式和浸入式(也称沉没式)三种类型。

高堰式螺旋分级机的溢流堰高于下端螺旋轴的中心,低于螺旋叶片的上缘,沉降区面积大于低堰式螺旋分级机,适用于较粗颗粒的分级,分级粒度多在0.15 mm以上,一般在第一段磨矿中使用。低堰式螺旋分级机的沉降区面积小,主要用于含泥矿石的洗矿,不适用于分级,在磨矿分级中很少使用。浸入式螺旋分级机的分级面平稳,溢流产量高,粒度细,适用于细粒矿物的分级,分级粒度在0.15 mm以下,在第二段磨矿中与磨矿机构成闭路作业。

螺旋分级机分级效果的影响因素分为设备结构、矿石性质和操作因素。

螺旋分级机槽内分级面积是分级机处理量和分级粒度的决定性因素，分级区面积与处理量成正比、与分级粒度成反比。

矿石性质的影响主要包括矿石的密度、粒度组成和含泥量。给料中含泥量大或细粒含量多会导致矿粒沉降速度慢、溢流产物粒度变粗，这种情况下可适当增加补加水，或预先洗矿脱泥。浓度和其他条件相同时分级密度越小，则矿浆黏度越大，溢流产物粒度越粗，因此，分级密度大的矿石应适当增加分级浓度，反之降低分级浓度。

操作因素中比较重要的是矿浆浓度，实际生产中通常是通过控制矿浆浓度来控制分级溢流粒度的。

螺旋分级机结构简单，操作方便，易与直径小于 3.2 m 的球磨机构成闭路作业，返砂含水量少，但比水力旋流器占地面积大，基建投资高，分级效率低，在大型选矿厂，尤其是细磨阶段，有被水力旋流器取代的趋势，

二、水力旋流器

水力旋流器的结构如图 9-23 所示。水力旋流器的上部呈圆柱形，下部呈圆锥形，圆柱体的中央插入一根溢流管，上部外侧有一根与其相切的进浆管，矿浆由进浆管进入旋流器，粗粒在离心力和重力的作用下被甩向器壁，从底部的沉砂口排出；细粒被朝向中心且运动方向向上的涡流携带从溢流管排出。

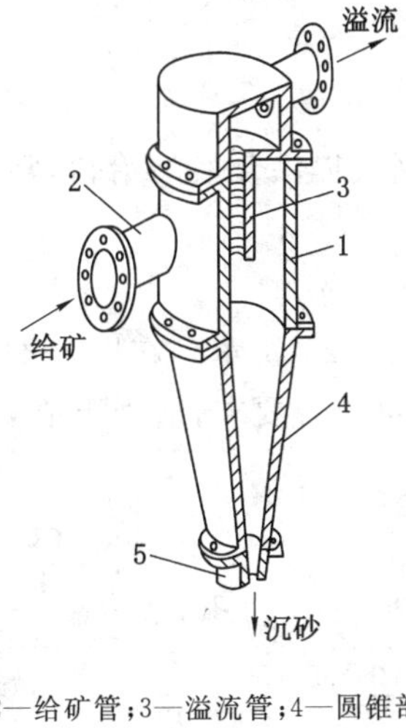

1—圆筒部分；2—给矿管；3—溢流管；4—圆锥部分；5—沉砂口。

图 9-23　水力旋流器构造示意图

水力旋流器直径对分离粒度和处理量有重要影响。水力旋流器的处理量正比于直径的平方，而分离粒度正比于直径的平方根，因此，生产中以大直径的水力旋流器处理粗粒颗粒，以小直径的水力旋流器处理细粒颗粒，用多个水力旋流器构成机组来满足处理量的需要。

给矿口直径、溢流管直径和沉砂口直径对水力旋流器的工作影响也比较大。给料压力直接影响处理量，对分级粒度影响较小，一般来说，要求分级粒度大时用直径大、给料压力低的水力旋流器，反之用直径小、给料压力大的水力旋流器，在分级过程中给料压力必须保持稳定。

水力旋流器结构简单，处理量大，占地面积小，投资费用少，分级效率高，在适合选别要求的溢流浓度下可获得很细的溢流产品，但设备的磨损严重，要求给矿、粒度和压力稳定，扬

送矿浆能耗大，常用于第二段磨矿循环中的分级设备。在大型选矿厂，水力旋流器可与一段球磨机构成闭路磨矿作业；水力旋流器也可用作分级粒度小于 15 μm 的浓缩脱水作业，还可用于非金属矿物原料的选别作业。

三、细筛

细筛是严格按照颗粒几何尺寸进行分级的设备，与螺旋分级机和水力旋流器相比，细筛可消除密度对分级的影响，减少粗细混杂的情况，减少重矿物在返砂中的积累和循环负荷，提高球磨机处理能力和减少磨矿产品的过磨泥化。在磨矿循环中细筛作为分级设备可取代螺旋分级机和水力旋流器，特别是处理有用矿物与脉石矿物密度差异较大的矿石时，细筛与磨矿构成闭路作业优于螺旋分级机和水力旋流器。

第六节　破碎与磨矿流程

一、破碎流程

实践中，破碎设备与筛分设备配合并将不合格的粗粒产品返回破碎机进行再次破碎的系统称为闭路破碎系统，破碎产品不经过筛分或不返回破碎的系统称为开路破碎系统。一台破碎机（磨矿机）与其辅助设备构成一个破碎（磨矿）段，包括几个破碎（磨矿）段的流程称为几段破碎（磨矿）流程。

（一）一段破碎流程

一段破碎流程一般用来为自磨机提供合格的给料，常与自磨机构成系统。该工艺流程简单，设备少，占地面积少。

（二）两段破碎流程

两段破碎流程的基本形式如图 9-24 所示。在图 9-24 所示的两种流程中，两段一闭路流程最常见，可保证破碎产物的粒度符合要求，适用于地下采矿粒度不大或第二段采用破碎比较大的反击式破碎机的情况。

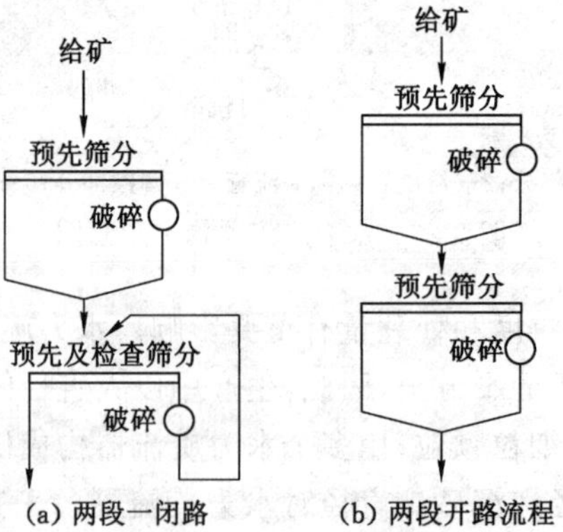

图 9-24　常用的两段破碎流程

与两段一闭路流程相比，两段开路流程应用较少，只在某些重选厂将破碎产物直接送到棒磨机磨矿时才采用。

（三）三段破碎流程

三段破碎流程基本形式如图 9-25 所示。三段一闭路流程获得了广泛的应用；磨矿要求不严格或磨矿段的粗磨采用棒磨机以及处理含水含泥较高的物料时采用三段开路流程。

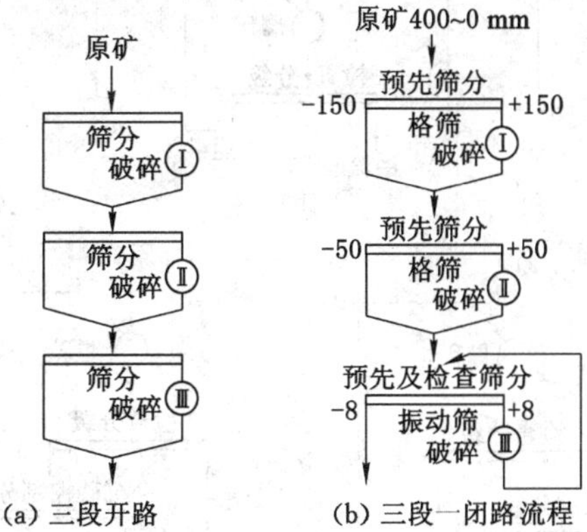

图 9-25 常用的三段破碎流程

（四）带有洗矿作业的破碎流程

洗矿作业一般设在粗碎前后，图 9-26 为某矽卡岩型铜矿的带有洗矿作业的三段一闭路破碎流程。当给料含泥（−3 mm）量超过 5%～10%和含水量大于 5%～8%时应在破碎流程中增加洗矿作业，这是因为细粒会结团，恶化破碎过程；由于原矿性质不同，洗矿方式和洗出的洗泥处理方式不同，因而，带有洗矿作业的破碎流程有多种形式。

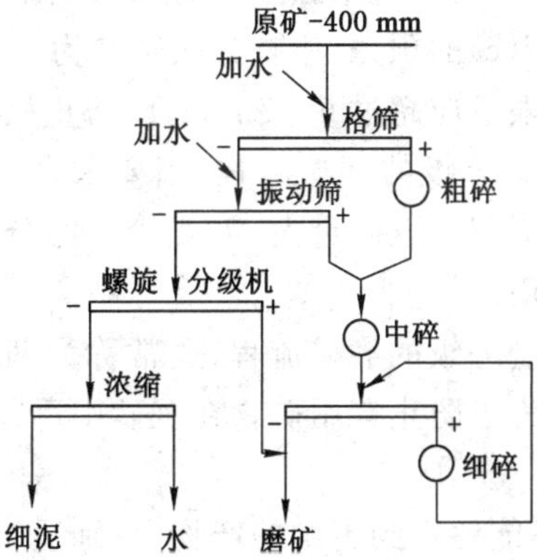

图 9-26 某矽卡岩型铜矿的带有洗矿作业的三段一闭路破碎流程

二、球磨棒磨流程

选矿厂中，分级作业和分级返砂所进入的磨矿作业组成一个磨矿段，所有磨矿段的总和构成磨矿分级流程，简称磨矿流程。

（一）一段磨矿流程

一段破碎流程的破碎产物粒度小，磨矿任务轻，−0.074 mm 含量不超过 70%时一般采用一段磨矿流程。一段磨矿流程常见的类型如图 9-27 所示。

图 9-27(a)为带有检查分级的磨矿流程，该流程应用最广泛，应用于入料粒度粗且所含

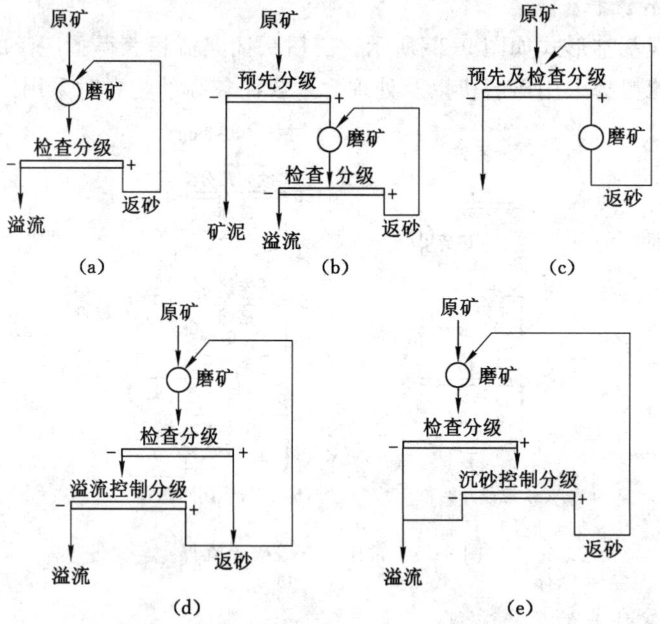

图 9-27　常见的一段磨矿流程

合格细粒矿物不多时的情况。

图 9-27(b)为带有预先分级和检查分级的磨矿流程，给料中含合格细粒含量大于 15％或必须将矿石中的原生矿泥或可溶性盐单独处理时采用该流程。当原生矿泥和可溶性盐类没必要单独处理时采用图 9-27(c)的预先、检查分级合二为一的流程。预先分级一般在机械分级机中进行，其给矿粒度上限不应超过 6～7 mm，以防止机械严重磨损。

图 9-27(d)为带有溢流控制分级的磨矿流程，当要求在一段磨矿的条件下获得较细的溢流产品时采用该流程，这种流程的返砂量大，需要较大的分级面积，容易造成给矿粒度不均匀，在大中型选矿厂极少使用。

图 9-27(e)为带有沉砂控制分级的磨矿流程，通常称为两段分级工艺，当原矿中有用矿物与脉石矿物密度差异大时，为了防止有用矿物在沉砂中反富集可采用这种流程。

(二) 两段磨矿流程

两段磨矿流程突出特点是能够得到更细的产物，特别适于阶段处理。在大中型选矿厂，当磨矿细度要求－200 网目占 80％以上时采用二段磨矿流程较合适，该磨矿流程的粒度组成均匀，较少出现过粉碎现象。

图 9-28(a)和(b)是第一段为开路的两段磨矿流程，不同之处是前者的预先分级和检查分级合在同一作业，而后者是分开的。原料中含有大量原生矿泥且需要单独处理时采用图 9-28(b)所示流程，第一段开路作业一般用棒磨机，图 9-28(a)和(b)所示流程所需分级面积小，流程调节简单，但为了使第一段开路的棒磨机能有效工作，第二段磨矿机容积需要比第一段大 50％～100％，且棒磨机的排矿粒度较粗，浓度大，输送到第二段磨矿比较困难，设备配置和管理不方便。图 9-28(c)属于两段都是闭路的磨矿流程，用于处理硬度大、矿物嵌布粒度细的矿石，以及磨矿细度小于 0.15 mm 或者更细的大、中型选矿厂，这种流程要求合理分配两段磨矿机的容积，或者合理分配两段磨矿机的负荷，否则会降低磨矿的生产能力，是

应用最广泛的两段磨矿流程。

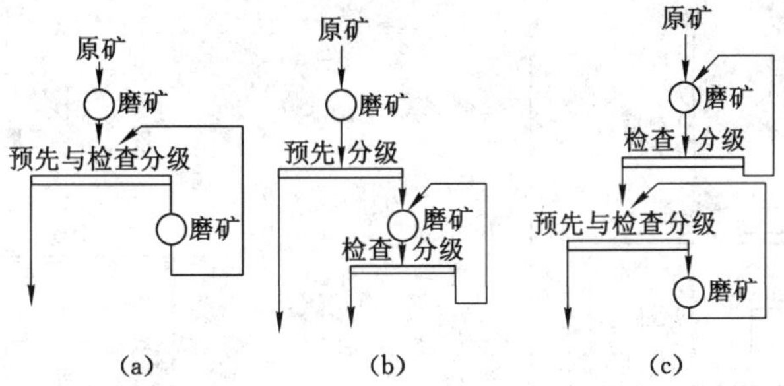

图 9-28　常见的两段破碎流程

三、自磨流程

自磨工艺分为干磨和湿磨两种，选矿厂多采用湿磨。

（一）一段自磨流程

图 9-29 为一段自磨流程。原矿破碎后的产物按照一定的粗细比给入自磨机，自磨后的细粒部分成为合格产品，粗粒返回到自磨机。这种流程适用于有用矿物嵌布粒度较粗、硬度中等的均质矿石，产物中－200 网目含量一般为 50%左右。

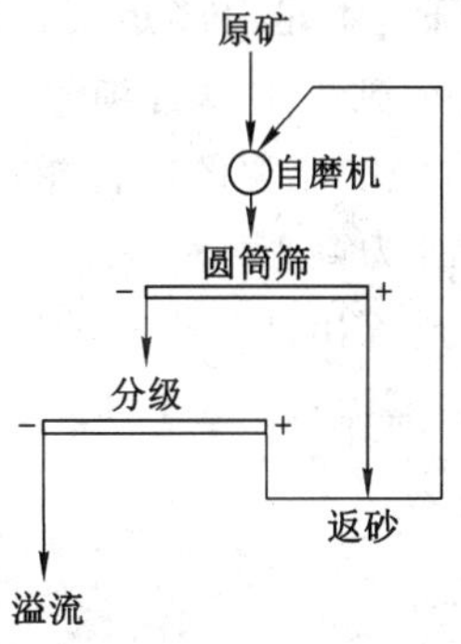

图 9-29　一段自磨流程

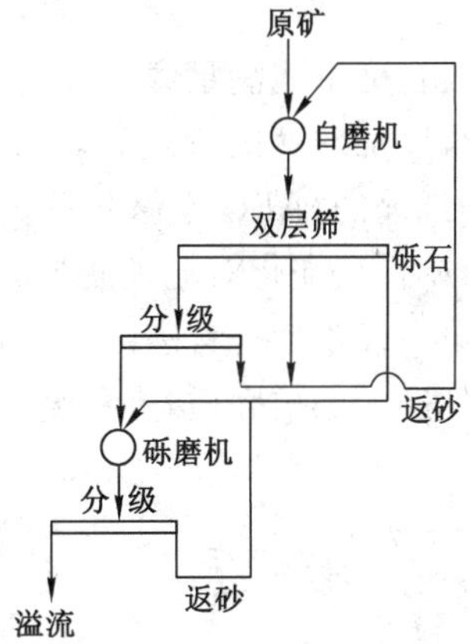

图 9-30　两段全自磨流程

（二）两段自磨流程

磨矿产物中－200 网目含量超过 70%时采用两段自磨流程，分为两段全自磨流程和两段半自磨流程。

1. 两段全自磨流程

两段全自磨流程如图 9-30 所示，两段全自磨流程是指第一段用自磨机粗磨，第二段的细磨采用砾磨机。该流程不需要钢球，费用低，自磨机排出的难磨颗粒可作为砾磨机的磨矿介质，但砾磨机的容积要远大于球磨机，此外，自磨机排出的难磨颗粒的数量不宜过大，否则还要返回自磨机再磨，导致流程复杂，影响自磨效果，为解决该问题，出现了自磨、砾磨加细碎的所谓“APC”流程，如图 9-31 所示，该流程中增设细碎作业可将破碎回路中过量的砾石破碎以及消除返回自磨机的物料中小于砾石尺寸的难磨颗粒，破碎产品再返回自磨机。该流程适用于处理硬度高、结构致密和有用矿物嵌布粒度细的物料。

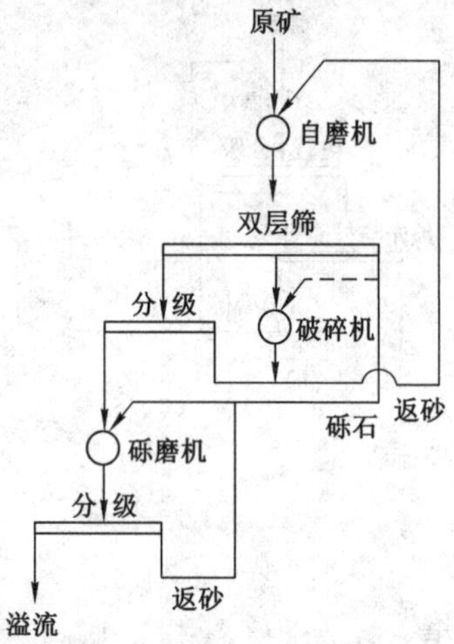

图 9-31　自磨、砾磨加细碎的磨矿流程

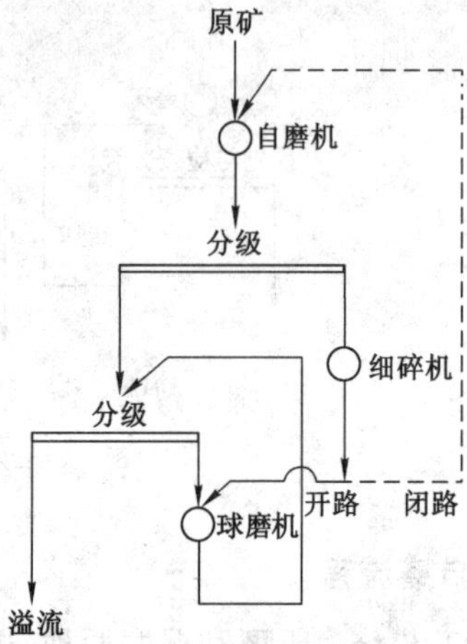

图 9-32　自磨、球磨加细碎的磨矿流程

2. 两段半自磨流程

该流程是指有一段采用自磨，另一段采用常规的磨矿，可以是自磨加球磨，或者棒磨加砾磨的形式。

当一段自磨不能满足磨矿细度要求，同时自磨产生的砾石不足以满足第二段砾磨的要求时采用自磨加球磨的形式。若自磨中存在难磨颗粒，可在流程中设置细碎作业，变为自磨、球磨加细碎的“ABC 流程”(图 9-32)，该流程与球磨加自磨的流程的电耗相近，但钢球能耗降低，原矿性质变化对流程波动的影响较小，自磨机生产能力高。

对于第一段不适合自磨的矿石，可先将矿石破碎并筛分，筛出部分粗粒的砾石作为第二段砾磨机细磨的磨矿介质，这种流程即为棒磨＋砾磨的半自磨流程。

思　考　题

1. 粉碎过程的基本原则是什么？
2. 矿石的粒度如何表示？
3. 粗碎作业一般用什么类型的破碎机？试比较它们的结构与工作原理。
4. 简述中细碎圆锥破碎机的结构和工作原理。
5. 工业生产中使用的筛分设备有哪些？其机械结构和工艺性能各有什么特点？
6. 画出选矿生产中常用的破碎流程。
7. 常用的磨矿设备有哪些？其机械结构和工艺性能各有什么特点？
8. 简述球磨机的结构和工作原理。
9. 常见破碎和磨矿流程有哪几种？各有什么特点。

第十章　浮游选矿

浮游选矿简称浮选，是借助于矿物表面物理化学性质差异，并通过特定的浮选药剂扩大矿物间的物理化学性质差异，在固-液-气三相界面，有选择性地富集一种或几种目的矿物，实现有用矿物和脉石矿物分离的一种选矿方法。

浮选是浮游选矿的简称，所借助的物理化学性质差异主要是指润湿性的差异，疏水性矿物随气泡上浮而亲水性矿物留在矿浆中。根据上浮矿物的种类差异，浮选可分为正浮选和反浮选，正浮选是指有用矿物随泡沫上浮成为泡沫层，而脉石矿物留在矿浆中；反浮选是指上浮的矿物为脉石矿物，而有用矿物亲水而不上浮，除特殊说明，一般的浮选是指正浮选。

在矿物加工分选工艺中，浮选是发展历史悠久、分选效率高、应用最广泛的分选技术。大规模的浮选是在19世纪末逐步发展起来的，先后经历了全油浮选、表层浮选和泡沫浮选三个阶段，其中前两种方法生产能力小，分选效果差，油、药剂耗量大，都未得到大规模应用。泡沫浮选是目前主要的浮选方法，首次是在澳大利亚用于处理含锌20%的重选尾矿，近年来，浮选取得了长足的进展，在化工、建材、环保、农业和医药等领域取得了广泛应用。浮选发展过程中，浮选药剂的应用和持续发展起到了巨大作用，因为浮选药剂的出现使过去难浮的矿物变得易浮或可浮，此外，浮选药剂可以有目的地扩大矿物间的可浮性差异，调控浮选溶液环境，为矿物的浮选分离提供基础保障。

浮选分选效率高，适用于贫、细、杂难选矿石，但经浮选处理的物料需要较细的磨矿细度，且浮选中需要使用各种药剂，成本较高，同时，浮选药剂易造成环境污染，因此，寻找经济、环保、高效的浮选药剂对降低浮选经济成本以及工艺进步具有重要意义。

第一节　浮选基础理论

矿物浮选的基础理论包括：矿物表面的润湿性与可浮性、矿物表面电性与可浮性、矿物表面的吸附理论。

一、矿物表面的润湿性与可浮性

润湿是自然界中常见的现象，通常把水在矿物表面上展开与不展开的现象称为润湿和不润湿现象，在浮选过程中，矿物表面的润湿性是指矿物颗粒与水相互作用的强度。

不易被水润湿的表面称为疏水性表面，所对应的矿物为疏水性矿物，如石墨、滑石、辉钼矿等；易被水润湿的表面称为亲水性表面，所对应的矿物为亲水性矿物，如云母、石英等。

图10-1是水滴和气泡在不同矿物表面的润湿程度，图中矿物上面的圆形部分表示空气中的水滴，矿物下面的圆形部分为水中的气泡，由图所示，从左到右矿物表面的疏水性增强，水滴在矿物表面越来越难铺展，逐渐变成球形，即矿物与水的相互作用减弱，亲水性变弱，而图中矿物下面的气泡从左到右的变化趋势与水滴相反，从左到右气泡在矿物表面展开而成扁平状，与矿物结合越来越牢固，附着性越来越强，疏水性变强。

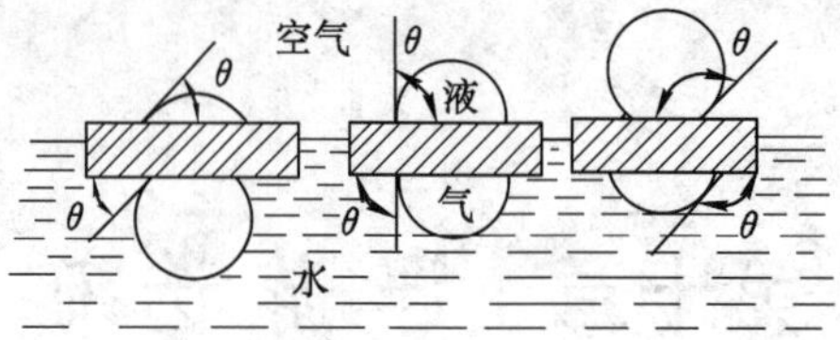

图 10-1　水滴和气泡在不同矿物表面的润湿程度

如何有效调控矿物颗粒表面的润湿性差异是浮选的重要问题。矿物的润湿性程度常用接触角来衡量。矿物与气泡接触达到平衡时，固-液-气三相接触边称为润湿周边；所谓接触角，是指在润湿周边上任意一点，沿液-气界面（水滴或气泡）做切线，与固-液界面切线之间的包含液体部分的夹角，以 θ 表示，如图 10-2 所示。很显然，θ 值越大，矿物表面的疏水性越强，反之，亲水性越强。在接触过程中，润湿周边是可以移动的，当变化停止时三相界面的自由能达到平衡，此时的接触角称为平衡接触角，一般情况下，除非特殊说明，接触角均是指平衡接触角。

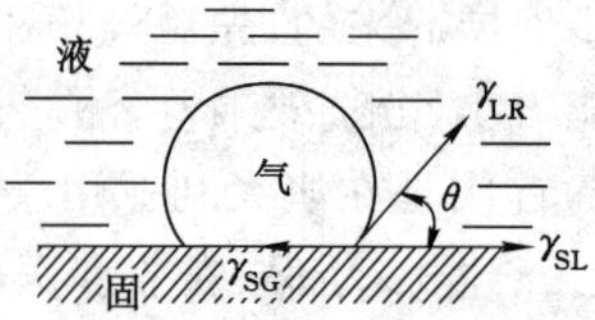

图 10-2　气泡在水中与矿物表面相接触平衡时的平衡关系

根据杨氏方程，当固-液-气三相界面张力达到平衡时，存在如下数学关系式：

$$\gamma_{SG} = \gamma_{SL} + \gamma_{LG}\cos\theta \tag{10-1}$$

或

$$\cos\theta = (\gamma_{SG} - \gamma_{SL})/\gamma_{LG} \tag{10-2}$$

式中　γ_{SG}——固-气界面自由能；

γ_{SL}——固-液界面自由能；

γ_{LG}——液-气界面自由能。

式(10-2)是润湿的基本方程，也称润湿方程。润湿方程表明，接触角不仅与固体性质有关，而且还与液相、气相性质有关。其中，$\cos\theta$ 称为矿物表面的润湿性，可用于大致评价矿物的润湿性和可浮性，显然，亲水性强的矿物的接触角小，比较难浮，疏水性强的矿物的接触角大，比较易浮。

经推导，矿物与气泡的黏着功（记为 W_{SG}）可由下式计算：

$$W_{SG} = \gamma_{LG}(1 - \cos\theta) = -\Delta G \tag{10-3}$$

式中，ΔG 表示黏着单位面积时黏着前后体系自由能的变化，表征矿物颗粒与气泡的牢固程度。$(1-\cos\theta)$称为矿物的可浮性，因此，当矿物表面疏水性提高，接触角增加，润湿性 $\cos\theta$ 降低，可浮性$(1-\cos\theta)$增加，矿物就越容易黏着于气泡上浮。

接触角通常是由仪器测定的，而不是通过测定各种界面自由能来测定的，相反，可通过测定接触角来计算某些难测界面的自由能。接触角测定方法主要有角量度法、长度测定法、重量测量法和浸透测量法等，其中角量度法是直观的测量方法。

二、矿物表面的电性与可浮性

整体呈中性的溶液体系中，由于受水偶极子作用和溶质作用，矿物表面会带一种电荷。矿物表面电荷的存在影响溶液中离子的分布，导致带相反电荷的离子被吸引到矿物表面附近，而带相同电荷的离子会排斥到远离矿物表面的地方，这样就会导致固-液界面附近区域产生电位差，这种在界面两边分布的异号电荷的两层体系称为双电层。

（一）矿物表面电性的起因

水溶液中矿物表面荷电的原因主要有以下几种：

(1) 优先解离(溶解)。离子型矿物的正、负离子的表面结合能以及所受水偶极子作用力或水化力的不同会导致非等量离子向水中转移，使矿物表面荷电。当正离子溶解能力强于负离子时正离子会优先进入水溶液中，这样固体表面荷负电，如萤石；反之矿物表面荷正电。

(2) 优先吸附。矿物表面对电解质阴离子、阳离子的吸附能力不同会引起阴、阳离子的不等量吸附，使矿物表面荷电，例如，白钨矿溶液达到饱和平衡后白钨矿表面荷负电，如果向溶解中添加钙离子，钙离子会优先吸附于白钨矿表面，使白钨矿表面的电性由负变正。

(3) 吸附和电离。难溶的氧化物或硅酸盐类矿物，表面吸附氢离子或氢氧根离子后形成酸类化合物，部分电离后矿物表面荷电，或形成羟基化表面，吸附或解离氢离子后荷电，以石英为例，首先，石英晶格破裂：

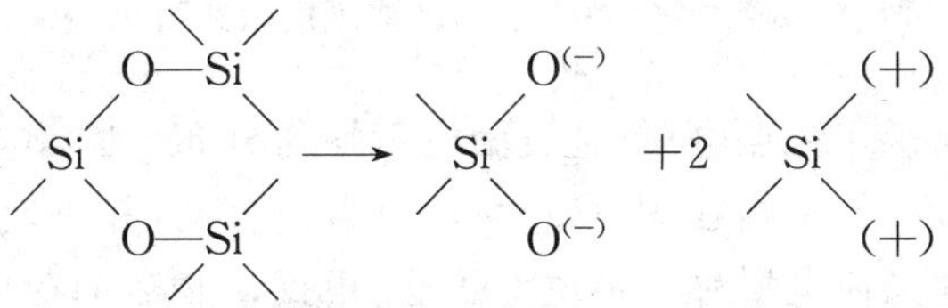

上述化合物吸附水中的 H^+ 和 OH^-，如下所示：

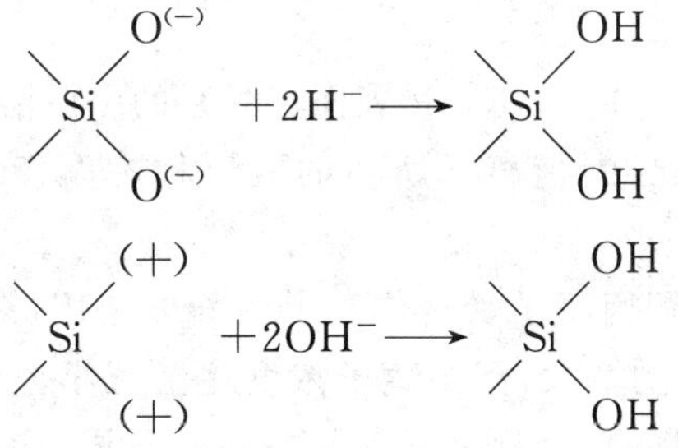

在上述基础上，形成类似于弱酸的硅酸，在水溶液中发生电离：

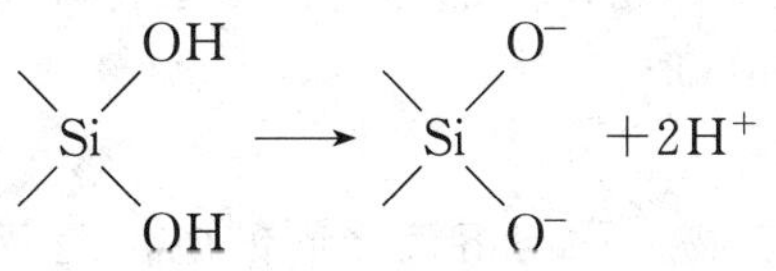

石英表面的硅酸解离程度与溶液的 pH 值有关，当水中 pH 值大于 2～3.7 时石英表面带负电，当 pH 值小于 2～3.7 时石英带正电。

(4) 晶格取代。矿物破裂、键断裂会使矿物晶格节点上缺乏某种离子或非等量的类质同像交替间隙原子、空位等，使矿物表面的电荷不平衡，从而导致矿物表面带电。例如，黏土矿物、云母等由铝氧八面体和硅氧四面体的层片状晶体构成，在铝氧八面体的层片中，其中的铝离子被低价的镁离子或钙离子取代，或硅氧四面体层片中的 Si^{4+} 被 Al^{3+} 取代，都会使晶格带负电。为了维持电中性，矿物表面必须吸附某些正离子，如钠离子或钾离子，在溶液中碱金属离子会因水化而从矿物表面进入溶液，从而使矿物表面带负电。

（二）固-液界面的双电层

1. 双电层的结构

对于双电层，不同的学者经过长期多方面的研究，提出了多种模型，在浮选中，固-液界面的双电层可用斯特恩双电层模型表示，如图 10-3 所示。

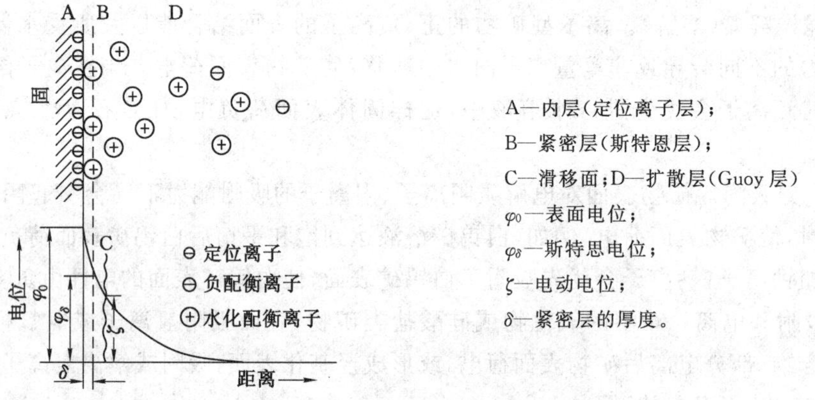

图 10-3　矿物颗粒的双电层示意图

双电层模型中将离子作为点电荷，且表面电荷均匀分布。图 10-3 中的 A 层为内层，或定位离子层。所谓定位离子是指在固-液界面可以自由移动，并决定固相表面电位的离子，定位离子所在的矿物表面荷电层称为定位离子层；根据矿物表面荷电机理，氧化矿、硅酸盐类矿物的定位离子为氢离子或氢氧根离子，对于离子型矿物、硫化矿物，定位离子为组成矿物晶格的同名离子。

定位离子层在矿物表面，那么，与矿物表面相联系的一层溶液中起电性平衡作用的反号离子称为配衡离子或反离子，配衡离子所在的液层称为配衡离子层、反离子层或双电层外层。

正常的电解质浓度下，配衡离子受定位离子的静电作用，在固-液界面附近呈扩散状分布，随着离开固-液界面距离的增大，配衡离子浓度逐渐减小，直至为零，靠近固体表面的配衡离子排列比较紧密，定向性也好，称为紧密层或斯特恩层，如图 10-3 的 B 层，其厚度约等于水化配衡离子的有效半径 δ；紧密层外侧的配衡离子排列比较松散，定向性较差，称为扩散层（Guoy 层），如图 10-3 的 D 层。

2. 双电层的电位

表面电位 φ_0：指荷电的矿物表面与溶液之间的电位差，对于导体或半导体（如硫化矿物），可将矿物制成电极测 φ_0，故又称为电极电位。不导电矿物的 φ_0 可用溶液中定位离子的活度通过能斯特公式进行计算。

斯特恩电位 φ_δ：指紧密面与溶液之间的电位差。

电动电位 ζ：当矿物-溶液两相在外力的作用下发生相对运动时，紧密层的配衡离子因为吸附牢固会随矿物一起移动，而扩散层将沿着位于紧密层稍外一点的“滑移面”移动，此时，滑移面上的电位称为动电位，又称电动电位。

3. 零电点和等电点

当表面电位为 φ_0 为零时，或矿物表面的净电荷为零时，溶液中定位离子浓度的负对数值称为零电点，用符号"PZC(point of zero charge)"表示。

定位离子为氢离子或氢氧根离子时，如硅酸盐类矿物或氧化矿物，表面电位 φ_0 为零时的溶液的 pH 值即为零电点，常记为 pH_0 或 pH_{pzc}。对于离子型矿物，溶液 pH 值影响矿物的解离，因此，在一定的 pH 值下，表面电位 φ_0 会出现为零的情况，称该 pH 值为"零表面电位 pH"或零电点 pH，以区别该矿物的 PZC。

如果双电层配衡离子与颗粒表面定位离子之间只存在静电作用，而不存在其他特殊附加作用力，如化学键力、烃链缔合力等，即没有特性吸附的情况下，当矿物表面电位为零时，电动电位 ζ 也会等于零，此时溶液中定位离子的负对数值称为"等电点"，以符号 IEP 或 PZR 表示。

在没有特性吸附的情况下，可通过测定电动电位的方法来测定矿物的 PZC；当存在特性吸附时，零电点可视为定值，而等电点会随所加电解质的性质以及浓度的变化而发生变化。

（三）颗粒的表面电性与浮选药剂吸附

对于某些以静电吸附作用为主的药剂，PZC 或 IEP 可作为这类药剂能否吸附的判据，当 pH＞PZC 时，矿物表面荷负电，此时可用阳离子捕收剂进行浮选，反之用阴离子捕收剂进行浮选。

以针铁矿为例，如图 10-4 所示，针铁矿的 PZC 为 pH＝6.7，当 pH＜6.7 时针铁矿荷正电，阴离子型捕收剂可与矿物表面发生静电作用而发生吸附，使矿物疏水，当 pH＞6.7 时针铁矿荷负电，此时可使用阳离子捕收剂进行浮选，阳离子捕收剂可通过静电力吸附于针铁矿表面，使矿物疏水性增加而上浮。

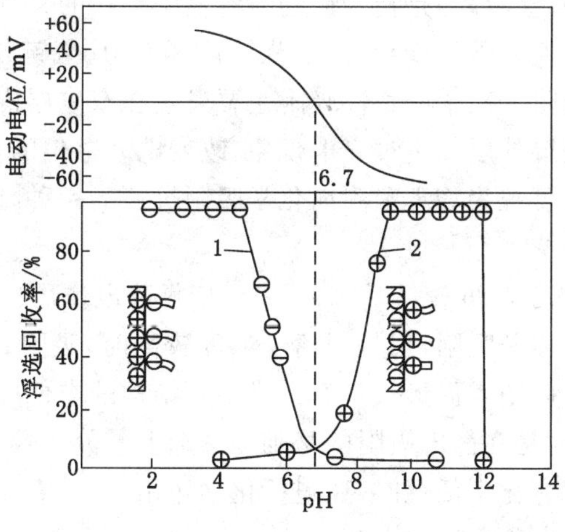

1—以阴离子型捕收剂 RSO_4Na 进行浮选；2—以阳离子型捕收剂 RNH_3 进行浮选。

图 10-4 针铁矿的表面电位与可浮性的关系

三、矿物表面的吸附理论

吸附是指溶液或气体中某种物质在相界面上发生浓度增加或降低的现象。浮选过程中，矿物颗粒会由于吸附矿浆中的离子、分子而使表面性质发生改变，从而达到调节矿物可浮性的目的。根据药剂在溶液中存在的形式，可把矿物表面吸附分为分子吸附、离子吸附、胶束吸附以及半胶束吸附，根据离子在双电层的吸附位置可将吸附分为定位离子吸附（或称双电层内层吸附）和配衡离子吸附（或称双电层外层吸附，又称二次交换吸附），其中配衡离子吸附又分为紧密层吸附和扩散层吸附。

（一）分子吸附

分子吸附是指矿物颗粒对溶液中溶解的分子进行的吸附，分为非极性分子吸附和极性分子吸附两种。对于非极性的物料（如石墨、辉钼矿、煤等），浮选时所用的捕收剂一般为非极性分子型捕收剂，这类捕收剂在矿物表面的吸附称为非极性分子吸附。一些极性矿物浮选时可用极性的非离子型捕收剂，如黄铜矿浮选时可用非离子型的酯类捕收剂，此类分子的吸附为极性非离子型吸附。由于分子是中性的，因此，分子吸附并不改变矿物表面的电性。

（二）离子吸附

对于溶液中呈离子形式存在的药剂，如硫化矿浮选常用的黄药、黑药等捕收剂，以及氧化矿浮选常用的羧酸类捕收剂、螯合类捕收剂，这些药剂在矿物表面的吸附均属于离子吸附，其中离子吸附又分为交换吸附、竞争吸附以及特性吸附。

交换吸附又称为一次交换吸附，是指溶液中的某种离子交换矿物表面另一种离子的吸附方式。硫化矿浮选中金属离子活化剂在矿物表面的吸附一般都是交换吸附，如铜离子活化闪锌矿的反应：

$$Cu^{2+} + ZnS = CuS + Zn^{2+}$$

竞争吸附是指溶液中存在多种离子时，由于离子浓度不同以及离子与矿物作用能力的差异，将按照先后顺序发生吸附。如十二胺浮选石英时，矿浆中存在的钡离子也可在荷负电的石英表面发生吸附，从而抑制石英的浮选。

特性吸附又称为专属性吸附，是指当矿物与溶液中存在的某种离子相互作用时，除了存在静电作用外，还存在其他特殊的亲和力，如范德瓦耳斯力、氢键作用力以及一些化学作用力，这种吸附称为特性吸附。离子的特性吸附主要发生在双电层内层，这种吸附作用较强且具有强选择性，可使双电层外层发生过充电现象，改变电动电位的符号。特性吸附中离子与矿物表面作用距离极近，可视为物理吸附向化学吸附过渡的一种特殊吸附形式。

（三）半胶束吸附

如图 10-5 所示，当离子浓度较低时，离子完全依靠静电作用在双电层外层发生吸附，起到配衡离子作用，即配衡离子吸附，但是当离子浓度较高时，吸附在矿物颗粒表面的捕收剂分子烃链间发生缔合，在矿物表面形成具有二维空间结构的类似胶束的产物，这种吸附称为半胶束吸附。半胶束吸附是在静电吸附的基础上又加上了分子烃链间的范德瓦耳斯力的作用，当捕收剂与矿物之间有化学活性时，还包括化学作用。

（四）双电层内层和外层吸附

双电层内层吸附又称为定位离子吸附，是指溶液中的晶格同名离子、类质同像离子或氧化矿和硅酸盐的定位离子在双电层内层的吸附，这种吸附可改变矿物的表面电性。定位离子吸附的特点是呈现单层化学吸附，不发生离子交换。

双电层外层吸附是指溶液中的配衡离子在双电层外层吸附，这种吸附只改变电动电位的数值而不改变电动电位的符号；原吸附的配衡离子也可被溶液中的其他配衡离子交换，因

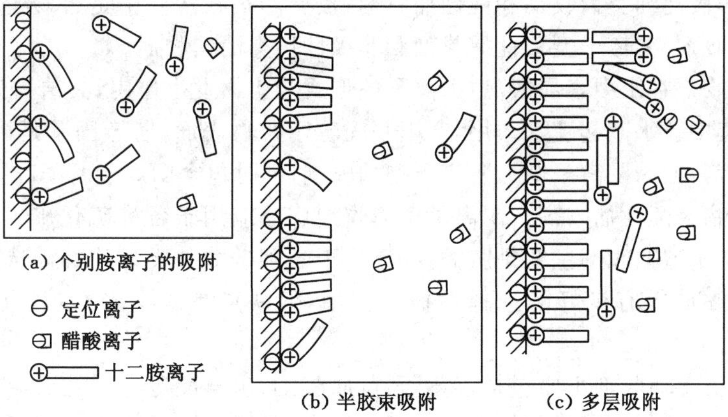

图 10-5 捕收剂在矿物表面形成的半胶束吸附示意图

此这种吸附又称为二次交换吸附。

第二节 浮选药剂

浮选药剂与浮选技术的推广应用及发展密不可分。浮选所使用的各种药剂总称为浮选药剂,按用途可分为捕收剂、起泡剂和调整剂三大类。

捕收剂:目的是改变矿物表面的疏水性,使其更容易附着于气泡,增加矿物的可浮性。捕收剂按照在溶液中是否电离以及电离后有效组分的荷电性质,可分为非离子型捕收剂、阴离子型捕收剂以及阳离子型捕收剂;按照被捕收矿物种类可分为硫化矿类捕收剂和非硫化矿类捕收剂。

起泡剂:是指分布在气-液界面上的有机表面活性物质。其目的是促使泡沫形成,提高气泡与矿物的作用以及气泡上浮过程中的稳定性,保证载有矿物颗粒的气泡在矿浆表面形成泡沫层。

调整剂:是指影响矿物与其他药剂(主要是捕收剂)的作用,改变矿物表面性质和矿浆性质的药剂。调整剂可分为活化剂、抑制剂、介质调整剂、分散剂和絮凝剂等。

现代基础科学的发展和各种测试手段的应用为浮选药剂的发展奠定了良好基础。目前浮选药剂的发展大致有两个方向:一是研发高效、无毒(或低毒)、低廉、低耗和原料来源广泛的新型捕收剂;二是对已有的捕收剂进行合理搭配与组合使用,使之产生正协同效应,提高药剂性能。前者一旦实现突破,将会使浮选技术取得新进展,但研制周期长、难度大;后者见效快,容易在矿物加工实践中实现。此外,这两个方向并不是独立的,新药剂的研制与组合药剂的研究具有互补作用,例如,组合用药对新药剂的推广具有推动作用,可降低药剂成本,弥补新药剂某些性能的不足,同时,新药剂的研制成功为药剂的组合使用提供了更多选择。

浮选中可作为浮选药剂的化合物很多,但在浮选实践中常用的药剂只有几十种,这是因为优良的浮选药剂必须符合以下条件:原料来源充分、成本低廉、浮选活性强、便于使用、低毒或无毒等。

一、捕收剂

捕收剂是提高矿物表面疏水性的一类有机物质,按照分子结构的不同,捕收剂可分为异极性捕收剂、非极性油类捕收剂和两性捕收剂；按照药剂在溶液中是否发生解离，捕收剂可分为离子型捕收剂、非离子型极性捕收剂和非极性烃类油捕收剂。

离子型捕收剂在水中容易解离，以离子的形式与矿物发生作用，其结构分为亲固基和疏水基两部分，其中疏水基起疏水作用，亲固基固着于矿物表面，若亲固基是阳离子则药剂为阳离子型捕收剂，若为阴离子则为阴离子型捕收剂，同时包含阳离子基团和阴离子基团的有机复极性化合物为两性捕收剂。阴离子型捕收剂广泛应用于各种硫化矿、氧化矿和盐类矿物的浮选；阳离子型捕收剂主要是胺类，广泛用于各种硅酸盐类矿物的浮选；两性捕收剂对赤铁矿、萤石、镍矿等有良好的选择性捕收作用，但缺点是成本较高，目前尚处在实验室阶段。

非离子型极性捕收剂主要包括双黄药、黄原酸酯、硫氨酯等，这类药剂在水中不发生解离，但整个分子由于具有不对称结构而显示出极性。这类捕收剂的捕收能力比黄药弱，但选择性好，适应性强，主要用于分选重金属硫化矿。

非极性烃类油捕收剂不含极性基团，不能解离成离子。这类药剂最初是用于浮选初期的全油浮选，但这类药剂能够有效分选的矿物种类不多，特别是在现代浮选药剂种类多样化、矿石性质趋于“贫、细、杂”的情况下，单独使用这类药剂只适用于可浮性好的矿物，如辉钼矿、石墨、天然硫、滑石、煤和雄黄等；但将离子型捕收剂与非极性烃类油捕收剂混合使用后常可增强捕收剂的捕收能力，提高矿物的浮选粒度上限，降低极性捕收剂的用量，可获得较好的浮选效果。

（一）硫化矿浮选捕收剂

1. 黄药类捕收剂

黄药自 1925 年发明以来，一直是应用最广泛、最重要的一类硫化矿捕收剂，对有色金属硫化矿和许多硫化后的重金属氧化矿（如白铅矿、孔雀石、硫酸铅矿）具有较强的捕收能力。黄药几乎可应用于金属硫化矿浮选的各个领域，是一种广谱性特征十分明显的硫化矿捕收剂。

黄药捕收剂的学名为烃基黄原酸盐，根据化学组成也可称为烃基二硫代碳酸盐，分子式为 $ROCSSNa$。

在 pH 值为 7～12 范围内，黄药在水溶液中会被氧化成双黄药。黄铜矿、方铅矿、黄铁矿等硫化矿物对黄药的氧化均具有显著的催化作用，其中黄铁矿的催化作用最强。黄药在酸性溶液中极不稳定，在碱性条件下相对稳定，但碱性过强时也会促使其分解。由于黄药性质不很稳定，存储时宜放在通风、阴凉、干燥的地方，防止与氧化剂以及重金属等化合物接触，避免药剂分解失效。

工业上使用的黄药的非极性基碳链长度一般为 2～8 个，其中含有 4 个碳原子以上的黄药又称高级黄药。黄药在纯净状态时为黄色，工业品一般为淡黄色至橘红色粉末，有臭味，易溶于水。

在金属硫化矿浮选中，黄药通常配制成质量浓度为 10% 的溶液使用，用量一般为 50～100 g/t，pH 值一般为 8～11。对于氧化率高、矿浆中杂质金属离子多、矿泥含量大的矿石，黄药的用量会明显增大，有时甚至会达到 200～300 g/t，氧化矿浮选中黄药的用量可以高达 1 kg/t 以上。

黄药的捕收能力会随碳链长度的增长而增强。甲基黄药捕收能力过弱，在浮选中几乎没有应用价值。乙基黄药和丁基黄药是使用最为广泛的两种黄药，它们不仅具有较好的捕收能力与选择性，而且其合成原料乙醇和丁醇来源广泛，成本较低。5个碳及以上烃基的高级黄药比较适用于难选矿的浮选，对提高金属回收率具有良好作用。同碳数的黄药同分异构体浮选性能基本相同。黄药为捕收剂时，矿物可浮性一般取决于该矿物的金属离子与黄原酸生成的盐类的溶解度大小，溶解度愈大，可浮性愈差。

黄药的衍生物为黄原酸酯类捕收剂，其基本结构通式为：

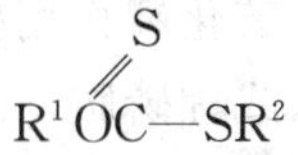

我国研制的这类药剂有烷基黄原酸丙烯酯、烷基黄原酸腈乙酯和烷基黄原酸甲酸乙酯等，它们是一类选择性优良的硫化矿浮选捕收剂。烷基黄原酸丙烯酯多为黄色油状液体，其捕收能力随着烷基碳链的增长而加强。烷基黄原酸丙烯酯捕收剂的最大特点是选择性好，适用于铜钼硫化矿的浮选，对黄铁矿的捕收能力甚至比黑药还弱，即使是被铜离子活化了的黄铁矿，只需少量氰化钠就可产生强烈的抑制作用。乙基黄原酸腈乙酯为橙黄色油状液体，正丁基黄原酸腈乙酯为淡黄色油状液体，两者均是硫化铜矿浮选的选择性捕收剂，可以在较低pH值下浮选硫化铜矿，在某些情况下与黄药捕收剂联合使用，可以改善分选效果。烷基黄原酸甲酸乙酯一般呈黄色油状液体，其特点是在矿浆中易分散、药效高、用量少，是高硫铜矿石浮选的选择性捕收剂，在pH值为5.0～8.5时，可较好地浮选硫化铜矿石。

2. 黑药类捕收剂

黑药在硫化矿浮选中应用历史悠久，其用途之广仅次于黄药。黑药的捕收性能与黄药基本相似，但其捕收能力弱于黄药，选择性和稳定性强于黄药，在酸性矿浆中不如黄药那样易于分解，也较难氧化。对黄铁矿的捕收能力很弱，适合于硫化铜或硫化铅锌矿的优先浮选及分离，并且对金银等贵金属的浮选回收也非常有效。黑药捕收剂通常兼具有较好的起泡性，能使浮选泡沫更加稳定，可减少起泡剂用量。

黑药的化学名称为二烃基二硫代磷酸(盐)，结构通式如下：

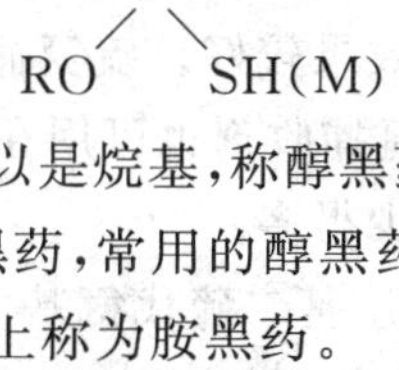

式中，R可以是芳基，称酚黑药；也可以是烷基，称醇黑药。M可以代表NH^{4+}或Na^{+}。

我国常用的酚黑药主要为甲酚黑药，常用的醇黑药为丁铵黑药。黑药合成中用胺代替醇或酚也可以生成黑药，其产品习惯上称为胺黑药。

甲酚黑药又分为15号黑药、25号黑药和31号黑药。25号黑药对黄铜矿、方铅矿、闪锌矿具有较强的捕收能力。25号黑药常用于铅、锌的优先分离浮选中，在碱性矿浆中对黄铁矿及其他硫化铁矿捕收能力很弱，但在中性或酸性介质中，几乎对所有的硫化矿都具有较强的捕收性。25号黑药微溶于水，必须以原始形态加入调整槽或球磨机中。但甲酚黑药腐蚀性及毒性较大，有一定污染问题，一般情况下应尽量少用。

丁铵黑药是一种醇黑药，纯产品为白色结晶，工业品呈白色或灰色固体粉末，工业上也有用氢氧化钠或碳酸钠代替氨进行中和反应，生成的产品为丁钠黑药。丁铵黑药是我国目前应用最为广泛的黑药类捕收剂，其选择性好，使用方便。用丁铵黑药代替或部分代替黄药浮选铜锌硫化矿、铅锌硫化矿时，浮选指标均能接近或优于单用黄药的指标。丁铵黑药可在较低的 pH 值浮铜或浮铅，由于选择性好，在铜锌分离或铅锌分离时，可不用或少用氰化钠、硫酸锌等抑制剂。使用丁铵黑药还有利于提高伴生金银的回收，提高铜精矿或铅精矿中的金银含量。此外，丁铵黑药有起泡性能，一般可以不加或少加起泡剂。丁铵黑药与黄药混合使用对于提高浮选指标、降低药剂消耗效果显著，已经成为我国浮选厂的一种常用药剂制度。

胺黑药是用芳香族胺或环烷胺与五硫化磷作用生成的，又称磷胺类药剂，主要产品包括苯胺黑药（或称磷胺 4 号）、甲苯胺黑药（或称磷胺 6 号）和环已胺黑药（简称环黑药）。其中，苯胺黑药具有选择性好、捕收能力强等特点，对细粒方铅矿的捕收比甲酚黑药和乙基黄药更有效，可以在相对较低的 pH 值下实现铅锌硫和铜硫的分选。甲苯胺黑药与苯胺黑药为同系列化合物，其捕收能力稍强。此外，苯胺黑药或环已胺黑药对于氧化铅矿具有较好的捕收性能，用于混合铅锌矿和氧化铅锌矿的浮选时，其性能优于用 25 号黑药和丁黄药。

3. 硫氮捕收剂

硫氮捕收剂的学名为 *N*，*N*-二烷基二硫代氨基甲酸盐，其结构通式为：

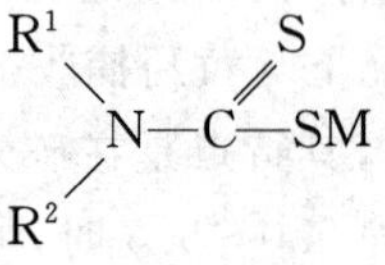

式中，R^1、R^2 可以是烷基、芳香基、环烷基、杂环基等；一般情况下 R^1 和 R^2 是两个相同的烷基，我国最有代表性的硫氮捕收剂是 SN－9，其学名为 *N*，*N*-二乙基二硫代氨基甲酸钠，简称乙硫氮，结构式为：

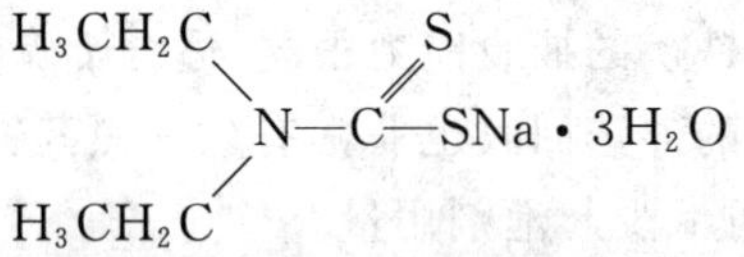

乙硫氮是白色粉末，一般在碱性介质中使用。乙硫氮能与重金属离子反应生成盐，在潮湿空气中长期放置时会吸水、分解变质，应放在阴凉干燥处。

硫氮捕收剂捕收能力强，浮选速度快，在我国广泛用于铅锌矿的浮选。铅锌矿浮选分离时，烃基较短的硫氮捕收剂优先浮铅效果较好。硫氮捕收剂适合在高碱度条件下浮选矿物，显著改善铅-锌的分选效果，此外，硫氮捕收剂也可用在硫化铜以及贵金属硫化矿的浮选，其捕收能力比黄药强，且用量比黄药要少得多。

硫氮酯捕收剂的学名为 *N*，*N*-二烷基二硫代氨基甲酸酯，是硫氮捕收剂的一种衍生物，也是一种非离子型极性捕收剂。其结构通式如下：

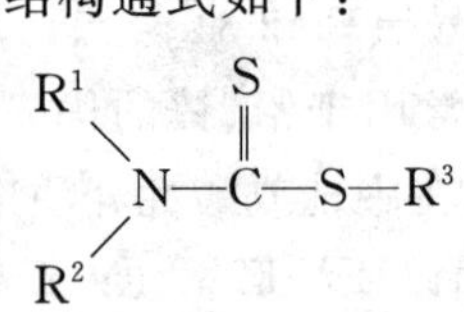

我国目前主要的硫氮酯捕收剂有硫氮丙烯酯和硫氮腈乙酯两种。硫氮丙烯酯使用时可直接添加或乳化后加入。无论是单独使用还是与黄药混合使用，硫氮丙烯酯对硫化铜矿的捕收能力都比相应的硫氮捕收能力强。硫氮腈乙酯兼具有较强的捕收能力与起泡性能，硫化铜矿工业试验表明，硫氮腈乙酯可代替黄药和松醇油，其用量仅为黄药和松醇油的 1/4 至

1/3,可显著地降低药剂费用。

4. 硫氨酯类捕收剂

硫氨酯类捕收剂也是一种黄药的衍生物,其结构主要取决于黄药的烃基和脂肪胺的烃基。一般而言,脂肪胺的烃基对硫氨酯的捕收性能影响较大,习惯上以脂肪胺的烃基来命名。Z-200是一种最有代表性的硫氨酯类捕收剂,被认为是浮选药剂历史上研发最为成功的一种硫化矿浮选高效捕收剂,其学名为*O*-异丙基-*N*-乙基硫代氨基甲酸酯,简称乙硫氨酯,结构式如下:

$$H_3C-\underset{}{\overset{CH_3}{\overset{|}{C}H}}-O-\overset{S}{\overset{\|}{C}}-NHC_2H_5$$

硫氨酯类捕收剂在矿浆中具有良好的分散性,可直接加入浮选槽或搅拌槽中使用,药剂用量一般仅为黄药的1/4~1/3。硫氨酯类捕收剂是硫化矿浮选的优良捕收剂,其特点是选择性强,用量少,对铜、锌以及铜钼矿具有较好捕收性能,而对黄铁矿的捕收能力较弱,在黄铜矿与黄铁矿浮选分离中可降低抑制黄铁矿所需的石灰用量。硫氨酯类捕收剂对锌硫的分离也能得到较好的效果。

5. 其他硫化矿捕收剂

目前,规模化工业应用的硫化矿捕收剂除了黄药、黑药、硫氮、硫氨酯四大类外,还包括硫脲类捕收剂、硫醇类捕收剂、巯基苯骈噻唑、三硫代碳酸酯等。

(1) 硫脲类捕收剂

硫脲类捕收剂学名为二苯基硫脲,又称白药,也是金属硫化矿浮选中有效的捕收剂,其结构式为:

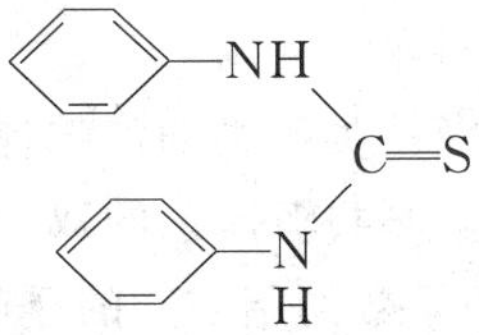

白药对黄铁矿的捕收能力很弱,适用于多金属硫化矿浮选,难溶于水,选矿时常添加于球磨机中,或以苯胺或邻-甲苯胺作溶剂配成浓度为10%~20%的溶液使用。

白药价格高于黄药,应用不方便,故目前选矿厂已较少使用。*N*-烃氧羰基硫脲捕收剂的出现突破了传统硫脲类捕收剂的缺陷,是近年来应用比较成功的一种硫化矿捕收剂。国外代表性的商业化产品有美国氰特工业公司的改性硫脲和改性硫氨酯类捕收剂,该公司生产的Aero 7000系列捕收剂主要有效成分为*N*-烃氧羰基硫脲。

(2) 硫醇类捕收剂

硫醇的结构通式为R—SH,相对分子质量小的硫醇或硫酚都具有特殊的臭味,不适宜用作浮选药剂。随着相对分了质量增大,其挥发性减少,臭味减弱,相对分子质量大的硫醇基本上没有什么特别难闻的气味,可用作捕收剂。十二烷基硫醇在水中溶解度低,必须充分乳化才能取得良好效果。此外,采用十二烷基硫醇和常规药剂混合使用,有利于提高银和金的浮选指标。

(3) 巯基苯骈噻唑

巯基苯骈噻唑(MBT)在橡胶工业中用作硫化促进剂,在浮选工业可用作硫化矿或某些氧化矿的捕收剂，其结构式如下：

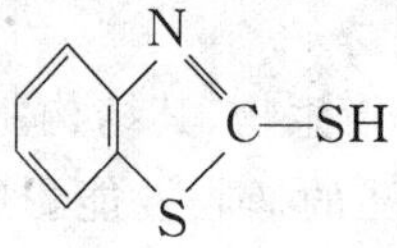

巯基苯骈噻唑是一种比较经典的螯合捕收剂，不仅对金和含金黄铁矿具有优良的捕收性能，而且对氧化铜和白铅矿等具有较强的捕收能力。对于白铅矿，使用巯基苯骈噻唑捕收剂时甚至不需要预先硫化就可以直接浮选。巯基苯骈噻唑特别是其二聚体对黄铁矿具有较强的化学吸附作用，因此它也可以用来浮选黄铁矿 。

(4) 三硫代碳酸酯

三硫代碳酸酯是硫醇的衍生物，其结构式如下：

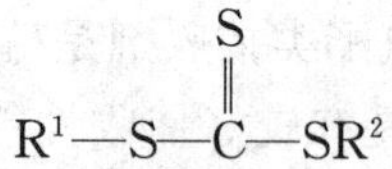

式中，R^1为丙烯基、乙烯基、苄基等；R^2为烃基或 Na、K。

用异丙基三硫代碳酸钠作捕收剂时，可配成己烷溶液加入矿浆中，调浆后进行浮选。该捕收剂对铂族金属、镍和铜的捕收非常有效。

(二) 氧化矿浮选捕收剂

1. 脂肪酸捕收剂

脂肪酸是应用最为广泛的氧化矿捕收剂，其结构式为 R—COOH。我国工业应用的脂肪酸捕收剂主要有两类产品：一类是油酸，另一类是混合脂肪酸(皂)。脂肪酸能广泛作为金属矿物的浮选捕收剂，但脂肪酸捕收剂最明显的缺点是对矿物选择性差、不耐硬水以及对温度敏感等。

脂肪酸几乎可作为各种氧化矿及盐类矿物的浮选捕收剂；用作浮选捕收剂的脂肪酸的碳链长度一般以 C_{12}—C_{16}为最适宜。非共轭体系的双键越多(即不饱和度越大)，其熔点越低，捕收性能越好。在常温下同碳原子数的脂肪酸的浮选效果，不饱和脂肪酸较饱和脂肪酸好，不饱和程度越大，浮选效果就越好；饱和脂肪酸必须在较高的温度时才能浮选。

油酸是应用最为广泛的脂肪酸捕收剂，为天然的不饱和脂肪酸，学名为十八烯酸，其分子结构式为 $CH_3(CH_2)_7CH=CH(CH_2)_7COOH$，在空气中放置过久会发生氧化而酸败变质，在铁矿、磷矿、萤石矿、铝土矿等各种氧化矿及盐类矿物浮选中均有工业化应用。油酸捕收剂的主要特点是捕收力强、适用性广，但也存在选择性较差、不耐硬水以及对温度敏感等缺点。工业上油酸可以直接添加使用，也可以用氢氧化钠或碳酸钠皂化后配成水溶液添加。

731 和 733 氧化石蜡皂也是应用较为广泛的两种脂肪酸捕收剂，其捕收能力比油酸稍弱，但选择性较好，在我国钨矿浮选中获得较普遍的应用。石蜡氧化过程中存在低级酸挥发污染环境的问题，目前用于浮选捕收剂的氧化石蜡皂产量有限。

塔尔油、环烷酸以及酸化油等药剂的浮选性能与脂肪酸捕收剂基本一致，在大多数场合可作为油酸的代用品使用，而且它们的药剂成本相对较低。

2. 羟肟酸及肟类捕收剂

羟肟酸是一种典型的螯合捕收剂，能与 Ti^{4+}、La^{2+}、Fe^{3+}、Cu^{2+} 等金属离子形成稳定的金属螯合物，因此可广泛地用于金属矿物浮选，目前工业所用的羟肟酸捕收剂主要包括烷基羟肟酸和芳基羟肟酸。

烷基羟肟酸是一种捕收能力强、选择性较好的捕收剂，可用于铁矿、氧化铜矿、黑钨矿、氟碳铈矿以及氧化铅锌矿等矿石的浮选。工业上所用的烷基羟肟酸一般是采用 C_7—C_9 羧酸为原料制备的，称 7-9 羟肟酸，也有以 C_5—C_9 羧酸为原料制备的，称 5-9 羟肟酸。

芳基羟肟酸种类较多，主要有苯甲羟肟酸、水杨羟肟酸、邻羟基萘甲羟肟酸。

苯甲羟肟酸在钨矿、稀土矿以及铝土矿浮选中应用比较多，既可单独用于黑钨细泥浮选，也可以与脂肪酸复合使用，用于白钨矿和铝土矿等浮选。水杨羟肟酸工业品为红色粉末，纯度较高时为淡红色或浅褐色晶体，$pK_a=7.4$，易溶于碱液，毒性较低，属低毒药剂。水杨羟肟酸是稀土、锡石等矿石浮选的优良捕收剂，当用于锡石浮选时，通常与磷酸三丁酯等配合使用，可大幅度提高锡精矿品位和回收率。邻羟基萘甲羟肟酸具有两种同分异构体，其中 H205 的学名为 2-羟基-3-萘甲基羟肟酸，H205 在我国主要用于稀土矿浮选，是一种比较成熟的稀土捕收剂。使用 H205 需要先用氨水或氢氧化钠皂化，再加水配成 5% 的溶液，矿浆 pH 值一般控制在 8.5～9.5。

3. 烃基磺酸盐和烃基硫酸盐类捕收剂

烃基磺酸盐包括烷基磺酸盐和烷基芳基磺酸盐，常以钠盐的形式存在，其分子中硫原子直接与烷基或烷基芳基上的碳相连，主要用作氧化矿浮选捕收剂，捕收能力随其烃链的增长而增强；其捕收能力比相应的脂肪酸弱，但选择性较好。烷基磺酸钠捕收剂的最大特点是起泡能力强，泡沫丰富，在浮选中常与油酸等脂肪酸药剂复配使用，通过两种捕收剂的协同作用可以优化捕收性能。烷基芳基磺酸钠的捕收性能与烷基磺酸钠相类似，相对分子质量小者起泡能力强，捕收能力弱，相对分子质量增大，捕收能力也增强，其中，十二烷基苯磺酸钠有良好的起泡能力，但对氧化矿的捕收能力较弱。

烃基硫酸盐分子中的硫原子则是通过氧原子与烷基上的碳相连的。烃基硫酸钠的捕收性能与烷基磺酸钠、烷基芳基磺酸钠基本类似，对氧化铁矿物、重晶石、萤石、锡石等具有捕收能力；以脂肪酸为捕收剂时，一般都可用烃基硫酸钠代替或部分代替脂肪酸。碳链相同时烃基硫酸钠的捕收能力弱于脂肪酸，但选择性好，能耐硬水，受温度影响较小，在酸性介质中仍具有良好的捕收能力。

4. 脂肪胺

阳离子捕收剂通常指的是胺类，包括伯胺、仲胺、叔胺和季铵盐，用作浮选捕收剂的脂肪胺的碳原子数通常在 C_8—C_{22} 之间。目前工业应用的脂肪胺阳离子捕收剂主要是十二胺和十八胺，或是它们的盐酸盐及醋酸盐。

脂肪胺氮原子上均有未共享电子对，这是其呈碱性的原因，也是氨或胺能生成共价配键络合物的原因。脂肪胺阳离子捕收剂对石英、硅酸盐和铝硅酸盐等矿物具有很强的捕收能力，在铁矿石、铝土矿的反浮选以及氯化钾浮选中也有广泛应用。随着我国铁矿石、铝土矿以及盐湖资源开发的不断深入，许多新型阳离子捕收剂获得研究。

5. 两性捕收剂

两性捕收剂分子中既具有带负电的官能团，又具有带正电的官能团。它们具有如下通式：$R_1X_1R_2X_2$。通式中 R_1 一般是碳链较长的烷基，以 C_8—C_{18} 之内的烷基较好；R_2 一般都是碳链较短的烃基；X_1 是阳离子功能团；X_2 是阴离子功能团。一般来说，阳离子基团以氨基为主，而阴离子基团则可为羧酸、膦酸、磺酸等。

由于受原料来源、合成费用及捕收性能等限制，两性捕收剂尚属于新兴的领域，研究较多而工业应用较少，作为一种特殊的捕收剂很值得关注。

6. 烃类油捕收剂

烃类油捕收剂亦称中性油捕收剂，其成分为烃类化合物，包括脂肪烃和芳香烃，又称矿物油。烃类油多来自石油、煤焦油、木焦油，其中以石油为主，煤焦油亦有一定产量，而木焦油产量少，工业价值不大。

石油的主要成分是脂肪烃、脂环烃及芳香烃。随形成地质年代、条件和产地的不同，石油的组成不同，可分为石蜡基、环烷基、异构烷基、芳香基和混合基等数十种原油。各种石油馏分中，煤油和柴油是两种最主要的烃类油捕收剂。

烃类油捕收剂可用于捕收天然可浮性好的矿物，也可用作辅助捕收剂、稀释分散剂、消泡剂等。

无论是在硫化矿还是氧化矿浮选实践中，烃类油（煤油、柴油、燃料油和轻蜡油）可广泛地用作离子型捕收剂的辅助捕收剂。烃类油与极性捕收剂联合使用可提高矿物浮选效果的原因主要是烃类油可在疏水矿物表面吸附和展开，这不仅可增强矿物表面的疏水性，还可大大增强矿粒在气泡上的黏附强度。

烃类油捕收剂难溶于水，在矿浆中难于分散，用量一般较大，通常约为 0.2～1 kg/t 或更高。但烃类油用量过大会使浮选泡沫产生消泡作用，导致浮选过程恶化。因此靠增大烃类油用量来强化矿物浮选已不可能，寻求新方法以改善烃类油在矿浆中的分散效果显得尤为重要，其中，通过乳化可以增强烃类油捕收剂的作用效果。美国 Climax 选矿厂从 1942 年起就在辉钼矿粗选中引进烃类油乳化剂辛太克斯（Syntex），将烃类油乳化，取得良好效果。我国使用的 PF-100 与辛太克斯是同一物质，其学名为甘油单月桂酸酯单硫酸酯钠盐，PF-100 是辉钼矿烃类油捕收剂的有效乳化剂，用量很少，一般为 5～20 g/t，它对烃类油起乳化作用，使烃类油充分分散，充分发挥烃类油的作用。此外，用超声波乳化或磁化烃类油也能使柴油和煤油在辉钼矿表面上的弥散有所改善，捕收剂用量明显减少，同时可提高钼回收率。

二、浮选调整剂

（一）pH 调整剂

pH 调整剂是非常重要的一类浮选药剂，可用于调控矿物表面性质（矿物表面电性、矿物溶解以及矿物之间的转化等）、药剂性质以及矿物与药剂的相互作用。

如前所述，矿物表面电位随矿浆 pH 值的变化可发生变化。矿物的溶解也是与矿浆 pH 值有关的，例如，方解石在酸性条件下溶解产生的钙离子浓度可达 1×10^{-3} mol/L 以上，而 pH 值大于 11 后其溶解产生的钙离子浓度仅为 1×10^{-4} mol/L 左右，上述钙离子浓度的变化会对浮选产生一定影响，由此可见，矿浆 pH 值可通过影响矿物的溶解而间接影响浮选过程。对于一些盐类矿物，矿物之间会发生表面转化，影响浮选过程的选择性，也有研究表明，矿物表面转化必须在一定的 pH 值范围内才可发生。

对于浮选药剂，特别是离子型浮选药剂，其发挥作用的有效组分与矿浆 pH 值有关，若矿浆 pH 值调节不当，会使离子型浮选药剂在溶液中以分子形式存在，导致活性降低，甚至失去活性，达不到浮选效果。

矿物与药剂的相互作用有时也与矿浆 pH 值有关，无论是静电作用为主还是化学作用为主的浮选药剂，一般存在最佳浮选 pH 值区域。

综上所述，矿浆 pH 值是浮选的一个重要影响因素。常见的矿浆 pH 值调整剂如表 10-1 所示。

表 10-1　常见的矿浆 pH 调整剂

pH 调整剂种类	药剂名称	作　　用	使用方法或特点
酸性调整剂	硫　酸	浮选中应用最广泛的酸性调整剂	一般配成 10%～20%浓度使用
	盐　酸	在浮选中应用较少。某些矿物的浮选中，如氯化钠与氯化钾的浮选需要使用盐酸作为酸性调整剂	挥发性大，腐蚀性强，运输费用高
	氢氟酸	一般只用于某些稀有金属矿物浮选	价格昂贵且有剧毒和强烈腐蚀性，使用时应特别注意
	磷　酸	主要用于磷矿石浮选	价格较贵，磷矿石反浮选脱镁中会使用较大量的磷酸
碱性调整剂	石　灰	硫化矿浮选中应用最广泛的碱性调整剂之一；不仅是一种碱性 pH 调整剂，同时还对黄铁矿、磁黄铁矿等硫化矿物具有较强的抑制作用	选矿厂一般是将石灰制备成石灰乳添加使用
	碳酸钠	在浮选工业中的应用仅次于石灰，广泛应用于非硫化矿浮选。通常使矿浆 pH 值保持在 8～10 之间	非硫化矿浮选时碳酸钠可以沉淀矿浆中的钙离子、镁离子，消除这些离子对浮选的影响；硫化矿浮选中碳酸钠可活化被石灰抑制的黄铁矿
	氢氧化钠	氢氧化钠比石灰碱性更强，但价格较贵，一般是在要求强碱性矿浆又不能使用石灰的条件下才用	氢氧化钠与水玻璃等联合使用可强化细粒矿物的分散

（二）分散剂

分散剂通常也具有抑制剂的作用，特别是一些有机分散剂，往往也会显著影响矿物的可浮性，其抑制作用更为突出，因此主要是作为有机抑制剂归类。

目前浮选过程使用的分散剂主要是无机分散剂，其中应用最为广泛的是水玻璃和六偏磷酸钠，常用的分散剂如表 10-2 所示。

表 10-2　常见的分散剂

分散剂种类	作　　用	特　　点
碳酸钠	氧化矿浮选广泛使用的一类 pH 值调整剂（pH 值范围 8～10 左右），同时，对细泥也有一定的分散作用	在浮选过程中要求 pH 值不能太高且又要分散细泥时用碳酸钠，通常可将碳酸钠与水玻璃联合使用
水玻璃	浮选中应用最广泛的一种无机调整剂、细泥分散剂，同时对石英、硅酸盐类等脉石矿物具有良好的抑制作用	分子式可表示为 $Na_2O \cdot nSiO_2$，其中 n 称为水玻璃的模数，浮选厂用的水玻璃模数一般以 2.4～2.8 为宜。当水玻璃与酸配制成酸化水玻璃时，其分散效果会显著增强
六偏磷酸钠	分散能力非常强，在用量很少时就能达到很好的分散效果，与金属离子可形成可溶性络合物，可软化硬水	六偏磷酸钠有吸湿性，放置空气中易潮解，会逐渐变成焦磷酸盐及正磷酸盐，从而会降低其分散和抑制效果

（三）抑制剂

浮选是基于矿物间润湿性差异来实现分离的技术。在浮选过程中使用捕收剂提高目的矿物的疏水性，但捕收剂不仅会使目的矿物疏水，而且有时还会使非目的矿物疏水一起上浮，导致品位下降，这种情况下就需要使用抑制剂，使非目的矿物在捕收剂存在的条件下也亲水，为不同矿物的浮选分离提供条件，如白钨矿与方解石和萤石的分离，羧酸类捕收剂对三种矿物的捕收能力相近，若不添加抑制剂无法实现这些矿物分离，由此可见，抑制剂对浮选也十分重要。

抑制剂通常是指能够增强矿物的亲水性，阻碍或削弱矿物对捕收剂吸附的一类药剂。一种良好的抑制剂应不影响捕收剂在目的矿物表面的吸附和捕收作用，但能阻碍或削弱捕收剂在其他矿物表面的作用，从而提高浮选分离的选择性。同时，抑制剂还应该具有来源广、价格低廉、无毒或低毒、使用方便等性能。不同的矿物浮选体系所要求的抑制剂往往不同，因此，在浮选药剂中，抑制剂的种类最多，用量也最大。

抑制剂可分为有机抑制剂和无机抑制剂，且有机抑制剂种类和性能有时优于无机抑制剂，常见的抑制剂及其作用如表 10-3 所示。

表 10-3　常见的抑制剂及其作用

抑制剂名称	作　用
硫酸锌	一般与亚硫酸钠或氰化物等共同作用时才会产生强烈的抑制作用，是硫化矿无氰浮选的一种重要的抑制剂
氰化物	主要包括氰化钠和氰化钾，使用时可配成 1%～10% 的水溶液。属剧毒物，使用时要高度注意安全；必须在碱性矿浆中进行；对闪锌矿、黄铁矿及黄铜矿有抑制作用；对受铜离子活化的闪锌矿及黄铁矿具有抑制作用；氰化物对方铅矿几乎没有抑制作用，铜铅混合精矿的分离可进行浮铅抑铜（由于氰化物剧毒且污染环境，目前已逐渐限制使用）。当矿石中含有金、银等贵金属时，最好不用氰化物作抑制剂，以免造成金、银溶出损失
亚硫酸盐	包括亚硫酸钠、二氧化硫和亚硫酸，主要用于代替氰化物抑制闪锌矿和硫铁矿。对铜矿物有清洁表面的作用，故对铜锌硫化矿有较好的分选效果；可与硫酸锌、淀粉等抑制剂共用，强化对闪锌矿和黄铁矿的抑制效果。抑制能力比氰化物弱，但无毒
重铬酸盐	常在铜铅混合精矿分选时用于抑制方铅矿；与水玻璃按重量 1∶1 配成的混合物，也是铜铅混合精矿分选的有效抑制剂
硫化物	工业上使用较多的硫化物是硫化钠。用硫化钠浮选时，应采用新鲜配制的溶液。硫化钠是氧化矿硫化浮选的活化剂、矿浆 pH 调整剂、硫化矿混合精矿的脱药剂、重金属离子的沉淀剂；辉钼矿浮选中，常用硫化钠抑制其他硫化矿，用量大时，绝大多数硫化矿都会受到抑制。硫化钠抑制硫化矿的递减顺序大致为：方铅矿、闪锌矿、黄铜矿、斑铜矿、铜蓝、黄铁矿、辉铜矿
磷诺克斯试剂	由五硫化二磷和氢氧化钠混合制备而成，主要用于钼矿浮选中方铅矿的抑制，其抑制效果优于重铬酸钾
氟硅酸钠	优先从脉石矿物表面解吸脂肪酸，常用于抑制石英、长石及其他硅酸盐矿物。对蛇纹石、电气石以及长石和石英等脉石矿物均有良好的抑制效果
石灰	对黄铁矿、磁黄铁矿等硫化矿物具有较强的抑制作用
水玻璃	对石英、硅酸盐等脉石矿物具有良好的抑制作用，模数为 2.4～2.8。水玻璃经加温、酸化处理、与金属离子组合使用等可提高其抑制性能以及选择性

表 10-3(续)

抑制剂名称	作　用
六偏磷酸钠	用于抑制方解石、石灰石等碳酸盐类矿物，以及石英和硅酸盐等脉石矿物，在选矿厂中六偏磷酸钠应当天配置当天使用
羟基羧酸	包括草酸、酒石酸、柠檬酸和没食子酸；浮选中与金属阳离子螯合，形成溶于水的螯合物，消除金属离子对浮选的影响；可用于含钙矿物的浮选分离，提高重晶石与萤石的分离效果；也可以在白钨矿-萤石浮选中应用；在钨、锡分离浮选中，草酸可用作黑钨矿的抑制剂
硫代酸盐	分子中至少含有一个黄原酸或二硫代甲酸基团，是针对硫化矿浮选开发的一类有机抑制剂
巯基化合物	包括巯基乙酸、巯基乙酸盐、巯基乙醇等，这些抑制剂可抑制硫化铜矿物和硫化铁矿物，其抑制效果与氰化钠和硫化钠相当，对环境无污染
芳基磺酸	包括萘磺酸和苯磺酸。对黄玉有抑制作用，对锡石无抑制作用，可以用于分离锡石和黄玉，一般来说，萘基芳香族化合物比单环分子的芳香族化合物抑制效果更好些
单宁及合成单宁	也称植物鞣质，用量大时几乎可以抑制所有的矿物。单宁最为成功的应用是在钨矿浮选，在白钨矿浮选中广泛使用栲胶等单宁类抑制剂，有利于提高钨精矿品位。在硫化矿浮选方面，单宁可用作闪锌矿及钙镁脉石矿物的抑制剂。合成单宁是指对羟基苯磺酸或萘磺酸与甲醛或其他醛(如糠醛、乙醛、丙醛等)的缩合产物，可用作磷矿石浮选的抑制剂，对白云石、方解石、石英和玉髓等具有较好的抑制效果
淀粉及其衍生物	淀粉的降解产物，相对分子质量小于淀粉，能溶于水，性质与淀粉相似，可作为铁矿石反浮选抑制剂，对赤铁矿、磁铁矿具有较好的抑制性能。用脂肪酸捕收剂浮选磷灰石时，还可以用作方解石、白云石的抑制剂。硫化矿浮选中糊精对方铅矿有较好的抑制作用
羧甲基纤维素	辉石、角闪石、蛇纹石、绿泥石、碳质页岩等脉石的抑制剂，在铜铅混合精矿分离中可作为方铅矿的抑制剂，与重铬酸钾联合使用，强化对方铅矿的抑制作用，提高铜铅分离效果；还可用于抑制方解石浮选
腐殖酸	对铁矿物具有抑制作用，用于铁矿石的反浮选工艺，也可用于锡石与铁矿物的分离。锡石浮选中可作为方解石等脉石矿物的抑制剂；还可作为铁矿物的选择性絮凝剂

三、活化剂

活化剂是指通过增强矿物与捕收剂相互作用而提高矿物可浮性的一类浮选药剂。按活化剂的化学性质可分为金属离子活化剂、无机酸、无机碱、硫化物、有机活化剂等几类。常见的活化剂及其作用如表 10-4 所示。

表 10-4　常见的活化剂及其作用

活化剂名称	作　用
硫酸铜	硫化矿浮选中使用最广泛的一种活化剂，对闪锌矿、辉锑矿、黄铁矿以及磁黄铁矿等均具有活化作用；对被石灰或氰化物抑制的闪锌矿也有活化作用
硝酸铅	辉锑矿、黑钨矿、白钨矿以及雌黄等矿物的有效活化剂
氯化钙	脂肪酸为捕收剂时石英和硅酸盐矿物的有效活化剂
氢氟酸和氟化钠	长石、绿柱石浮选的特效活化剂
硫化钠和硫氢化钠	有色金属氧化矿硫化浮选的活化剂，每吨矿石用量一般为几十克到 1 kg，但亦有用几千克的
乙二胺磷酸盐	对氧化铜矿浮选具有优良的活化作用

四、起泡剂

起泡剂通常都是异极性表面活性剂,其分子中亲水的一端为极性基,亲气的一端为非极性基,可在气-液界面上成定向排列,降低水的表面张力,在搅拌充气条件下形成大小适宜、稳定性合适的泡沫。与捕收剂主要的区别在于,捕收剂的极性基是亲固基,可吸附于固-液界面使矿物表面疏水,而起泡剂的极性基是亲水基,一般是在气-液界面吸附。许多捕收剂也具有起泡能力,特别是氧化矿捕收剂,绝大多数都具起泡性。就浮选而言,一般要求起泡剂最好没有捕收作用,以便实现对浮选泡沫的调控,因此,起泡剂的亲水基通常是羟基、醚基以及羧酸酯等基团。

起泡剂性能的好坏直接影响浮选指标,一种好的起泡剂产品应具有如下性能和要求:

(1) 在较小的用量下就能形成数量较多的气泡,气泡大小分布合理,韧性适中,黏度不高;

(2) 药剂本身具有良好的流动性和适当的水溶性,无毒,无臭味,无腐蚀性,便于运输、添加等操作;

(3) 起泡性能不受(或少受)矿浆 pH 值的影响或矿浆中其他组分(如难免离子、其他浮选药剂)的影响;

(4) 不具捕收作用并且不影响捕收剂的选择;

(5) 价格、来源等工业应用条件合适。

长期以来,对浮选药剂的研究关注较多的是捕收剂,而对起泡剂的研究较少。以前,我国大部分矿山浮选时起泡剂以松醇油为主,其他可供选择的品种较少。发达国家逐渐以甲基异丁基甲醇(MIBC)来代替松醇油。随着对松醇油的进一步认识和比较,国内企业和科研院所也逐渐投入更多的精力和资金开发起泡剂,开发出了许多新型的起泡剂,逐渐改变了松醇油为主格局。

松醇油也称 2 号油,淡黄色油状液体,不溶于水。工业上使用的松醇油是由松节油经过化学加工合成的,有效成分为 α,β,γ 三种萜烯醇,含量大于 40%。松醇油来源广,价格便宜,起泡性能好,是我国目前使用最广泛的起泡剂,年用量约数千吨。松醇油广泛应用于各种硫化矿如铜、铅、锌及铁矿和各种非硫矿的浮选,它还具有一定的捕收性,特别对滑石、硫黄、石墨、辉钼矿及煤等易浮矿物有效;松醇油的泡沫比其他起泡剂的泡沫更为稳定,但多年来松节油的供应缺口大,导致松醇油的成本和售价居高不下;松醇油的有效成分是环状结构的萜烯醇类,常规条件下难以生物降解,也存在污染矿山尾矿水的问题。

脂肪醇类起泡剂是近年来发展最快、应用最广的一类合成起泡剂。已经使用或研究过的脂肪醇起泡剂品种很多,如 C_5—C_6、C_6—C_8 混合脂肪醇、甲基异丁基甲醇、二甲基苄醇等。甲基异丁基甲醇是性能最突出的醇类起泡剂,其代号为 MIBC,国外早在 1935 年用丙酮二缩产品加氢制得,工业上已大量生产,作为起泡剂广泛使用;在我国,由于价格偏高,只小批量生产作为溶剂使用,很少用作起泡剂。MIBC 是一种优良的起泡剂,能够形成大小均匀、光滑清爽的气泡,从而降低泡沫产品的夹杂程度,有利于提高产品的精矿品位。混合六碳醇的起泡性能与甲基异丁基甲醇相似,泡脆、泡沫较稳定,在铜钼分离精选和滑石的浮选中,与甲基异丁基甲醇效果基本相当。

高级酚在水中的溶解度很小,在水中分散不良,起泡能力不强;低级酚可用作浮选起泡剂,称作甲酚酸或甲酚油物。酚类易于磺化,磺化后由于磺酸基的存在,可增强其水溶性,但也会增加其捕收性能。甲酚酸可用作浮选硫化矿的起泡剂，但酚类有毒性，易造成环境污染，近年来已减少使用。

醚醇类起泡剂分子中既有羟基又有醚基，水溶性好，起泡性能强，是一类性能优越的起泡剂。醚醇类起泡剂主要包括二聚乙二醇甲醚、二聚乙二醇丁醚、三聚丙二醇甲醚、三聚丙二醇丁醚。醚醇类起泡剂的特点是用量少，起泡能力强，以三聚丙二醚醇为例，浮选铜铅矿时最低用量只要 3 g/t(用甲酚时为 15 g/t)，浮选锌矿时，最低用量为 6～15 g/t。此外，醚醇类起泡剂来源于石油工业的副产物，易溶于水，便于使用，能产生稳定性好的泡沫，可以作为 2 号油的代用品使用。但是醚醇类起泡剂价格高于混合脂肪醇等起泡剂，其应用受到一定限制。

第三节 浮选工艺

一、浮选原则流程的选择

(一) 浮选流程

浮选流程是浮选时矿浆经过各个作业的总称，是由不同的浮选作业(有时包括磨矿作业)构成的浮选生产工序。

浮选作业分为三类：粗选、精选和扫选。所谓粗选，是指矿浆经加药搅拌后进行的第一个作业，目的是将给料中一种或者几种欲浮的矿物分选出来；所谓精选，是指粗选的泡沫产品进行再浮选的作业，目的是提高最终上浮物的质量；所谓扫选，是指粗选槽中残留的矿物进行再浮选的作业，目的是降低亲水物中欲浮组分的含量，提高回收率。一般来说，泡沫产品画在流程的左侧，槽内的产品画在流程的右侧。

浮选流程是最重要的工艺因素之一，对选别指标影响非常大，必须根据所处理的矿石性质进行制定。确定流程时应主要考虑所处理矿石的性质、产物的质量以及选矿厂的规模。

浮选流程最常见的表示方法有线性流程图和设备联系图。

(二) 浮选流程的段数

制定浮选流程时应先制定浮选的原则流程，又称骨干流程，原则流程只是指出分选工艺的原则方案，包括选别段数、欲回收组分的选别顺序和选别循环数。

浮选流程的段数是指磨矿作业和选别作业组合的次数，就是被处理的物料经磨矿—浮选、再磨矿—再浮选的次数，主要取决于欲回收组分的嵌布粒度以及物料在磨碎过程中的泥化情况，生产中一般最多是三段，超过三段的流程很少遇到。

一段浮选流程适用于处理矿物嵌布均匀、粒度相对较粗且不易泥化的矿石。阶段浮选流程又称阶段磨-浮流程，是指两段或两段以上的浮选流程，优点是可降低矿物的过粉碎。以两段流程为例，阶段浮选流程分为精矿再磨、中矿再磨和尾矿再磨三种流程，流程图如图 10-6 所示。

精矿再磨流程适用于矿物嵌布粒度较细而集合体又较粗、含有多种有用矿物的矿石，在粗选的条件下可将有用矿物的集合体与脉石矿物分离，得到的精矿再进行磨矿浮选；中矿再磨适用于矿物以细粒浸染为主的矿石，一段只能得到部分合格精矿和尾矿，但中矿含有大量连生体，需要对中矿进行再磨再选；尾矿再磨适用于有用矿物嵌布很不均匀或容易氧化和泥化的矿石，一段在粗磨的条件下分选出一部分合格精矿，二段将含有细粒矿物的尾矿进行再磨再选。

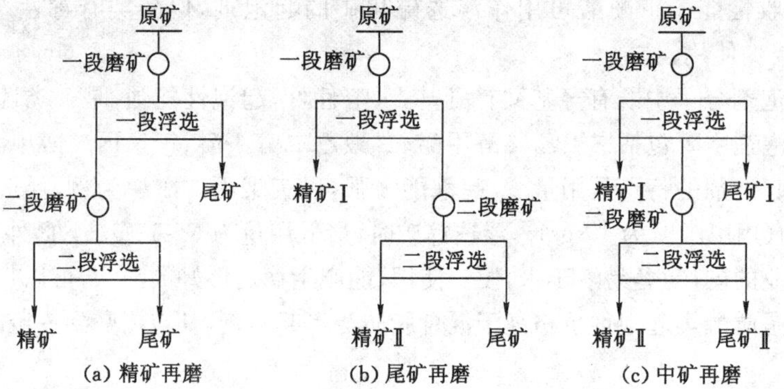

图 10-6　两段浮选流程

(三) 选别顺序及选别循环

对于含有多种有用矿物的矿石，除了确定选别段数之外，还要根据待回收矿物的可浮性以及它们之间的共(伴)生关系确定各种矿物的选别顺序，选别顺序不同则原则流程也不同，生产中采用的流程大体可分为优先浮选、混合浮选、部分混合浮选和等可浮选 4 类。

1. 优先浮选

优先浮选(图 10-7)是按照有用矿物的可浮性差异，按照先易后难的顺序逐个将有用矿物浮出的浮选流程，适用于粗粒浸染和品位较高、脉石矿物较少的矿石。含有两种或两种以上矿物浮选时，对于第二种有用矿物应注意抑制和活化的关系，因为浮选第一种有用矿物时需要抑制第二种有用矿物，在第二段浮选时需要再将第二种有用矿物活化，由此可见，合适的药剂制度是该类矿石浮选成功的关键之一。

2. 混合浮选

混合浮选(图 10-8)是将全部有用矿物一起浮出，所得的混合精矿再分离的浮选流程。该流程是多金属硫化矿浮选常用的浮选流程，适用于低品位和有用矿物致密共生的矿石。矿石中的有用矿物呈集合体出现，在粗磨的条件下通过浮选可得到混合精矿和废弃的尾矿。与优先浮选相比，可节省浮磨设备，降低电耗、降低药剂用量和节省基建投资等。处理富矿时该流程的优点有时不很突出，缺点是混合浮选时过剩的药剂会进入分选作业，导致浮选分离困难，当矿石性质复杂多变时选别指标不佳。

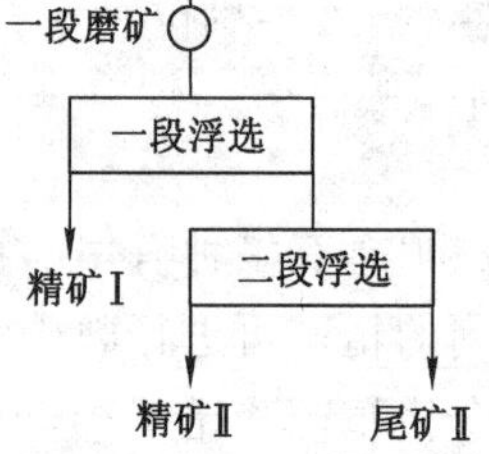

图 10-7　优先浮选流程

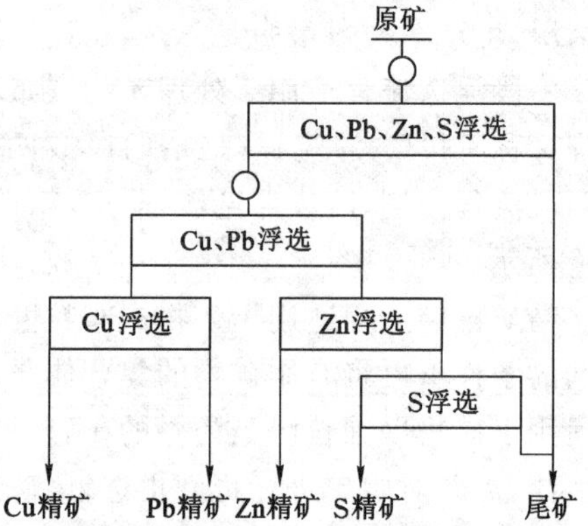

图 10-8　混合浮选流程

3. 部分混合浮选

部分混合浮选(图 10-9)是将部分有用矿物混合浮出,而不是全部混合浮出的浮选流程,适用于回收三种或者三种以上有用矿物的情况。例如铜铅锌复杂多金属硫化矿浮选时可采用部分混合浮选流程,即先将铜铅混合浮出得到铜铅混合精矿,然后进行铜铅分离,铜铅混合浮选的尾矿进行选锌选硫。

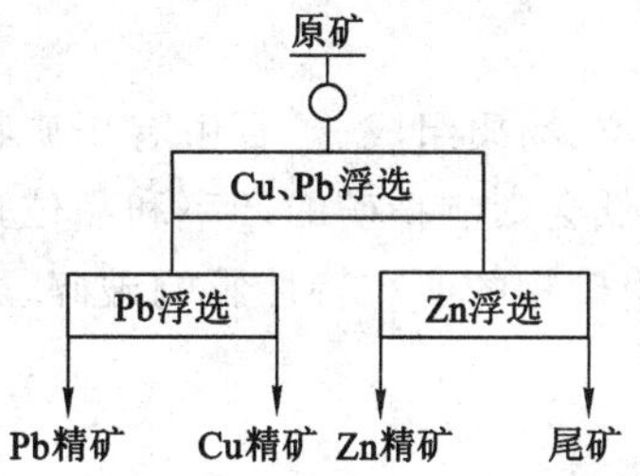

图 10-9 部分混合浮选流程

4. 等可浮选

等可浮选(图 10-10),也称分别混合浮选,是将要回收的矿物按照可浮性差异分成易浮和难浮两部分,按照先易后难的顺序分别选出的浮选流程,适用于同一种矿物中包含易浮和难浮两部分的复杂多金属矿石。该流程的优点是可降低药量,消除过剩药剂对分离浮选的影响,有利于提高选别指标;其缺点是比全浮选使用的设备要多。

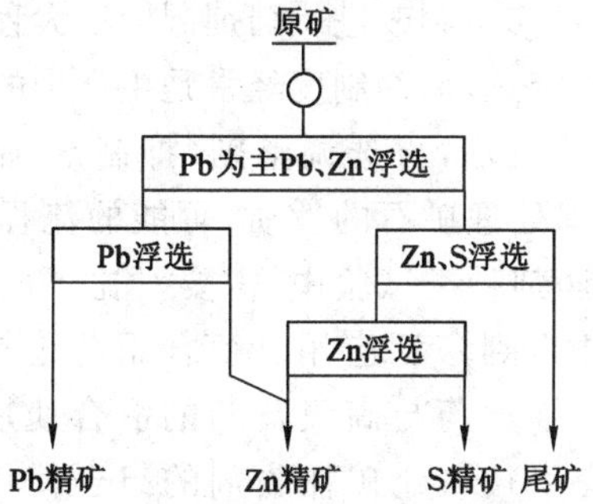

图 10-10 等可浮选流程

二、浮选流程的内部结构

浮选流程的内部结构不仅包括原则流程的内容,还包含各段磨矿分级次数,每个循环的粗选、精选和扫选的次数以及中矿的处理方式等内容。

浮选流程的粗选一般是一次,少数情况下是两次,精选和扫选的次数变化较多,与矿石性质和产品质量有关。

浮选过程中的中矿处理方式包括以下 4 种:① 中矿返回流程中适当地点进行处理。若矿物已经单体解离、可浮性一般而又强调回收率时可采用顺序返回的处理方式;若矿物可浮性较好且对精矿质量要求比较高时可采用中矿合一返回的方式。② 中矿再磨。该方式适用于中矿中连生体较多的情况,中矿再磨前有必要进行浓缩和分级。③ 中矿单独处理。④ 中矿用水冶等其他方式处理。

中矿返回需要遵循的规律为：中矿应返回到矿物组成和可浮性相近的浮选作业，返回到相应浮选作业后不造成恶性循环，且保证适宜的矿浆浓度。

三、浮选工艺的影响因素

浮选工艺的影响因素包括矿石性质，粒度，浮选药剂制度，矿浆浓度，矿浆的酸碱度、水质、温度和调浆，浮选泡沫调节。

（一）矿石性质

矿石性质主要包括原矿品位、物质组成、矿石中有用矿物的嵌布特性、共生关系以及矿石的氧化率等。原矿品位的高低会影响精矿的产率和品位，原矿品位的波动会增加浮选工艺条件的控制难度；矿石中有用矿物的嵌布特性影响破碎、磨矿及其产品粒度；矿石的氧化率对浮选的影响较大。

（二）粒度

粒度对浮选影响的研究具有重要意义，适宜的磨矿粒度是根据矿石中有用矿物的嵌布特性决定的，是通过浮选试验进行确定的；浮选具有最佳的粒度范围，硫化矿浮选的最佳粒度范围一般为 0.2～0.25 mm，非硫化矿为 0.25～0.3 mm，对于一些密度较小的非金属矿，如煤等，粒度上限还可提高。浮选粒度小于 10 μm 时浮选指标明显恶化，因此，浮选时不仅要求矿物单体解离，还要求有合适的入选粒度。

（三）浮选药剂制度

浮选药剂制度又称药方，包括药剂种类、用量、添加地点和方式。药剂制度通过浮选试验来确定，并在生产过程中进行修正和改进。药剂制度很大程度上决定了浮选指标的好坏，对于一些复杂难处理多金属矿浮选，药剂制度经常是生产中的突出问题。

选择药剂的顺序为先选捕收剂，再选调整剂（抑制剂、活化剂、分散剂等），最后选起泡剂。药剂种类的选择是根据处理矿石的性质、可能的流程方案，并参考实践经验，最后通过浮选试验来确定的。在药剂种类试验中，需要对比不同药剂的性能，值得注意的是，组合用药可取得良好效果，并得到广泛应用。组合用药包括不同捕收剂的组合使用，也就是同系列药剂的组合，如低级黄药与高级黄药的混合使用，各种硫化矿捕收剂的组合使用（如黄药和黑药的组合使用）、氧化矿捕收剂的组合使用（如氧化石蜡皂与羟肟酸类捕收剂的组合使用，羧酸类捕收剂与乳化剂、表面活性剂的组合使用等）、氧化矿和硫化矿捕收剂的组合使用、阴离子捕收剂与阳离子捕收剂的组合使用等；同时，调整剂的组合使用也非常常见，如闪锌矿抑制剂可采用硫酸锌和亚硫酸钠的组合，方铅矿抑制剂可采用重铬酸钾与羧甲基纤维素组合，降低重铬酸钾的用量，减少环境污染。此外，组合药剂的影响因素较多，分为药剂浓度、药剂种类、矿浆 pH 值、药剂添加顺序、添加方式和组分配比等因素。

捕收剂用量与其在浮选中作用以及矿浆的性质有关，用量一般用每吨物料所加入的药剂克数表示，即 g/t。大量的浮选实践表明，药剂用量适当时才能获得良好的效果。在分析药剂用量时要考虑以下几种矛盾对应关系：① 要处理好捕收剂用量与捕收能力以及选择性的关系。捕收剂用量较少会导致捕收能力不足，目的矿物浮选回收率降低；但是对于捕收能力较强且同时具有起泡能力的捕收剂（如羧酸类捕收剂），用量过多会导致脉石矿物也上浮，降低精矿品位，同时，非目的矿物疏水后会与疏水的目的矿物竞争黏附于气泡上，也会使目的矿物回收率下降；捕收剂用量过大时还可能会在矿物表面发生反向吸附，不利于矿物上浮。② 要处理好抑制与捕收的关系。抑制剂用量过多时往往需要加大捕收剂的用量,即重抑制也要相应地重捕收,在实践中应注意避免这种“重压重拉”现象,因而,选择合适的抑制剂和捕收剂,在用量和种类上要匹配。③ 要处理好活化与抑制、捕收的关系。活化剂用量过大可能会导致非目的矿物也受到活化,此外,对于采用优先浮选流程依次浮出两种或两种以上矿物时,要注意浮选第一种有用矿物时对第二种有用矿物的抑制,如果抑制过强会导致下步的活化或捕收困难,同样对于混合浮选或部分混合浮选,在第一步捕收时也要兼顾第二步混合精矿的选择性抑制,如果强调第一步混合精矿的回收率,可能会给第二步混合精矿分离带来困难,因而,第一步捕收剂和抑制剂的种类以及用量的匹配值得重视。④ 要处理好起泡与捕收的关系。浮选过程的选择性经常是在正确使用起泡剂的条件下才能实现的,起泡剂和捕收剂是可以相互影响的,甚至可以发生协同效应。⑤ 要处理好分散与团聚或絮凝的关系。

药剂合理的添加也是优化药剂制度的重要因素,通常的添加顺序为:矿浆 pH 调整剂—抑制剂或活化剂—捕收剂—起泡剂,浮选被抑制的矿石时,先加活化剂再加捕收剂,最后添加起泡剂。药剂的添加地点对药剂发挥作用影响也很大,一些难溶的药剂、抑制剂或 pH 调整剂可加入球磨机中,性能相互抵消的药剂必须分开添加。加药时可一次添加,也可分段添加;对于易溶的不易失去药效、不易被泡沫带走的药剂可采用一次加药,否则可采用分段加药,一次加药可提高浮选过程初期的浮选速度,分段加药可提高精矿质量。此外,还要考虑药剂的加药时间,由试验确定。

同样的药剂配置方法不同,用量和药效也会不同。药剂配置方法包括原液添加(如松醇油、煤油)、配置成水溶液(如水溶性药剂,通常配置浓度为 5%～20%)、酸化法(如十二胺与乙酸或盐酸按照 1∶1 物质的量配比)、皂化法(如油酸类捕收剂常与碳酸钠按照 2∶1 配比)、乳化法等。

(四) 矿浆浓度

矿浆浓度是指矿浆中固体物料质量占矿浆总质量的百分比,浮选常用的矿浆浓度为 20%～40%,其中粗选矿浆浓度是精选矿浆浓度的 2 倍左右,矿浆浓度一般用浓度壶法测定。矿浆浓度是浮选过程的重要影响因素之一。矿浆浓度影响矿浆的充气程度、药剂用量、矿浆停留时间、细粒的可浮性等。浮选密度大、粒度粗的矿物一般采用较高的矿浆浓度,反之采用低的矿浆浓度,粗选作业采用高的矿浆浓度可节省药剂,保证高的回收率,精选作业采用低的矿浆浓度有利于提高精矿质量。

(五) 矿浆的酸碱度、水质、温度和调浆

矿浆的酸碱度影响矿物表面性质以及药剂的作用,实际矿石选矿中矿浆的酸碱度一般通过 pH 调整剂来调节,最佳 pH 值以及酸碱 pH 调整剂用量与矿石性质有关。

水质对浮选的影响很大,浮选用水包括软水、硬水、咸水和生产回水等,浮选用水一般要求不含大量悬浮物以及不含能够与浮选药剂或矿物反应的物质,对回水还要考虑其中药剂对浮选过程的影响。

浮选前在搅拌槽或调浆槽内对矿浆进行搅拌称为调浆。调浆分为不充气调浆、充气调浆和分级调浆等,不充气调浆是在不充气的条件下对矿浆进行搅拌,目的是促进药剂与矿物的相互作用,搅拌强度和时间根据矿浆中的分散、溶解程度以及药剂与矿物颗粒的作用速度来确定,常用的搅拌槽为螺旋桨式搅拌槽和高效搅拌槽。充气调浆一般用于硫化矿物浮选,是指在未加药剂之前对矿浆进行充气搅拌,通过充气调浆可扩大颗粒之间的可浮性差异,进而改善浮选效果,但充气过量也是不利的。分级调浆是根据粒度不同所要求的调浆条件不同而进行的调浆,目的是改善浮选效果。

(六)浮选泡沫调节

浮选泡沫是实现矿物上浮的载体,在泡沫浮选中有重要作用。浮选过程中疏水性颗粒向气泡黏附并附着,大量附着矿粒的气泡聚集于矿浆表面而形成泡沫,这种泡沫称为三相泡沫或矿化气泡。泡沫的大小、稳定性、泡沫结构和泡沫层厚度直接影响浮选指标。

气泡的形成过程中起泡剂起到重要作用,起泡剂可帮助获得大量的气-液界面,此外,气-液界面面积的增加还取决于进入空气量以及空气在液体或矿浆中的弥散程度。进入的空气量一定时形成的气泡粒度越小,界面的总面积就越大,但是气泡有最佳的粒度范围,一般为0.8～1.0 mm,气泡粒度过小难以保证有充分的上浮力,气泡粒度过大则会降低气-液界面面积和浮选速度。

浮选过程中形成的泡沫都是包含矿粒的三相泡沫,在有起泡剂条件下比二相泡沫更稳定。疏水性被浮颗粒在气泡上的附着强度以及附着密度是决定三相泡沫稳定性的主要因素。一般来说,矿物颗粒疏水性越强则矿化气泡越稳定,捕收剂可增加矿化气泡稳定性,抑制剂则降低矿化气泡稳定性,扁平、粒度小的疏水性颗粒可增强气泡的稳定性,球形粗粒不利于气泡的稳定性。

大量气泡在矿浆上升时,一部分是由于携带矿浆而机械夹杂着部分连生体以及脉石矿物进入泡沫,另外一部分是由于表面附着了捕收剂而进入泡沫。泡沫层中水层下流时可以冲洗大部分机械夹杂的脉石,并使其进入矿浆,此外,在泡沫层中气泡兼并时气-液界面减小,气泡上原来负载的颗粒发生重新排列,这个过程中,疏水性颗粒仍然附着于气泡上,而由于机械夹杂而带入的脉石矿物及连生体就被流动的水流带入矿浆,因而上层泡沫的质量高于下层,上述过程称为二次富集作用。为有效利用二次富集作用,可适当增加泡沫层厚度以及槽内停留时间。

第四节 浮选设备

浮选设备主要有浮选机、搅拌槽和给药机等,浮选机是实现矿物颗粒与气泡选择性黏着、进行分离完成浮选过程的关键性设备,搅拌槽(或称调浆器)以及给药机是浮选过程的辅助设备。

浮选实践证明,使用大容积的浮选槽可使单位能耗降低30%～40%,因而,浮选机单槽有效容积不断增加。

浮选机的种类繁多,差别主要表现在充气方式、充气搅拌装置结构等方面。按充气和搅拌方式的不同将浮选机分为两大类,即机械搅拌式和无机械搅拌式。

一、机械搅拌式浮选机

(一)机械搅拌式浮选机的特点

利用转子-定子系统作为机械搅拌器实现充气和搅拌的浮选机统称为机械搅拌式浮选机。根据供气方式的不同又细分为自吸机械搅拌式浮选机和充气机械搅拌式浮选机两种类型。

自吸机械搅拌式浮选机具有如下特点：① 搅拌力强，可保证密度和粒度较大的矿粒悬浮，并可以促进难溶药剂的分散与乳化；② 可依靠叶轮的吸浆作用实现中矿返回，省去大量砂泵；③ 对难选和复杂的矿石或希望得到高品位的精矿时，可保证得到较好的稳定指标；④ 运动部件转速高、能耗大、磨损严重、维修量大。

充气机械搅拌式浮选机是压入空气来完成充气的，具有如下特点：① 充气量大，便于调节，对提高产量和调整工艺有利；② 搅拌不起充气作用，故转速低、磨损小、能耗低、维修量小；③ 液面稳定、矿物泥化少、分选指标好，但需压力系统和管路。

（二）机械搅拌式浮选机的基本结构

转子-定子系统：浮选机的充气搅拌机构实际上是转子-定子结构，转子和电动机相连，高速旋转；定子和机体固定。转子-定子的不同，形成了不同的浮选机系列，决定了各自的充气搅拌性能。转子（叶轮）可分为两大类：叶片状离心叶轮和棒条叶轮。

槽体：浮选机断面形状多为矩形，其下部也可为圆形，传动部件直接支撑在槽体上，槽体的几何特征可用槽深（溢流堰与槽底之距离）与槽宽之比（简称深宽比）表示。习惯上将深宽比大于或等于 1 的称深槽型，小于 1 的称浅槽型。

（三）常用机械搅拌式浮选机——XJM 型浮选机

XJM 型浮选机是我国 20 世纪 70 年代初期自行研制的、在我国使用最为广泛的浮选机之一，该机是由浮选槽、中矿箱、搅拌机构、刮泡机构和放矿机构几部分组成。XJM-4 型浮选机的结构示意图如图 10-11 所示。

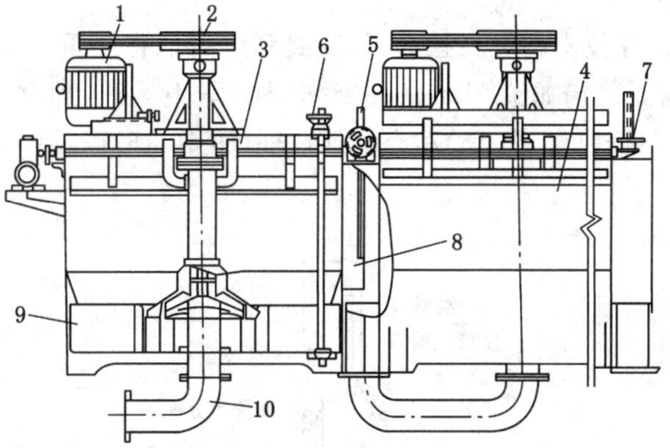

1—电动机；2—搅拌机构；3—刮泡机构；4—槽箱；5—液面调整机构；
6—放矿机构；7—尾矿箱；8—中矿箱；9—稳流板；10—吸浆管。

图 10-11 XJM-4 型浮选机的结构示意图

二、无机械搅拌式浮选机

无机械搅拌式浮选机又称充（压）气式浮选机，最典型的就是浮选柱设备。与机械搅拌式浮选机相比，浮选柱具有结构简单、占地面积小、耗电量低、易损件少等优点，但同时也存在空气管和尾矿管易堵塞、工作稳定性差等缺点。

（一）传统浮选柱

如图 10-12 所示，传统浮选柱为高 6～7 m 的圆柱体，底部装有一组微孔材料制成的充气器，上部设有给矿分配器，给入的矿浆均匀地分布在柱体的横断面上，缓缓下降，在颗粒下降的过程中与上升的气泡碰撞，实现气泡的矿化。浮选柱浮选区的高度远远大于其他浮选机，因此矿粒与气泡碰撞和黏附的概率大。浮选区内矿物气流的湍流强度低，黏附在气泡上的疏水性矿粒不易脱落。浮选柱的泡沫层可达数十厘米，二次富集作用非常显著，且可向泡沫层淋水加以强化，往往一次粗选就可以获得高质量精矿。

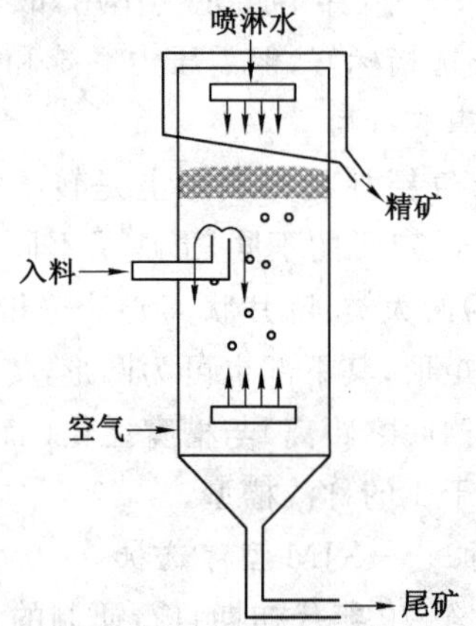

图 10-12　传统浮选柱工作原理

（二）新型浮选柱

近年来，随着浮选柱技术的突飞猛进，其发展和应用取得了重大突破，一批新型浮选柱脱颖而出。如澳大利亚的詹姆森（Jameson）浮选柱（图 10-13）、加拿大的 CPT 浮选柱（图 10-14）、美国的微泡浮选柱（图 10-15）和充填浮选柱（图 10-16）以及中国的旋流-静态微泡浮选柱（图 10-17）等。

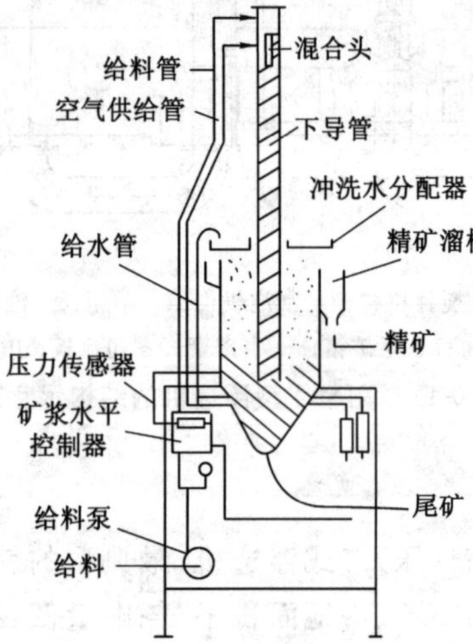

图 10-13　Jameson 浮选柱结构示意图

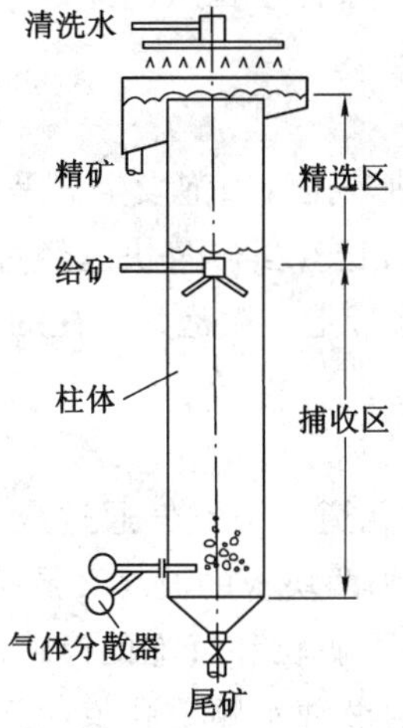

图 10-14 CPT 浮选柱结构示意

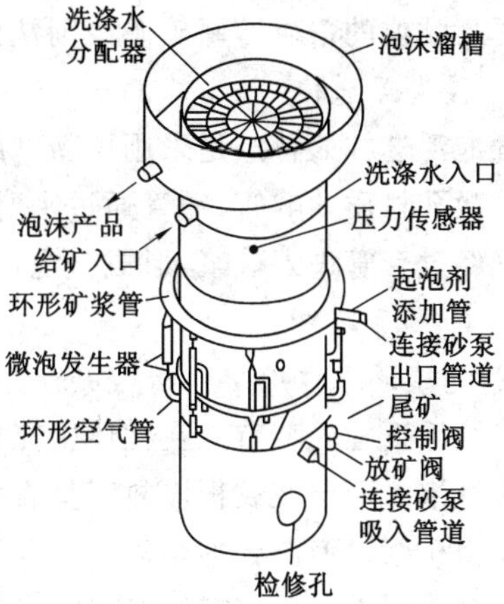

图 10-15 微泡浮选柱示意图

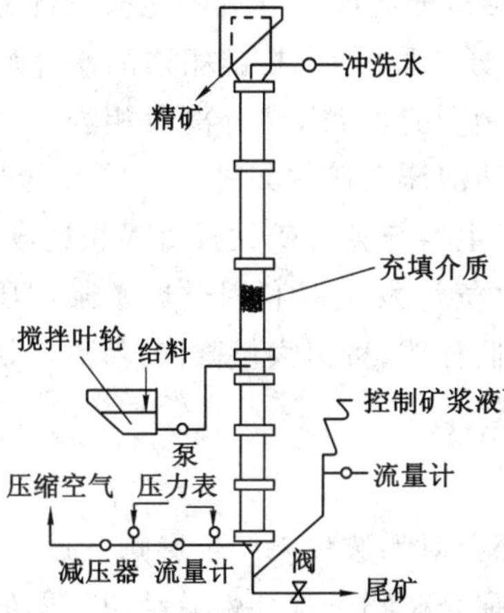

图 10-16 充填浮选柱结构示意图

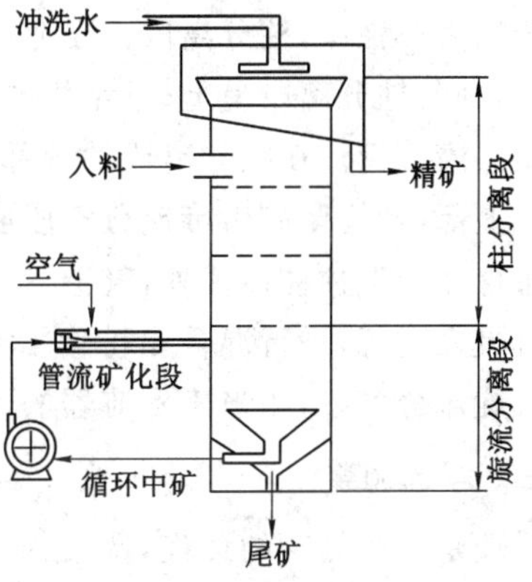

图 10-17 旋流-静态微泡浮选柱结构示意图

1. Jameson 浮选柱

Jameson 浮选柱的工作过程为：将完成调浆的矿浆用泵经给料管打入下导管的混合头内，通过喷嘴形成喷射流而产生一负压区，从而吸入空气产生气泡，矿粒在下导管与气泡碰撞完成矿化过程，矿浆流从下导管底口排入分离柱内，矿化气泡上升到柱体上部的泡沫层，经冲洗水精选后流入精矿溜槽，尾矿则经柱体底部锥口排出。

2. CPT 浮选柱

CPT 浮选柱属于逆流浮选设备，其工作过程为：经浮选药剂处理后的矿浆，从距柱顶部以下 1～2 m 处给入，在柱底部附近安装有可从柱体外部拆装检修的 SlamJet 气体分散器。气体分散器产生的微泡，在浮力作用下自由上升，而矿浆中的矿物颗粒在重力作用下自由下降，上升的气泡与下降的矿粒在捕收区接触碰撞，疏水性矿粒则被捕获，附着在气泡上，从而使气泡矿化。矿化气泡继续浮升而进入精选区，并在柱体顶部聚集形成厚度可达 1 m 的矿化泡沫层，泡沫层被冲洗水清洗，使被夹带而进入泡沫层的脉石颗粒从泡沫层中脱落，从而获得更高品位的精矿。尾矿矿浆则从柱底部排出。

3. 微泡浮选柱

微泡浮选柱的特点是采用了新型的微泡发生器。这种多孔管微泡发生器是在压力管道上设一微孔材质的喉管，喉管通过密封的套管同压缩空气相连，当矿浆快速经过喉管时，压缩空气经过套管进入矿浆，形成微泡，并立即被流动的矿浆带走。微泡浮选柱的高度与直径比值在10～15之间。

4. 充填浮选柱

充填浮选柱的特点是在柱体中充填波纹板，形成众多孔道。当空气通过众多孔道时被粉碎成气泡。两层波纹板堆放时呈直角相交，同一层中相邻两块板的波纹又是相交的，这样可以使得矿浆气泡混合物均匀地分配在整个断面上，延长了矿粒和气泡的停留时间。上升的气泡被强制地与矿粒接触，增加了矿化概率，顶部给入的淋洗水顺着孔道向下流，不断地带走脉石，尾矿从底部阀门排出。

5. 旋流-静态微泡浮选柱

旋流-静态微泡浮选柱的主体结构包括柱分离段、旋流分离段和管流矿化段三部分。整个浮选柱为一柱体，柱分离段位于整个柱体上部；旋流分离段采用柱-锥相连的水介质旋流器结构，并与柱分离段呈上、下结构的直通连接。从旋流分选角度，柱分离段相当于放大了的旋流器溢流管。在柱分离段的顶部设置了喷淋水管和泡沫精矿收集槽。给矿点位于柱分离段中上部，最终尾矿由旋流分离段底口排出。气泡发生器与管流矿化段直接相连成一体，单独布置在浮选柱柱体体外，气泡发生器上设导气管。气泡发生器利用循环矿浆加压喷射的同时吸入空气，进行混合和粉碎气泡，并通过压力降低释放、析出大量微泡，然后沿切线方向进入旋流分离段，相当于旋流器的切线给料管。

三、浮选调浆

浮选是一个复杂的过程，调浆、矿化、分离等过程都会对浮选效果产生影响。近年来，通过选矿工作者的积极探索，在强化矿化、分选环境方面配合矿物分选特性总结出不同的过程调控因素，带动了浮选行业的发展。但对整个浮选过程的研究仍未能涵盖完全，关于浮选过程的源头——调浆环节，还未深入开展研究工作。目前的调浆作业体系还未能有明确的评价标准以衡量调浆作业的质量及效率。

调浆意味着为浮选药剂和矿物间的反应提供足够的混合和接触时间，其主要任务是实现矿物的充分分散以及与药剂的作用完全。近年来，研究人员在煤泥浮选前的矿浆分散、表面改性及混合动力学方面做了许多研究工作，并在药剂乳化、颗粒分散等调浆技术方面取得了一些进展。

（一）矿浆预处理器

在煤炭浮选中应用的矿浆预处理器不仅具有混合效果良好的特点，而且具有充气搅拌作用，其结构如图10-18所示。煤泥水从筒体底部入料，经锥形混流管后具有一定动能到达转子部分，电动机带动转子旋转，煤泥水则从定子、转子的叶片间隙甩向筒壁。其原理是将药剂配制成气溶胶，覆盖浮选药剂的微气泡与疏水性高的煤粒黏附，这使煤粒表面进一步疏水达到预先矿化。

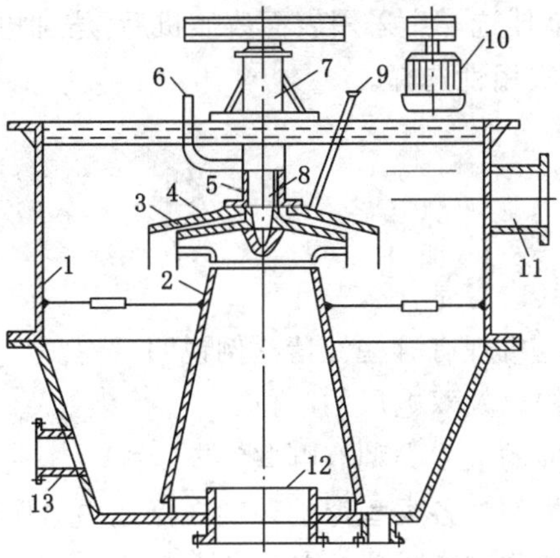

1—筒体；2—锥形混流管；3—转子；4—定子；5—套筒；6—进药管；7—轴承体；
8—传动轴；9—进气管；10—电动机；11—出料管；12—进料管；13—稀释水管。

图 10-18 矿浆预处理器结构示意图

(二) 乳化器

提高浮选药剂分散度的有效途径之一是浮选药剂的乳化，在相同的浮选药剂添加量的条件下，其分散度越高，则油滴数越多，其直径也越小，比表面积就越大，和煤粒接触黏附的概率也就越高，从而节省浮选药剂用量，提高浮选速度，改善分选效果。乳化要用外力做功来实现，乳化油滴的大小取决于乳化过程所施加于单位质量油类上的剪切力，剪切力越强，乳化分散度就越高。一般常用的乳化器有机械搅拌器、水喷射式乳化器、超声波乳化器、胶体磨乳化器等。

(三) 表面改质机

日本三井造船株式会社成功开发了一种 M-COL 新工艺，利用表面改质机(图 10-19)高速剪切力的作用，使煤泥颗粒与药剂充分黏附，改变煤泥颗粒的表面润湿性，拉大煤和矸石、硫铁矿颗粒之间表面润湿性的差异，增强浮选捕收剂的选择性和捕收效果，从而达到提高浮选效果的目的。

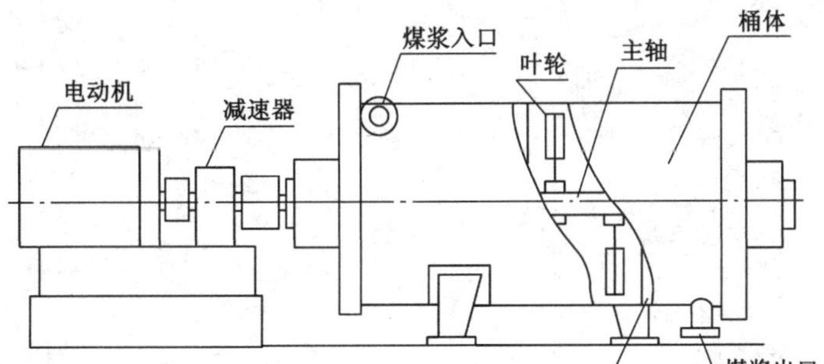

图 10-19 表面改质机结构示意图

虽然表面改质机在实际应用中具有良好的改质效果，但因需向矿浆体系中输入大量的能量，所以同时存在电耗高的问题。如东曲选煤厂处理能力为 1 000 m^3/h，表面改质机需配备的电机功率为500 kW;金佳选煤厂采用表面改质机后,增加电耗200 kW·h。因此应在权衡经济效益情况下,进行实用性选择。

思 考 题

1. 浮选的基础理论及其内容是什么?

2. 矿物颗粒表面的荷电机理有哪些?请举例说明。

3. 请简述双电层的结构以及双电层的电位。

4. 浮选药剂在矿物表面的吸附类型有哪些?

5. 浮选药剂分为哪些类型?各类型浮选药剂在浮选中的作用是什么?

6. 常见的硫化矿浮选捕收剂有哪些?各有什么特点?

7. 常见的非硫化矿浮选捕收剂有哪些?

8. 常见的浮选抑制剂、活化剂有哪些?

9. 常见的浮选流程有哪些?请对比这些流程的优缺点以及应用场合。

10. 浮选工艺的影响因素有哪些?

11. 常用的浮选设备有哪些?

12. 请查阅相关资料确定铜铅锌多金属硫化矿的浮选流程以及所用的浮选药剂,并根据本章知识讨论浮选药剂与浮选流程之间的相互联系。

第十一章 重力选矿

重力选矿简称重选，是根据被分选矿物颗粒间密度差异，借助各种力实现分离的一种选矿方法。该法适用于密度差异比较大的不同物料之间的分离。在分选过程中，颗粒的粒度和形状也会影响重选效果，因此，重选的核心内容是最大限度发挥密度对分选的作用以及限制粒度和形状对分选的不利影响。

各种重选过程的共同特点为：① 矿粒间必须存在密度(或粒度)的差异；② 分选过程在运动介质中进行；③ 在重力、流体动力及其他机械力的综合作用下，矿粒群松散并按密度(或粒度)分层；④ 分好层的物料，在运动介质的搬运作用下达到分离，获得不同的最终产品。

根据介质运动形式和作业的目的不同，重选可分为水力分级、重介质选矿、跳汰选矿、摇床选矿、溜槽选矿和洗矿等。其中洗矿和水力分级是按密度分离的作业，其他则均属于按密度分选的作业。

重选理论研究的问题，简单来说就是探讨松散和分层的关系。重选的实质是松散—分层—分离的过程，即物料在分选设备中形成散体物料床层，在重力、流体动力及其他机械力的综合作用下实现松散，目的是使不同密度的颗粒发生分散转移，分层后的物料在运动介质的搬运作用下分别排出，从而实现分选。

重选在选矿中的应用大致有以下几方面：① 进行矿石的预选，在粗粒、中粒或细粒条件下提早分选出部分尾矿，减少细磨分选的矿量，降低生产费用；② 根据密度差异实现物料分选，如重介质分选、跳汰分选、摇床分选等；③ 与其他选矿方法组成联合分选流程，进行复杂矿石的分选或综合利用；④ 通过溜槽或水力旋流器等方法进行分级。

重选的难易程度与待分选物料成分之间的密度差以及介质的密度有密切关系，由此可得出重选的可选性判据 E 为：

$$E=\frac{\delta_2-\rho}{\delta_1-\rho}$$

式中，E 为重选的可选性判据；δ_2 为重矿物的密度；δ_1 为轻矿物的密度；ρ 为介质的密度。

一般认为，当 $E>2.5$ 时为极易选，$1.75<E\leqslant 2.5$ 时属于易选，$1.5<E\leqslant 1.75$ 时为可选，$1.25\leqslant E\leqslant 1.75$ 时为难选，$E<1.25$ 时为极难选。

通过重选实现颗粒分选的首要条件是分选力远远大于耗散力，其中分选力包括重力、离心力、惯性振动力等，对分选不起作用或者起破坏作用的力称为耗散力；第二个基本条件是在被分选物料的粒度范围内，应保证最细的有用物料的分选速度大于最粗的废弃物料的分选速度；第三个基本条件是保证颗粒在分选区内的停留时间大于颗粒与脉石的最小分离时间。

重选的优势是能够以低成本处理各种粒度的矿石，设备的处理能力大、能耗少、造价一般较低，与其他分选方法相比生产成本低，不造成或较少造成环境污染，但处理小于 0.075 mm 的微细粒时重选设备的处理能力较低，分选效果差，但是在其他分选方法难以奏效时，重选仍是可用的方法。

第一节　颗粒在介质中的沉降

一、颗粒在介质中的自由沉降

单个颗粒在广阔介质中的沉降称为颗粒在介质中的自由沉降。实际研究中，把颗粒在固体体积分数小于3%的悬浮液中的沉降也称为自由沉降。

颗粒在介质中开始沉降时，在初加速度的作用下速度越来越大，同时，介质对颗粒的阻力也逐渐增加，导致颗粒的沉降加速度逐渐减小，最后当阻力增加到与颗粒有效重力相等时沉降速度达到最大值，这时的沉降速度称为颗粒的自由沉降末速。自由沉降末速可根据斯托克斯公式、牛顿-雷廷智公式、阿连阻力公式计算得到。

沉降末速还与颗粒的密度、粒度和形状有关。同一介质中，密度不同但具有相同沉降末速的颗粒称为等降颗粒；在自由沉降的条件下，等降颗粒中低密度颗粒与高密度颗粒的粒度之比称为自由沉降等降比。

对于两种密度不变的固体颗粒，随着绕流流态由层流向湍流过渡，自由沉降等降比逐渐增大。由于微细粒级的自由沉降等降比小，它们很难有效地按照密度实现分层。

实践中低密度大颗粒与高密度小颗粒的粒度之比小于自由沉降等降比的混合物料称为窄级别物料，反之，称为宽级别物料。

二、颗粒在悬浮粒群中的干涉沉降

实际选矿过程中，并非是单个颗粒在无限介质中自由沉降，而是矿粒成群地在有限介质空间里沉降，这种沉降形式称为干涉沉降。

干涉沉降时，矿粒不仅受到介质阻力，而且还受到周围矿粒和器壁所引起的机械阻力的作用；即使是介质阻力，也会由于周围矿粒的影响，较自由沉降时要大。因此，颗粒的干涉沉降速度小于自由沉降速度，降低的程度随悬浮液中矿物颗粒密集程度的增加而增加。

把粒度不同、密度相同的物料放置于同一上升介质流中悬浮，不同粒级之间的颗粒会发生相对运动，形成不同的松散度，达到每个颗粒的干涉沉降速度都与介质的上升速度相等。设粒度较大的颗粒的沉降末速为 v_{01}，粒度为 d_1，粒度较小的颗粒的沉降末速为 v_{02}，粒度为 d_2，根据自由沉降末速计算公式，粒度大的颗粒的沉降末速大，因此，$v_{01}>v_{02}$，颗粒的干涉沉降速度 v_{hs} 计算公式为：

$$v_{hs} = v_0\,(1-\varphi_0)^n$$

那么，粒度为 d_1 和 d_2 的颗粒的干涉沉降速度分别为：

$$v_{hs1} = v_{01}\,(1-\varphi_0)^{n_1}$$

$$v_{hs2} = v_{02}\,(1-\varphi_0)^{n_2}$$

式中，φ 表示悬浮体的固体体积分数；n 表示与颗粒性质相关的试验指数，粒度越小、形状越不规则的颗粒，n 值越大。

根据数学关系可得：

$$v_{hs1} > v_{hs2}$$

上式表明，在上升水流中大颗粒的沉降速度大，上升速度小，小颗粒的沉降速度小上升速度大，这样就导致颗粒按照粒度差发生分层(图 11-1)。随着悬浮柱的升高，上层细颗粒松散最快，下层粗颗粒松散慢，进而形成上稀下浓、上细下粗的悬浮柱，最后达到与上升水速平衡，通过体积分数的调整，密度相同粒度不同的颗粒就具有了相同的干涉沉降速度。

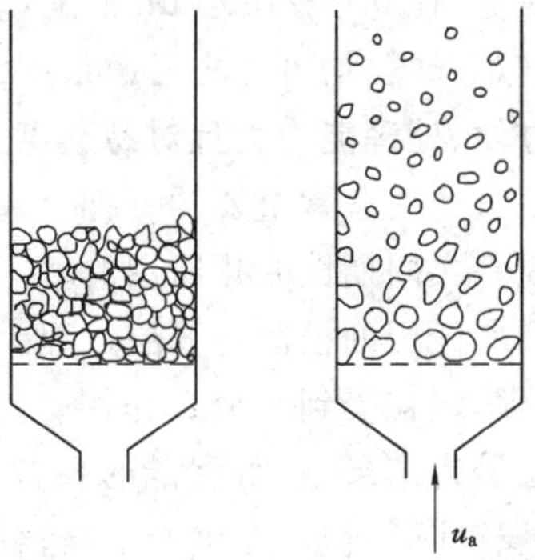

图 11-1 粒度不均匀的粒度群的干涉沉降分层

将密度和粒度都不同的颗粒组成的宽粒级物料置于上升的介质流中，当流速稳定后，在管中形成的悬浮柱的松散度自上而下逐渐减小(图 11-2)，其中下部形成比较单一的高密度粗颗粒层，上部形成比较单一的低密度细颗粒群，中间相当高的范围内形成混杂层，各窄层中处于混杂状态的颗粒视为等降颗粒，并将低密度大颗粒与高密度小颗粒的粒度之比称为干涉沉降等降比，经过推导可知，干涉沉降等降比大于自由沉降等降比，且悬浮液中固体体积分数增加会导致干涉沉降等降比也增加，这对重选过程十分重要。

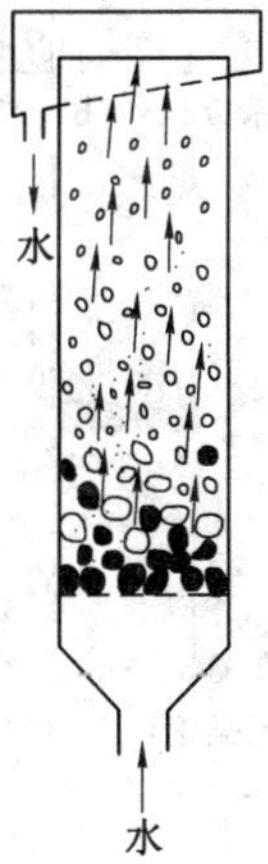

图 11-2 两种粒度和密度均不相同的宽级别混合物料在上升水流中的悬浮分层

第二节 跳汰选煤

一、跳汰选煤原理及其过程

跳汰选煤是指煤粒在垂直交变介质流中按密度分选的重选作业。所用的介质可以是水

(水力跳汰),也可以是空气(风力跳汰)。

煤炭分选中,跳汰选煤占很大比重。全世界每年入选煤炭中,有50%左右是采用跳汰机处理;虽然近几年重介质选煤的比例越来越大,但我国跳汰选煤仍占有很大的比重。另外,跳汰选煤处理的粒度级别较宽,在0.5～150 mm范围,既可不分级入选,也可分级入选。跳汰选煤的适应性较强,除非极难选煤,均可优先考虑采用跳汰的方法处理。由于跳汰选煤工艺流程简单、设备操作维修方便、处理能力大且对易选煤具有较高的分选精确度,因此,在生产中跳汰选煤应用较普遍,是重选中非常重要的一种分选方法。

在分选过程中,水流每完成一次周期性变化所用的时间称为跳汰周期。图11-3所描绘的就是颗粒在一个跳汰周期中,所经历的松散与分层过程。在一个跳汰周期内,床层经历了从紧密到松散分层再紧密的过程,颗粒受到了分选作用。然而颗粒只有经过多个跳汰周期之后,分层才能逐趋完善。分层最终结果是:密度低的颗粒集中在床层的上层(即精煤);密度高的颗粒集中在床层的最底层(即矸石)。在生产中,随着原煤的不断给入,精煤和矸石不断地从跳汰机中排出,构成了连续的跳汰过程。颗粒在跳汰过程中之所以能分层,起主要作用的内因是颗粒自身的性质,但能让分层得以实现的客观条件则是垂直升降的交变水流。

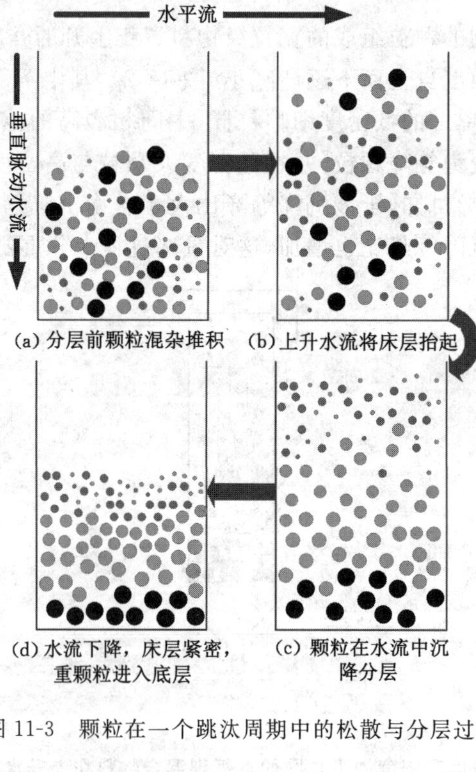

图11-3　颗粒在一个跳汰周期中的松散与分层过程

二、跳汰机

跳汰机是实现跳汰过程的设备。煤用跳汰机主要有空气脉动跳汰机和动筛跳汰机,其中空气脉动跳汰机按其结构可分为筛侧空气室跳汰机(鲍姆跳汰机)和筛下空气室跳汰机(高桑跳汰机)两类。这两类跳汰机还可根据其用途、入选粒度和机械结构进行分类,见表11-1。

表 11-1　空气脉动跳汰机的类型

总　类	分　类	名　称	特　点
筛侧空气室跳汰机	按入选煤的粒度分类	块煤跳汰机	入选煤的粒度大于 10～30 mm
		末煤跳汰机	入选煤的粒度小于 10～30 mm
		不分级煤用跳汰机	分选 0～50 mm 或(0～100 mm)不分级原煤
		煤泥跳汰机	入选煤的粒度小于 0.5～3 mm
筛下空气室跳汰机	按洗箱的段数分类	单段跳汰机	两种产品:精煤和矸石
		两段跳汰机	三种产品:精煤、中煤和矸石
		三段跳汰机	四种产品:精煤、中煤、矸石和黄铁矿
	按工序中所占的地位分类	主洗跳汰机	入选物料为原煤
		再洗跳汰机	入选物料为主洗机的中间产品
	按跳汰室的数量分类	单槽跳汰机	跳汰机有一个跳汰室
		双槽跳汰机	跳汰机有两个跳汰室
	按矸石的运动方向分类	正排矸跳汰机	矸石与水流运动方向相同
		倒排矸跳汰机	矸石与水流运动方向相反

(一) 筛侧空气室跳汰机

筛侧空气室跳汰机的基本结构如图 11-4 所示。跳汰机由机体 1、风阀 2、筛板 6、排料装置 4、5 和排矸道 8、排中煤道 7 等部分组成。机体由纵向隔板 9 分为空气室和跳汰室,两室的下部相通。空气室上部密闭,设有特制风阀,风阀的作用是将压缩空气交替地给入空气室中,同时按一定的规律将空气室中的压缩空气排出室外。当给入压缩空气时,跳汰室中的水被强制上升;待空气室的压缩空气排出时,跳汰室中的水位又自动下降,因此,推动跳汰室水面上下运动形成脉动水流 10。改变给入的压缩空气量可以调节跳汰机中的水流冲程,改变风阀的运动速度可以调节水流脉动的频率。顶水从空气室下部进水管 13 进入以改变跳汰机水流运动特性,并在跳汰室中形成水平流,便于运输物料,同时使物料在跳汰室中进行松散和分层。跳汰机中的冲水是从机头与原料煤一起给入。原料煤在跳汰机中经分层得到分选后,在第一段(矸石段)和第二段(中煤段)的重产物矸石、中煤,分别经各段末端的排料装置排到各自的排料道,并与透筛的小颗粒重产物一块排到各自的排料口,再经与机体密封的脱水斗子提升机排出。轻产物(精煤)自溢流口排出机体。

(二) 筛下空气室跳汰机

筛下空气室跳汰机的空气室安设在跳汰机机体内筛板的下方,它与筛侧空气室跳汰机相比具有不同的特点。目前我国自行设计制造的筛下空气室跳汰机 LTX 系列共有 7 种规格,已在生产上使用的有:LTX-8 型、LTX-14 型、LTX-35 型等。

LTX 14 型筛下空气室跳汰机基本结构如图 11-5 所示。LTX 系列筛下空气室跳汰机,除将空气室移到筛板下方之外,其他与筛侧空气室跳汰机的各部分结构大体相同。其工作过程是将压缩空气经风阀控制,交替地压入和排出筛下空气室,从而使跳汰室中的水位上升和下降,形成脉动水流。实测表明,它所产生的脉动水流特性与筛侧空气室跳汰机的典型脉动水流特性非常相似。

筛下空气室的型式较多,在确定空气室的形状时,应考虑它能产生均匀的脉动水流、形

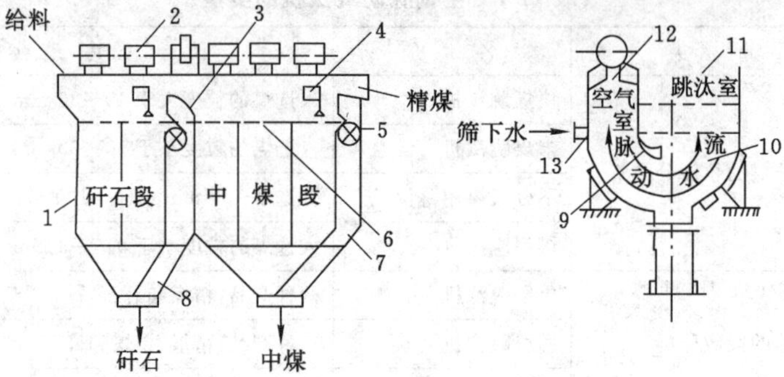

1—机体；2—风阀；3—溢流堰；4—浮标传感器；5—排矸轮；6—筛板；7—排中煤道；8—排矸道；9—纵向隔板；10—脉动水流；11—跳汰室；12—空气室；13—进水管。

图 11-4　筛侧空气室跳汰机基本结构

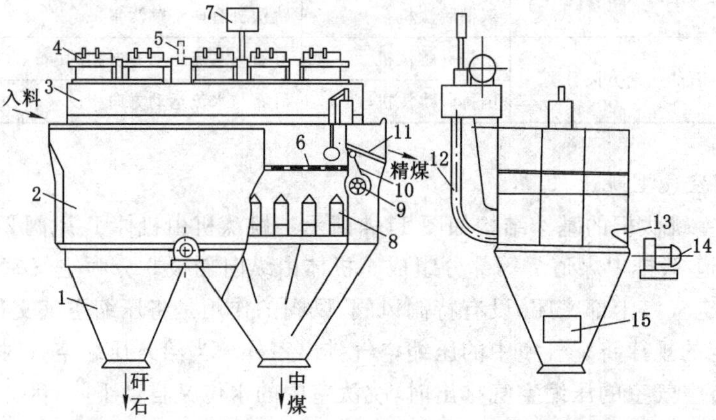

1—下机体；2—上机体；3—风水包；4—风阀；5—风阀传动装置；6—筛板；7—水位灯光指示器；8—空气室；9—排料装置；10—中煤段护板；11—溢流堰盖板；12—水管；13—水位接点；14—排料装置电动机；15—检查孔。

图 11-5　LTX-14 筛下空气室跳汰机基本结构

状阻力和沿程阻力小、在流动中扩散性能好以及在到达筛板时，各部分分布均匀等特点。

（三）动筛跳汰机

动筛跳汰机不用风、不用冲水和顶水，筛面上物料的松散度由动筛机构的运动特性所决定。动筛跳汰机的工作原理是靠动筛机构在水介质中的上下往复运动，使筛板上的物料形成周期性的松散，实现物料按密度分层的。在动筛机构的上升阶段，床层被筛板整体托起，颗粒相对于筛板基本没有相对运动，但水介质相对于颗粒是向下运动的，这种水介质与颗粒的相对运动，使筛面上的物料床层愈来愈紧密，同时由于介质阻力，相对小的颗粒穿过相对大的颗粒的缝隙向下运动。动筛机构下降时，水介质形成相对于动筛机构的上升流，在介质阻力的作用下，颗粒在水介质中进行干扰沉降，实现按密度分选。

动筛跳汰机按驱动装置分为液压驱动式和机械驱动式两大类。不论是液压驱动式动筛跳汰机还是机械驱动式动筛跳汰机，它们都由主机、驱动装置和控制装置三部分组成，所不同的是液压驱动式动筛跳汰机的动筛机构和排矸轮的动力由液压站提供，而机械驱动式动筛跳汰机则通过曲柄的连续传动，使摆杆绕固定轴做往复摆动，带动动筛工作。分好层的物料中，轻产物通过溢流槽排出，重产物通过排矸辊排出，透筛细物料一般采用斗提机排放方式。物料上升时的液压压力值作为床层的厚度测值，同时转换为电信号调控排矸辊的速度参数，从而达到控制床层厚度的目的。

三、跳汰机的操作工艺制度

跳汰机的分选效果取决于操作工艺制度，与入料性质及质量要求有关。风、水、给、排是跳汰机最主要的操作参数，各操作参数间互相联系，决定了跳汰机分选床层的状态。

床层运动状态决定了矿粒按密度分层的效果。床层愈厚，松散时间愈长，分层的时间也愈长。若床层太厚，在风压和风量不足时，不易达要求松散度；减薄床层能增强吸啜分层作用，有利于细粒级分选得纯净精煤；但床层如果太薄，吸啜作用过强，精煤损失增加，床层不稳，操作难。若轻重物密度差大，可用薄床层，分层快；若轻重物密度差小，须用厚床层，可得高质量精煤。另外，床层水平移动速度应与按密度分层的速度相适应，它决定着已分层的物料进行分离时的快慢，可通过调整筛板倾角和风、水用量加以控制。

实际操作中跳汰机入料性质波动要尽量小，给料速度要均匀，宽度方向要均匀，原煤要润湿。要根据所要求的松散度调风量，各风室的风量由入料到排料依次减少。为减少跳汰室液位差，增大压缩空气的压力效应，筛下水量一般应占总水量的70%～80%。冲水主要起润湿作用，一般占总水量20%～30%。

风量、风压比筛下水更能影响松散度，增加风量可以提高吸啜作用，而增加水量却减弱吸啜作用，应用时要灵活。

分层结束，应及时、连续、合理地排出产物。排重产物速度应与床层分层速度及矸石(中煤)层的水平移动速度相适应：若排放过快，会使得矸石(中煤)层薄、排空，导致床层过于松散、不稳定，精煤损失到重产物中；若排放过慢，重产物会出现堆积，影响床层的松散和物料的分层，导致污染精煤。

第三节 重介质选煤

实际生产中由于受到重悬浮液最高密度的限制，无法分选出高纯度的高密度产物，因此，除了选煤外，重介质分选法主要用作预选作业，常用来处理集合体嵌布的有色金属矿石，在细碎后将单体解离的脉石矿物除去，减少磨矿和选别作业的矿石量，进而降低成本。重介质分选还可用来从废汽车的破碎产物中回收金属、处理生活垃圾、净化土壤和从废蓄电池中回收有价成分。

重介质选煤是一种采用密度介于煤与矸石之间的液体作为分选介质的高效率的重力选煤方法。依所用的分选介质不同，重介质选煤分为重液选煤和重悬浮液选煤。重液主要包括有机溶液(如四氯化碳、三溴甲烷、苯、二甲苯)和无机盐水溶液(如氯化锌水溶液、氯化钙水溶液)。由于重液价格高，不易回收，多数还有毒性或腐蚀性，因此一般只在实验室中做煤炭浮沉试验用。重悬浮液是指高密度的固体微粒与水配制成悬浮状态的两相流体。目前，国内外普遍采用磁铁矿粉与水配制的悬浮液作选煤用的重介质，这种悬浮液可以依据实际需求配制成相应的密度，而且方便净化回收。

重介质选煤按分选力的不同可分为重力重介质选煤(重介质分选机)和离心力重介质选煤(重介质旋流器)两种。重介质选煤一般都分级入选，分选块煤常采用重介质分选机，分选末煤常采用重介质旋流器。重介质选煤的基本原理是阿基米德浮力定律,其分选效率高于其他选煤方法,入选粒度范围宽(重介质分选机的入料粒度为 6～1 000 mm,重介质旋流器的入料粒度为 0.15～80 mm),生产控制易于自动化,因而得到了十分广泛的应用。重介质选煤的缺点是:工艺复杂、生产成本较高、设备磨损快、维修量大。

一、重介质选煤原理

(一) 重介质分选机分选原理

在静止的悬浮液中,作用在颗粒上的力有重力 G 和浮力 G_0。因此,悬浮液中颗粒所受的合力 F 为:

$$F = G - G_0 \tag{11-1}$$

其中,$G=V\delta g$,$G_0=V\rho g$,则:

$$G = V\delta g - V\rho g = V(\delta - \rho)g \tag{11-2}$$

式中,V 为颗粒的体积,m^3;δ 为颗粒的密度,kg/m^3;ρ 为悬浮液的密度,kg/m^3;g 为重力加速度,m/s^2。

当 $\delta<\rho$ 时,颗粒上浮;当 $\delta>\rho$ 时,颗粒下沉;当 $\delta=\rho$ 时,颗粒处于悬浮状态。重介质分选机通过悬浮液流和刮板或提升轮分别把浮物和沉物排出,完成分选。

(二) 重介质旋流器分选原理

在重介质旋流器中,物料和悬浮液以一定压力沿切线方向给入,形成强有力的旋涡流。液流从入料口开始沿旋流器内壁形成一个下降的外螺旋流;在旋流器轴心附近形成一股上升的内螺旋流。由于内螺旋流具有负压而吸入空气,在旋流器轴心形成空气柱。精煤随内螺旋流向上,从溢流口排出;矸石随外螺旋流向下,从底流口排出。

在重介质旋流器中,颗粒所受离心力 F_c 为:

$$F_c = V\delta \frac{v^2}{r} \tag{11-3}$$

式中,v 是颗粒的切向速度,m/s;r 为颗粒的旋转半径,m。

悬浮液给物料的向心力 F_0 为:

$$F_0 = V\rho \frac{v^2}{r} \tag{11-4}$$

在半径为 r 处颗粒在悬浮液中所受的合力 F 为:

$$F = F_c - F_0 = V(\delta - \rho) \frac{v^2}{r} \tag{11-5}$$

则当 $\delta<\rho$ 时,F 为负值,颗粒移向内螺旋流;当 $\delta>\rho$ 时,F 为正值,颗粒被甩向外螺旋流。由此密度大于介质的颗粒和密度小于介质的颗粒得以分开。

在重介质旋流器中,由于离心力可比重力大几倍到几十倍,因而末煤的分选速度大大加快并实现分选效果的改善。

二、块煤重介质分选机

工业上使用的重介质分选机种类繁多。目前我国应用最多的是斜轮重介质分选机,其次是立轮重介质分选机,浅槽重介质分选机亦有应用。

(一) 斜轮重介质分选机

如图 11-6 所示为斜轮重介质分选机结构。

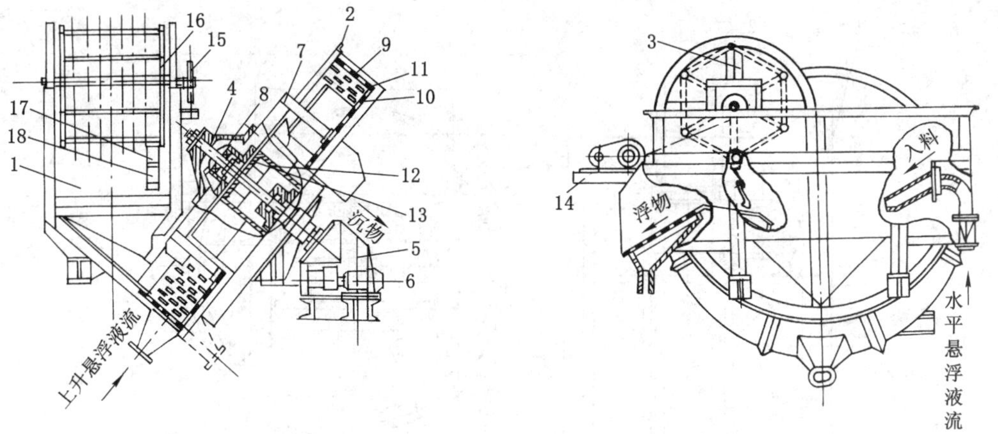

1—分选槽;2—斜提升轮;3—排煤轮;4—提升轮轴;5—减速器;6—电动机;7—提升轮骨架;8—转轮盖;9—立筛板;10—筛底;11—叶板;12—支座;13—轴承座;14—电动机;15—链轮;16—骨架;17—橡胶带;18—重锤。

图 11-6 斜轮重介质分选机

斜轮重介质分选机由分选槽 1、斜提升轮 2、排煤轮 3 等部件组成。分选槽是由数块钢板焊接而成的多边形箱体。斜提升轮 2 装在分选槽旁侧的机壳内,其传动部分设在分选槽的下部,包括提升轮轴 4、减速器 5 和电动机 6。斜提升轮下部与分选槽底部相通,在斜提升轮轮盘的整个圆面上,沿径向装有冲孔筛板制造的若干块叶板 11,沉物主要由它提升。排煤轮呈六角形,在对应角处分别有六根卸料轴相连,在每根卸料轴上有若干个橡胶带 17 吊挂的重锤 18。浮物就是靠排煤轮转动时由重锤逐次拨出的。

该分选机在给料端下部位于分选带的高度引入水平介质流,不断给分选带补充合格悬浮液,防止分选带密度降低;在分选槽底部引入上升介质流以造成微弱的上升流速,防止悬浮液沉淀。水平和上升介质流使分选槽中悬浮液的密度保持稳定均匀。原料煤进入分选机后按密度分为浮物和沉物两部分。浮物由水平流运输至溢流堰被排煤轮 3 刮出,经固定筛一次脱介后进入下一脱水脱介作业;沉物下沉至分选槽底部由提升轮的叶板 11 提升至排料口排出。在提升过程中也进行了一次脱介。

(二) 立轮重介质分选机

立轮重介质分选机与斜轮重介质分选机工作原理基本相同,其差别仅在于分选槽槽体型式和排矸轮安放位置等机械结构上有所不同。我国早期制造的 JL 型立轮重介质分选机主要有 JL18A 型和 JL25 型两种型号,这两种立轮重介质分选机的结构基本相同,只是在悬浮液给入方式上有所不同。JL25 型(图 11-7)采用水平+上升液流,悬浮液从分选槽一端的水平介质管和分选槽底部的上冲介质管分别给入分选机;JL18A 型采用水平+下降液流,悬浮液全部从水平介质管给入分选机,利用在分选槽下部的排料闸门,排出部分悬浮液造成下降液流。

(三) 浅槽重介质分选机

浅槽重介质分选机主要由槽体、排矸刮板及驱动装置构成(图 11-8)。浅槽重介质分选机的分选槽为敞开式,悬浮液经过三个喷嘴进入给料端的水平介质槽,形成沿槽宽全断面的水平介质流,以输送物料并补充槽内悬浮液。槽底部的上升介质漏斗可形成上升悬浮液,以保持悬浮液密度的稳定性,同时促进分选过程的实现。

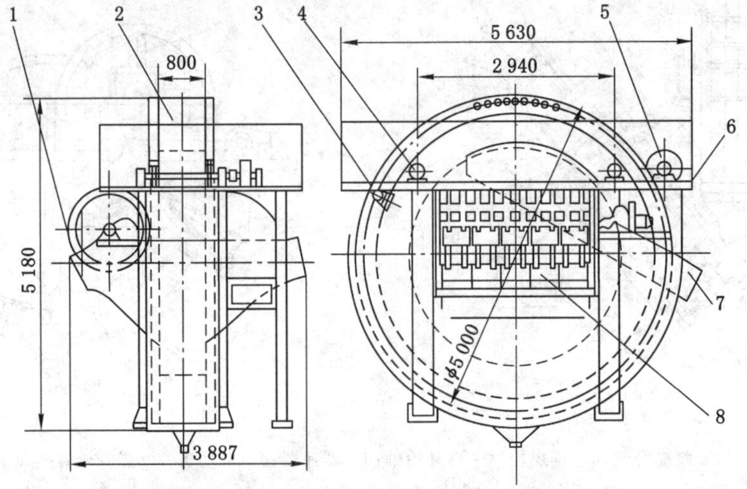

1—分选槽；2—提升轮；3—挡轮装置；4—托轮装置；5—拨动轮装置；6—机架；7—矸石溜槽；8—排煤轮。

图 11-7　JL25 型立轮重介质分选机示意图

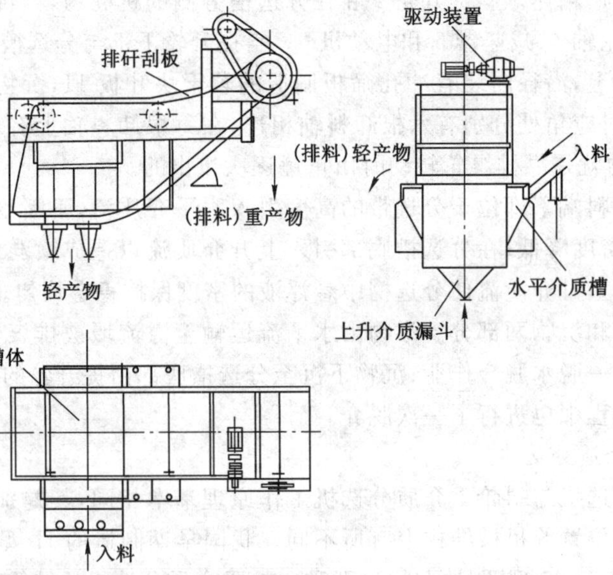

图 11-8　浅槽重介质分选机结构图

原煤由给料端进入分选槽后，在水平流和上升流的共同作用下按密度完成分选，轻产物主要随溢流排出，重产物由刮板沿脱水段经排料口排出。

三、重介质旋流器

6 mm 或 13 mm 以下的末煤分选一般采用离心力场来强化分选过程，分选设备主要采用重介质旋流器。重介质旋流器是一种结构简单、无运动部件的选煤设备。根据机体结构和形状分为圆锥型和圆筒型两产品重介质旋流器、双圆筒串联型和圆筒与圆锥串联的三产品重介质旋流器。两产品重介质旋流器按其原料煤给入方式分为有压(切线)给料和无压

(中心)给料两种。

(一) 圆锥型重介质旋流器

国内外广泛使用圆锥型重介质旋流器,其分选过程如图 11-9 所示。物料与悬浮液混合,以一定压力从入料管沿切线方向给入旋流器圆筒部分,由于离心力的作用,高密度物料移向锥体的内壁,并随部分悬浮液向下做螺旋运动,最后从底流口排出;低密度物料集中在锥体中心,随内螺旋上升,经溢流管进溢流室排出。溢流先进入溢流室,然后顺切线方向排出,可以减少对旋流器不利的反压力。

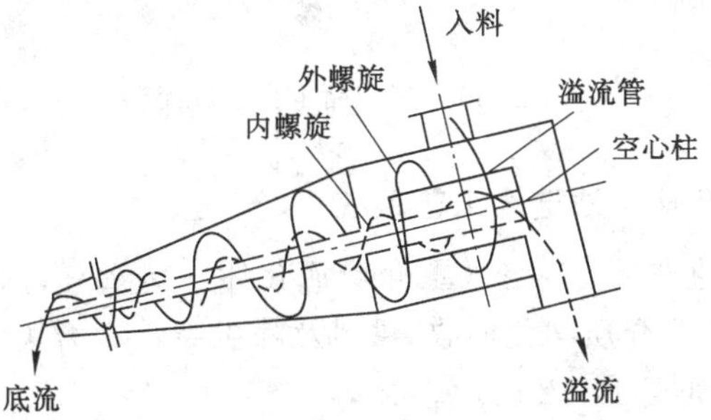

图 11-9　圆锥型重介质旋流器分选过程

旋流器内流体的切线速度很大(4.4 m/s 以上),对部件磨损严重。为了提高设备的使用寿命,可用合金钢等耐磨材料整体铸造,也可采用耐磨材料作衬里(如铸石等),但衬里要求光滑,无凹凸和台阶,以免破坏流体的正常流态。

(二) 圆筒型重介质旋流器

美国制造的 DWP 型重介质旋流器属无压给料式圆筒型重介质旋流器,其结构如图 11-10 所示。分选物料与悬浮液分开给入。物料无压、自重给入上部中心入料管(在给料箱内也加入少量悬浮液);悬浮液用泵以 0.06～0.15 MPa 的压力沿切线压入圆筒下部(圆筒呈 25°～35°倾角安装)。沿切线压入的悬浮液由底部至顶部形成一股上升的空心旋涡流。矸石与一部分高密度(起浓缩作用的)悬浮液沿筒壁上升,从矸石排出口排出。精煤与低密度悬浮液聚集在旋涡中心向下流动,通过下部排出口排出。

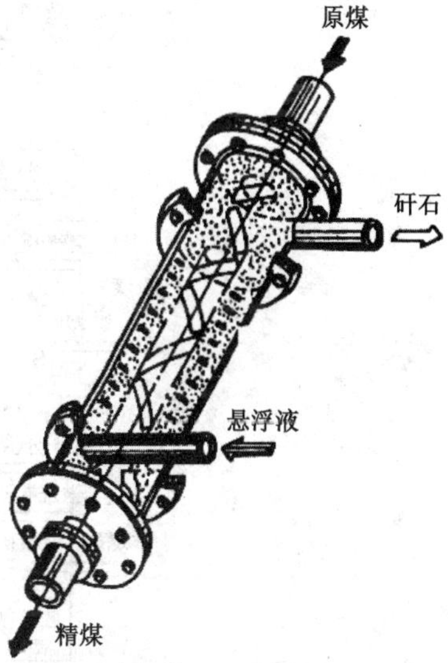

图 11-10　DWP 型重介质旋流器

DWP 型重介质旋流器的优点是:物料与悬浮液分开给入,有利于悬浮液密度的测定和调整;物料与悬浮液之间接触时间短,粉碎程度低;旋流器各部件磨损小,使用寿命长。其缺点是分选精度相对较差。

(三) 三产品重介质旋流器

三产品重介质旋流器(图 11-11)是由两台两产品重介质旋流器串联组装而成的。第一段为主选,采用低密度悬浮液进行分选,选出精煤和再选入料,同时由于悬浮液浓缩的结果,为第二段准备了高密度悬浮液。第二段为再选,分选出中煤和矸石两种产品。

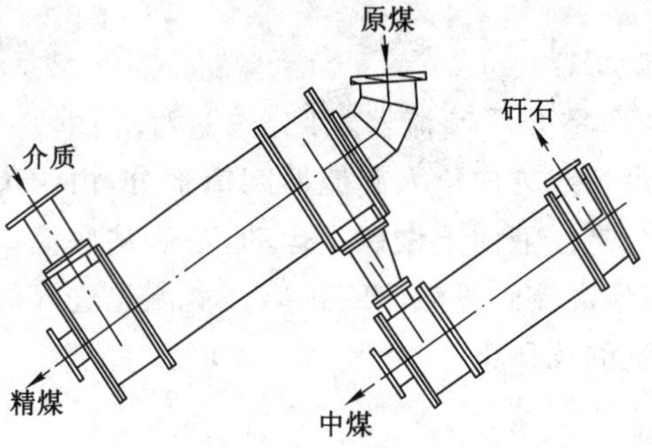

图 11-11 三产品重介质旋流器

四、空气重介质流化床干法选煤工艺系统

根据流化床选煤工艺的要求，空气重介质流化床干法选煤工艺系统主要包括：原煤准备、筛分、分选、产品脱介及介质净化回收、供风及除尘等。50 t/h 空气重介质流化床干法选煤工艺系统的原则流程如图 11-12 所示。

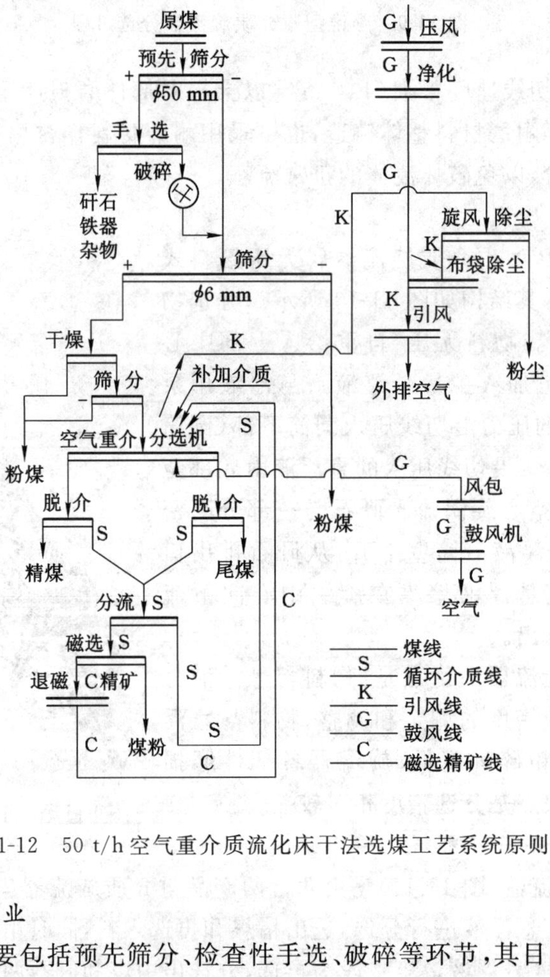

图 11-12 50 t/h 空气重介质流化床干法选煤工艺系统原则流程

（一）原煤准备作业

原煤准备作业主要包括预先筛分、检查性手选、破碎等环节，其目的是保证入选上限，除

去铁器、杂物、过大块矸石，保障后续作业正常工作。

（二）筛分作业

筛分作业的任务一是保证入选煤的粒度；二是降低入选煤的外在水分。空气重介质流化床要求入选煤的外在水分小于 5%。经大量研究表明，尽管入厂原煤水分一般都比较高，但只要分级效果好，筛上产品水分可以满足要求。因为原煤水分基本上按表面积分配，绝大部分水量随 6 mm 或 13 mm 以下物料进入筛下物。所以筛分作业的好坏直接影响到分选效果。对于某些外在水分高、细泥含量多的原煤，采用二次筛分仍不能满足要求时，可在第一段筛分后对筛上产品进行快速干燥。

（三）分选作业

6～50 mm 粒度级煤进入空气重介质流化床分选机，加重质也进入分选机，它们分别用电振给料机和叶轮给料机均匀给入。由供风系统向流化床提供压缩空气，分选机上部接引风除尘系统。要保证流化床均匀、稳定，必须设置风量和风压的调节装置和显示仪表。分选机的给料要沿床宽均匀给入，给煤量和介质量应连续可调。为保证稳定的分选效果，必须设置密度测量与自动控制装置。

（四）产品脱介及介质净化回收

分选机排出产品中带有一定量介质，必须设置产品脱介作业，用于分选产品与介质的分离。流化床分选机工作过程中，不断有煤粉带入和产生次生煤粉，由于介质系统中煤粉的积累会降低分选密度，并造成分选环境恶化，为使分选密度稳定，多余煤粉必须排除，这一工作由干式磁选机完成，使排出的煤粉量等于带入的煤粉量，系统处于动态平衡状态。在磁选过程中，由于磁介质会被磁化，产生剩磁形成絮团，所以需设置退磁作业，将其剩磁脱除，使絮团分散。

第四节　摇床分选

根据分选介质的不同，摇床分为水力摇床和风力摇床两种，但应用最普遍是水力摇床。1890 年美国制造了第一台选煤用的打击式摇床，随着不断革新与改进，摇床已逐渐发展成为选矿和选煤工业中一种主要的重力分选设备。煤与其伴生的硫化矿物密度差大，通过摇床对细粒煤脱硫（选出硫黄铁矿）可取得较好效果。目前，美国、澳大利亚等国还有不少选煤厂用摇床分选细粒级煤。

摇床分选是细粒级物料分选应用最广泛的一种重选方法，属于流膜选矿。摇床由床面、机架和传动机构三部分组成，其外形结构如图 11-13 所示。

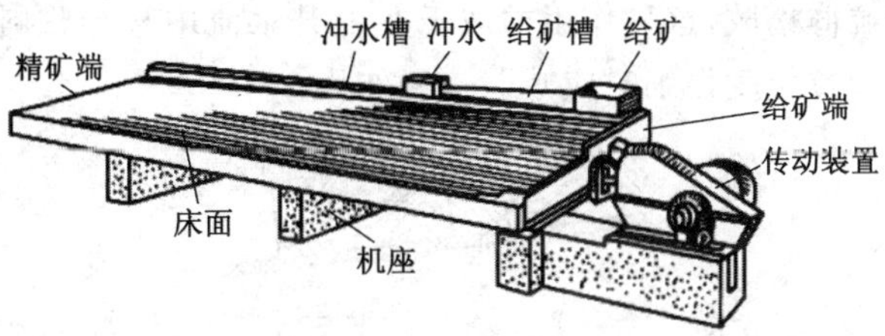

图 11-13　摇床的外形结构图

平面摇床的床面为矩形或菱形，床面纵向的一端设置传动装置，床面横向有明显倾斜，倾斜的上方布置有给矿槽和给水槽，床面上沿纵向布置床条，俗称来复条，床条高度自传动端向对侧逐渐降低，并沿一条或两条斜线尖灭；机架上装有调坡装置。

将待选原料加水配成20%～25%的矿浆，由给矿槽自流到床面上，在水流和床面振动作用下发生松散、分层。分层后的矿粒在不同大小的水流推动力和床面摩擦力的作用下做不同方向的运动，位于上层的轻颗粒受到更大程度的水流推动力，沿床面的横向倾斜向下运动，成为尾矿，位于下层的重颗粒受床层不对称往复运动，沿纵向移动到传动端对面，成为精矿。矿物颗粒的密度和粒度不同导致运动方向也不同，使颗粒群在床面呈扇形分布，如图11-14所示。

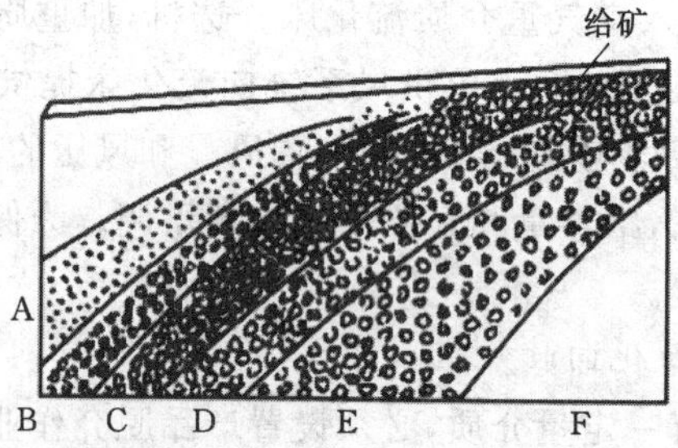

A—精矿；B—中矿Ⅰ(次精矿)；C—中矿Ⅱ；D—贫中矿；E—尾矿；F—溢流及矿泥。

图11-14 颗粒群在床面分选后的扇形分布

摇床的突出特点是分选精确性高，富集比大，处理低品位的钨、锡矿富集比可达到300左右，经过一次选别就能得到最终的精矿、尾矿以及1～2种中间产物；其主要缺点是占地面积大、处理能力低。

摇床在我国的钨、锡矿选矿中占有重要地位，主要用于处理钨、锡、有色和稀有金属矿石，摇床处理金属矿石时有效的选别粒度范围为3～0.04 mm，处理煤炭时粒度上限可达10 mm。

一、摇床分选原理

摇床分选过程包括松散分层和搬运分带两个基本阶段，这两个基本阶段都是在水流冲洗和床面的差动作用下完成的。

（一）颗粒群在床面上的松散分层

颗粒群的松散分层是在横向水流和床层的纵向运动下完成的。水流沿床面横向流动时，每穿过一个床条就产生一次水跃(图11-15)，由此激起比较强烈的旋涡，在各床条间形成上升水流，推动颗粒群松散，这种作用类似于在上升水流中悬浮物料，细小的颗粒会被水流带走，所以当矿物颗粒粒度很细时应减弱这种作用。

图11-15 床条间发生的水跃和旋涡

横向水流的作用有限，大部分下层颗粒是借助于床面的差动运动来实现松散及析离分层的。紧贴床面的颗粒和水流的运动速度接近于床层的运动速度，而上层颗粒和水流则因自身惯性导致其运动速度滞后于下层颗粒和水流的运动速度，所以产生了剪切速度差。矿物颗粒在错动中自身发生翻滚，并向四周挤压，增加了床层的松散度。重矿物因压力大，始终有进入底层的趋势，而细粒重矿物在转移中受到的机械阻力较小，进入最底层，同样，细粒轻矿物分布到粗粒轻矿物的下面。颗粒在转移过程中受到的阻力主要是物料层的机械阻力，因此，同一密度的细小颗粒容易穿过变化中的颗粒间隙进入底层，这种分层称为析离分层。

析离分层是摇床分选的重要特点，这使矿物按密度分层更加趋于完善，其结果是粗而轻的矿粒在最上层，其次是细而轻的矿粒，再次是粗而重的矿粒，最低层是细而重的矿粒。

（二）颗粒群在床面上的搬运分带

矿物颗粒在床面上松散分层的同时还伴随着搬运分带，分为横向运动和纵向运动。

横向运动是水流冲洗作用和重力的分力构成的推动力与床条产生的阻碍保护作用力所产生的综合效果。矿物颗粒沿床层横向运动所遵循的规律为密度相同的颗粒粒度大者移动速度大，粒度相同的颗粒密度小者移动速度大。位于上层的密度低的粗颗粒获得较高的移动速度首先被冲走，然后是低密度细颗粒、高密度粗颗粒，最后是高密度细颗粒，这种运动的结果是沿着床面纵向上，床层内物料的高密度组分含量不断提高，因此，这是一个精选过程，床条高度降低对提高高密度产物的质量起到重要作用；在横向上床条的高度逐渐升高，可阻碍偶尔被水流冲下的高密度颗粒，是一个扫选的过程。

精矿端一般有一个没有床条的三角形光滑平面区，此处依靠颗粒在水流冲洗作用下的运动速度差进一步脱除混杂在其中的低密度颗粒，使高密度产物的质量再次得到提高，这一带区通常称为精选带。

矿物在床层上沿纵向移动是由床面不对称往复运动造成的。床面从传动端以较低的正向加速度向前运动，到了冲程的中点附近速度达到最大，此时加速度降为零，接着负向加速度急剧增大，使床面产生急回运动，再返回到中点。接着改变加速度的方向，以较低的正向加速度使床面折回，如此进行差动往复摇动，其结果是造成颗粒在一个方向上与床面一起运动而在相反方向上与床面发生相对滑动，实现矿物颗粒在纵向的搬运。

在床面运动过程中，不同性质的矿物颗粒在床面的纵向运动速度大小顺序为：高密度细颗粒运动速度最大，其次是高密度细颗粒、低密度细颗粒、低密度粗颗粒，最后是悬浮在水流表面非常微细的颗粒。

颗粒在摇床床面的运动是纵向运动和横向运动的矢量和，其运动方向与床面纵轴的夹角 β 称为颗粒的偏离角（图 11-16），由此可见，颗粒的偏离角越大越偏向尾矿侧运动，反之越偏向精矿侧运动。

颗粒的扇形分选带越宽则分选的精确性越高，分选带的宽度取决于不同性质的颗粒沿床面的纵向运动速度与横向运动速度的差，因此，影响颗粒这两种运动速度的因素都能影响摇床的分选指标。

二、摇床分选的影响因素

摇床分选的影响因素分为床面的形状、冲程和冲次、冲洗水和床面坡度、入选前的准备和给矿性质等。

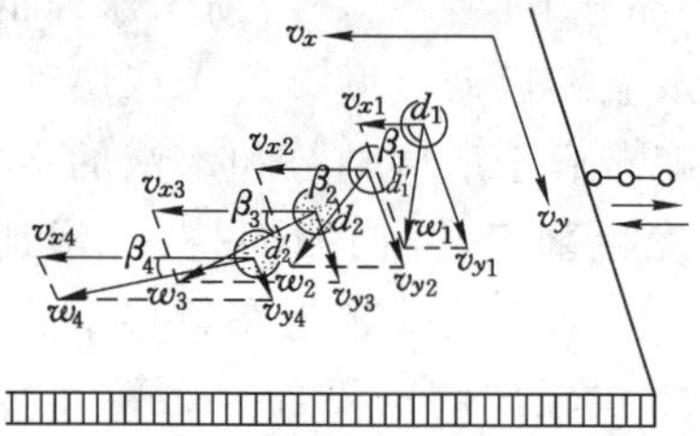

图 11-16　不同密度和粒度颗粒在床面上的偏离角变化

床面的形状分为矩形、菱形和梯形三种，其中矩形床面的有效利用面积小，菱形床面的有效利用面积大，但配置不便，梯形床面目前被我国较多采用。为了防止床面漏水、提高耐磨性并使之有一定的粗糙度，常在床面上铺设橡胶、聚氨酯橡胶、玻璃钢等。

冲程 s 和冲次 n 综合决定了床面的运动速度（与 ns 成正比）、颗粒在床面的运动速度（与 n^2s 成正比）、床层的松散度和析离分层的强度等。分选粗颗粒物料时应采用较大的冲程和冲次，以便于物料运输；分选细颗粒物料时应采用较小的冲程和冲次，以加强振动松散。

冲洗水（包括给矿水和洗涤水）大小与床面的坡度共同决定了颗粒在床面上的横向运动速度。当增加坡度时颗粒的下滑作用力加强，可减少用水量，但扇形的分带将变窄；反之，减小坡度增加冲洗水可使颗粒具有同样的横向运动速度，但分带会变宽。生产中为节约水常在粗选时采用“大坡小水”，在精选时采用“小坡大水”的操作制度。

摇床分选中析离分层占主导地位，给矿最佳粒度组成为所有密度大的矿物粒度均小于密度小的矿物粒度，因此，入料前常利用水力分级机进行预先分级。当原料中 10～20 μm 的微细粒含量高时需进行预先脱泥。

摇床给矿量在一定范围内波动时对分选指标的影响量不大，但总的来说，摇床的生产能力低，且随处理原料粒度和产品的质量要求不同而变化较大；处理粗粒物料时单台生产能力一般是 1.5～2.5 t/h，处理细粒物料时单台生产能力一般为 0.2～0.5 t/h。

第五节　溜 槽 分 选

溜槽分选是在斜槽中借助斜面水流作用进行选矿的方法。溜槽分选处理矿石的粒度范围较宽，最大可达上百毫米，最小为 0.1 mm 以下。分选 2～3 mm 矿石的溜槽称为粗粒溜槽，分选 2～0.075 mm 矿石的溜槽称为矿砂溜槽，分选 0.075 mm 以下矿石的溜槽称为矿泥溜槽。此外，溜槽分选还有叠加离心力作用的螺旋溜槽和离心溜槽。溜槽分选在金、铂、钨、锡以及稀有金属选矿中有广泛应用，在黑色金属选矿中亦有应用，在处理低品位矿砂方面有重要地位。

在溜槽内，不同密度的矿粒在水流的流动动力、矿粒重力（或离心力）、矿粒与槽底间的摩擦力等因素作用下发生分层，密度大的矿粒集中在下层，以较低的速度沿槽底向前运动，在给矿的同时排出槽外（这种溜槽称为无沉积型溜槽）[或者是滞留于槽底（这种溜槽称为沉积型溜槽），经过一段时间后，间断地排出槽外]；密度小的矿粒分布在上层，以较大的速度被水流带走，由此，不同密度的矿粒，在槽内得到了分选。矿粒粒度和形状也影响分选的精确性。

溜槽分选设备具有结构简单、生产费用低、操作方便等优点，特别适用于处理高密度矿物含量低的矿石。

一、粗粒溜槽

粗粒溜槽是用木板或钢板制成的直线形的长槽，槽底设置挡板或者铺面物，作用是造成旋涡和阻留重矿物。粗粒溜槽的工作过程如图 11-17 所示。

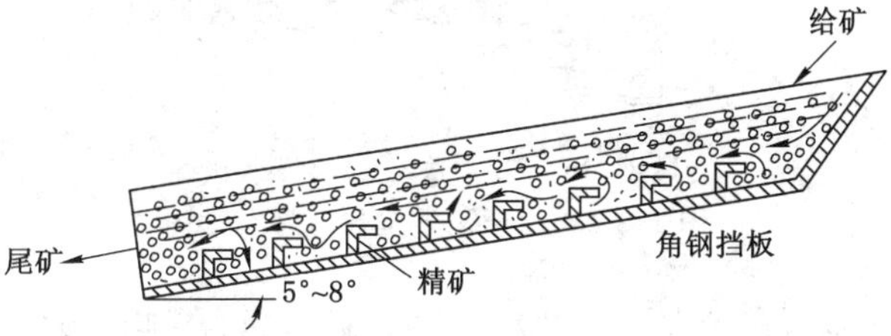

图 11-17 选金用粗粒溜槽的示意图

矿石入选前常将 10～20 mm 以上的粗粒物料筛除，所得的筛下物与水一起给入溜槽，然后在强烈湍流流动中松散分层，高密度的细粒物料进入底层后被挡板留在槽内，上层的低密度矿物颗粒则被水流带出槽外；经过一段时间后高密度颗粒在槽底形成一定厚度后停止给矿，并加清水清洗，然后去掉挡板进行人工耙动冲洗，得到的高密度产物再用摇床或跳汰机进行精选。

物料在溜槽的分选过程包括在垂直方向上的沉降以及槽底运动两个阶段。粒度粗或密度大的颗粒首先沉降到槽底，而细小的低密度颗粒则可能始终呈悬浮状态；颗粒沉降到槽底后基本呈单层分布，不同性质的颗粒按沿槽底运动速度的不同而发生分离。

粗粒溜槽的结构简单，生产成本低廉，处理高密度组分含量较低的物料时能够分选出大量的低密度产物，因此一直是应用广泛的粗选设备。

二、扇形溜槽和圆锥选矿机

（一）扇形溜槽

扇形溜槽又称尖缩溜槽，其工作原理示意图如图 11-18 所示。扇形溜槽是一种给矿端宽、排矿端窄的倾斜溜槽，现用的制造材料有木材、玻璃钢、铝合金、聚乙烯塑料等。扇形溜槽的槽底是一光滑的平面，槽体倾斜安装，倾角为 10°～20°。当矿浆由三角槽均匀给入溜槽时，由于槽体倾角较大，矿浆浓度较大(固体含量为 55%～65%)，且溜槽断面渐缩，因而矿浆形成了由薄变厚、由慢变快的平稳斜面流。物料在斜面流中悬浮、松散并按密度分层，重矿物逐渐聚集在下层，以较低的速度沿槽底流动，而上层轻矿物受到的摩擦力较小而水流作用力较大，运动速度较快；同时，随着溜槽渐缩，矿浆浓度增大，上下层液流的速度差变大，当流到端部窄口排出时形成扇形的矿浆流，借助截取器可在不同位置得到重矿物、轻矿物和中间产物。

影响扇形溜槽分选效果的因素有结构因素和操作因素。结构因素包括尖缩比(排料口宽度和给矿口宽度之比)、溜槽长度、底面粗糙度等。给矿口宽度一般为 125～400 mm，排矿口宽度为 10～25 mm，尖缩比介于 1/10 到 1/20 之间，溜槽的长度通常为 1 000～1 200 mm，槽底材料的粗糙度不宜过大，但又需耐磨。操作因素包括给矿浓度、溜槽坡度和给矿量等，其中给矿浓度是影响选别指标最重要的因素，浓度较低时回收率将下降，浓度过大时会引起回收率和精

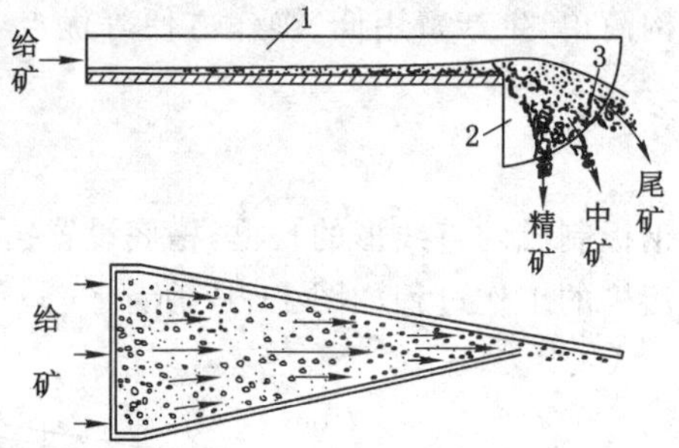

1—槽体；2—扇形板；3—分矿楔形块。

图 11-18　扇形溜槽工作原理示意图

矿品位同时下降；给矿量可在较大范围内波动，对选矿指标的影响不大。

扇形溜槽与其他溜槽分选方法相比，具有溜槽坡度大、槽底不装挡板、矿浆浓度大、矿浆流速随溜槽尖缩而渐增等特点，前段液流较平稳有利于提高回收率，后段液流脉动有所增加，有利于提高精矿品位。扇形溜槽有效处理粒度为 2.5～0.038 mm，主要用于选别含泥少的海滨或湖滨砂矿，该设备具有结构简单、不需要动力和处理量大的优点，适用于粗选。

（二）圆锥选矿机

圆锥选矿机是从扇形溜槽演变而来的，20 世纪 60 年代在澳大利亚用于工业生产。将圆形配置的扇形溜槽侧壁去掉形成一个倒置的锥面，便形成圆锥选矿机的工作面。与扇形溜槽相比，圆锥选矿机消除了溜槽侧壁对矿浆流动的阻碍效应，因而可改善分选效果并提高单位槽面处理能力。

圆锥选矿机的结构和工作原理如图 11-19 所示。在分选锥面的上方设置一正锥体，称为分配锥，用于向下面的分选锥分配矿浆。高浓度的矿浆从分配锥均匀流下，通过分配锥与分选锥之间的间隙进入分选锥，进入底层的重矿物由环形孔缓缓流入精矿管中，上层含轻矿物的较高速矿浆则越过精矿孔进入中心尾矿管。

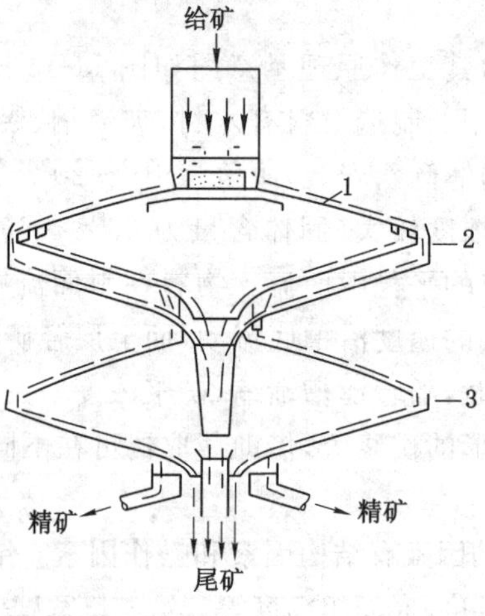

1—分配锥；2—双层分选锥；3—单层分选锥。

图 11-19　圆锥选矿机的结构和工作原理示意图

现在用的圆锥选矿机多为垂直多层配置，可以在一台设备上连续实现粗选、精选和扫选作业，粗选和扫选圆锥为双层锥，精选圆锥为单层锥，由精选圆锥得到的重产品再在扇形溜槽上精选。

圆锥选矿机的影响因素与扇形溜槽基本相同，但前者回收率高于后者，富集比低于后者。圆锥选矿机有处理量大、结构简单、适应性强、管理方便等优点，适用于处理数量大的低品位矿石以及再选堆存的老尾矿。

三、螺旋选矿机和螺旋溜槽

将一个窄的长槽围绕垂直轴线弯曲成螺旋状，便构成螺旋选矿机或螺旋溜槽。螺旋选矿机和螺旋溜槽的主要区别是槽断面的形状不同，前者适用于处理 2 mm 以下的矿石，而后者适用于处理－0.2 mm 的矿石。

螺旋溜槽和螺旋选矿机的分选原理为：在螺旋溜槽内，一方面矿浆在重力的作用下沿螺旋槽向下做回转运动，另一方面，在离心惯性力的作用下在螺旋槽的横向上做环流运动，前者称为主流或纵向流，后者称为副流或二次环流，这样就形成螺旋流，使上层液流既向下又向外流动，而下层液流既向下又向内流动。矿浆流层厚度从槽的内侧向外侧逐渐增加，纵向流速也随之增加，矿浆的流态由层流过渡为湍流；矿浆量增加时矿浆流的外缘流层增厚，纵向流速也增加，但对矿浆流的内缘附近影响不大。

松散分层和分带分离是螺旋选矿机分选过程的基本规律。矿浆自上部给入后，在沿槽流动过程中粒群发生分层，进入底层的重矿物沿着槽底的横向坡度向内缘移动，位于上层的轻矿物则随回转流动的矿浆沿槽的外侧向下运动，最后由槽的末端排出，成为尾矿；沿槽内侧移动的重矿物颗粒速度较低，通过槽面上的一系列排料孔排出，在排料孔上安装有刮板式截取器，由上而下从第一个孔和第二个孔得到的重产品可作为最终精矿，以下各孔产品的质量降低，可作为中矿返回处理，从槽的内缘给入冲洗水，可提高重产品的质量。螺旋槽横断面上物料分带情况如图 11-20 所示。

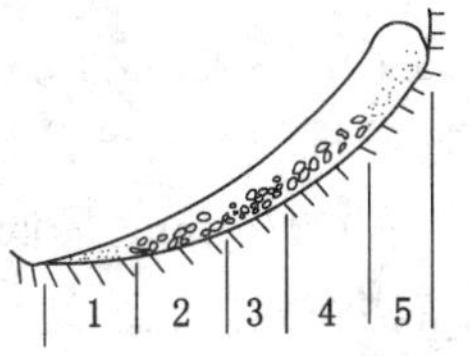

1—大密度细粒；2—大密度粗粒；
3—小密度细粒；4—小密度粗粒；5—矿泥。
图 11-20　颗粒在螺旋槽内的分带结果

螺旋选矿机在加拿大、美国和新西兰曾大量用于处理砂铁矿石，在我国用于选别锡石矿、红铁矿和稀有金属砂矿。螺旋选矿机的结构示意图如图 11-21 所示。

早年的螺旋选矿机多采用铸铁制造，或采用废旧的汽车轮胎，近年则多采用玻璃钢制造，这样的材料质轻耐用。处理易选的矿砂时螺旋圈数 3～4 圈就够用，但处理难选的矿石时则需要 5～6 圈。螺旋槽的断面轮廓线为二次抛物线或椭圆的四分之一部分，槽底除沿纵向有坡度外，沿横向也向内倾斜。

螺旋选矿机的规格由螺旋直径 D 决定，且 D 也是螺旋选矿机的基本参数，D 越大，生产率越高，分选粒度也越粗；当用大直径螺旋选矿机处理较细的物料时，应选用平缓螺旋面和大螺旋角；螺旋槽的横断面形状为椭圆形时处理－2 mm 的粗粒矿物，为二次抛物线形状时处理－0.2 mm 的细粒级矿物；螺距以 h/D 表示，决定了螺旋槽的纵向坡度，一般取 0.4～0.8，相应的螺旋外缘的倾角为 7°～15°，大螺距可将双螺旋镶嵌叠装，进而制成双层螺旋选矿机。

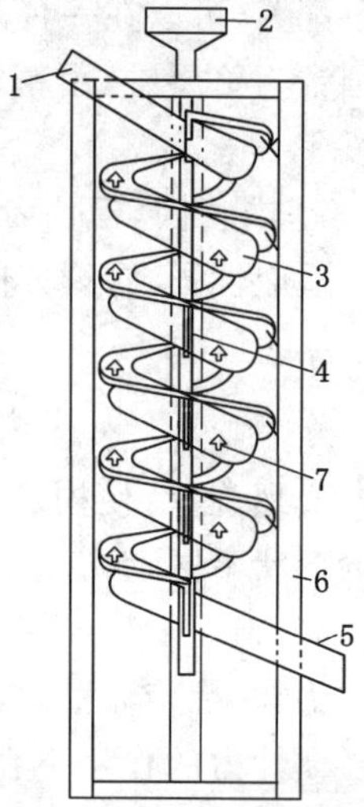

1—给料器；2—冲洗水导管；3—螺旋槽；4—连接用法兰盘；
5—低密度产物槽；6—机架；7—高密度产物排出管。
图 11-21 螺旋选矿机的结构示意图

螺旋选矿机的给料浓度和给矿体积是重要的影响参数，给料浓度过高或过低都不利于提高回收率，浓度一般取 15%～35%；给矿体积影响矿浆层的厚度和流速，但较宽范围内对分选指标的影响不大。

螺旋选矿机的最大给矿粒度可达 12 mm，但重矿物颗粒不宜超过 2 mm，有效回收的粒度范围为 7～0.075 mm，最低可达 0.04 mm。

螺旋溜槽在我国较多地用于处理弱磁性铁矿石，在有色和稀有金属选矿厂亦有所应用。螺旋溜槽的结构特点是断面呈立方抛物线形状。螺旋溜槽矿浆在槽面上的流动特性和分选原理与螺旋选矿机相似，差别只是螺旋溜槽有更大的平缓槽面宽度，在那里矿浆呈层流流动，更适合处理微细粒的矿石，回收粒度下限可到 0.02～0.03 mm，螺旋圈数为 4～6 圈，生产中常将 3～4 个螺旋槽组装在一起，称为多头螺旋溜槽，距径比可在 0.4～0.8 之间变化，给料粒度细时取小值；回收粒度下限随螺旋直径的增加而略有提高，但处理能力会急剧增加。螺旋溜槽处理铁矿石时粗选的给矿浓度为 30%～40%，精选时为 40%～60%。

四、离心选矿机

离心选矿机又称离心溜槽，是借助离心力进行流膜选矿的设备，离心加速度和重力加速度之比（称为离心力强度）约为 40～50，除了离心力强化之外，矿浆的松散分层原理与重力溜槽基本一致。

图 11-22 为卧式离心选矿机的结构示意图。离心选矿机的主要工作部件为截锥形转鼓，给矿端直径为 800 mm，向排矿端直线增大，坡度（半锥角）为 3°～5°，转鼓垂直长为 600 mm；矿浆在相对于鼓面流动的过程中发生分层，进入底层的重矿物附着在鼓壁，而上层轻矿物则通过矿浆转鼓与底盘间的缝隙排出，当重矿物沉积到一定厚度时停止给矿，由冲矿嘴给入高压水冲洗沉积的精矿。

离心选矿机的离心力作用是提高细粒重矿物进入底层的机会，降低选别粒度下限，同

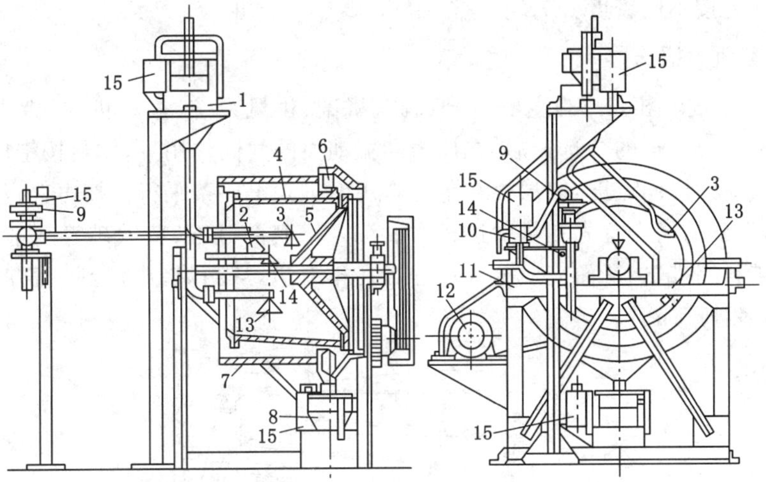

1—给料斗；2—冲矿嘴；3—上给矿嘴；4—转鼓；5—底盘；6—给矿槽；7—防护罩；8—分矿器；
9—皮膜阀；10—三通阀；11—机架；12—电动机；13—下给矿器；14—洗涤水器；15—电磁铁。
图 11-22　卧式离心选矿机结构图

时，也使不同密度矿粒的搬运速度以及它们的移动速度差增加，从而提高生产能力和选别精度。一般来说，选别粗颗粒矿物时离心选矿机的转速低，给矿量和浓度可大些，选别细颗粒矿物则反之。当存在矿量大、转速小、给矿浓度低等三种情况之一时会导致精矿产率小、品位高、回收率低。生产实践证明，高浓度、大体积的操作常可得到与低浓度、小体积操作类似的指标，但可获得更大的设备处理能力。

离心选矿机的分选过程是间断的，但给矿、冲水和产物的排出均是自动进行的，由附属的指挥机构和执行机构完成。

离心选矿机转鼓的直径、长度以及半锥角对工艺条件有决定性影响，转鼓的直径与干矿处理量呈正比关系；给矿粒度较细时应采用较短的转鼓，给矿粒度较粗时采用较长的转鼓；增大转鼓半锥角可提高高密度产物质量，但回收率会降低，可在不改变工艺效果的前提下提高处理能力。

离心选矿机的优点是结构简单，运转可靠，选别指标高，生产能力大，选别粒度下限低；但其缺点是间断工作，辅助设备较复杂，适应性差。离心选矿机广泛应用于钨、锡矿泥的粗选，也用于处理微细粒级的弱磁性铁矿石。

第六节　煤炭干法分选及其他选煤方法

在我国占可采储量 2/3 以上的煤炭地处山西、陕西、内蒙古西部和宁夏等严重缺水地区，因而无法大量采用现在耗水量较大的湿法选煤方法来提高煤炭质量。在国外很多国家和地区也存在类似问题，如在美国西部因缺水而影响该地区丰富煤炭资源的开发利用，所以研究新型高效干法选煤技术不但在中国是当务之急，而且在全球范围内也是一个紧迫问题。

在我国得到比较广泛应用的干法分选设备是 FX 型风力摇床和 FGX 型干选机，这两种型号的干选机都是以空气作为分选介质的重力分选设备，在气流和机械振动的共同作用下，使原煤在床面上按不同密度分为轻、重产品。

一、FX 型风力摇床

FX 型风力摇床(图 11-23)主要由分选床、机架、供风系统、振动机构、集尘装置等部分组成。物料给入长方形的分选床后,在风力和振动力的共同作用下,物料按密度分层。由于分选床具有较大的横向坡度,表层煤在重力作用下进入下一条平行沟槽再选,经过平行沟槽的多次分选,得到的精煤首先在排料边排出。沉入槽底的矸石、黄铁矿等高密度物料,逐渐移动到矸石排料端排出,从而完成分选过程。在排料边,从精煤、中煤到矸石产品的灰分逐渐增高,可出多种产品。

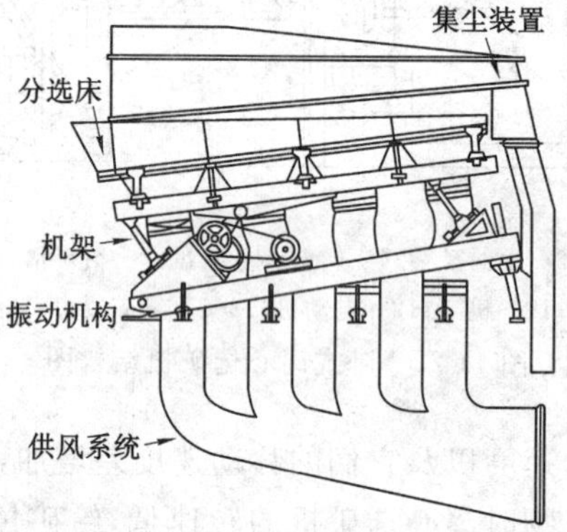

图 11-23　FX 型风力摇床结构示意图

二、FGX 型干选机

FGX 型干选机(图 11-24)由机架、吊挂装置、分选床、振动装置、供风系统和集尘装置等组成。分选床由带风孔的床面、背板、格条和排料挡板组成;机架包括支承架、纵向横向调坡装置、减振弹簧等;振动装置包括振动电机等;供风系统包括风管、手动风门和空气室等;集尘装置包括吸尘罩等。

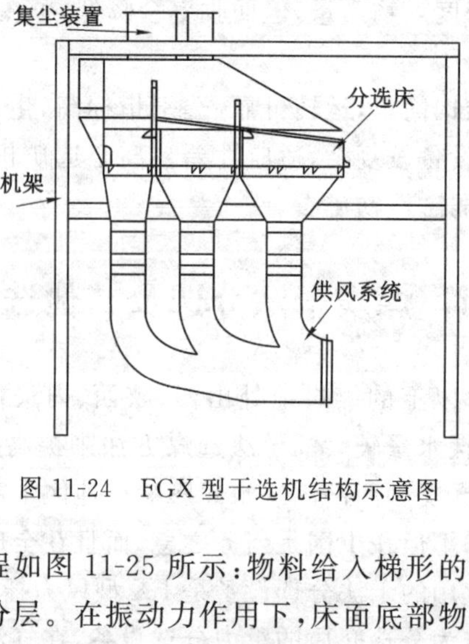

图 11-24　FGX 型干选机结构示意图

FGX 型干选机分选过程如图 11-25 所示:物料给入梯形的分选床后,在风力和振动力的共同作用下,物料按密度分层。在振动力作用下,床面底部物料向背板方向运动,受背板的阻挡，折而向上运动，上面的低密度物料在向上运动物料的推力和重力的联合作用下，从排料边排出；矸石、黄铁矿等高密度物料逐渐移动到矸石排料端排出，从而完成分选过程。在排料边，从精煤、中煤到矸石产品的灰分逐渐增高，可出多种产品。

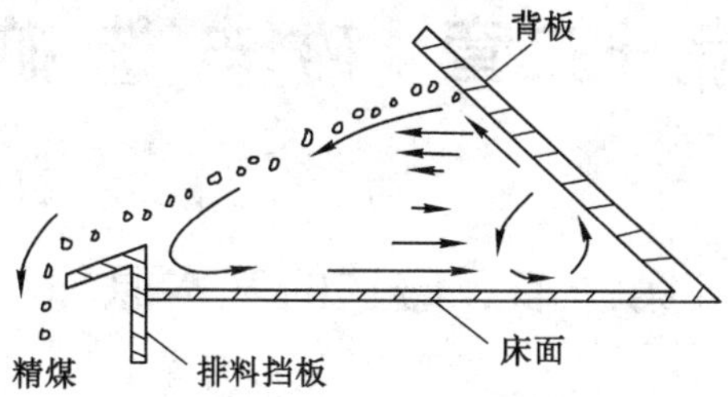

图 11-25 FGX 型干选机分选过程

思考题

1. 重力分选的基本条件是什么？
2. 等降比在重选中的意义是什么？
3. 跳汰选煤的原理和过程是什么？选煤常用的跳汰机有哪些？
4. 重介质选煤的原理是什么？常用设备有哪些？
5. 矿物颗粒在摇床床面是如何实现分选的？
6. 摇床分选的影响因素有哪些？
7. 常用溜槽分选设备有哪些？其原理和应用场合是什么？

第十二章　磁电选矿

第一节　磁选的基本原理

磁选是利用各种矿物间的磁性差异，在不均匀磁场中实现不同矿物分选的一种选矿方法。

一、磁选的基本过程

磁选是在磁选机中进行的。当矿浆进入分选空间，磁性矿物在不均匀的磁场中得到磁化，进而受到磁场的吸引作用吸附于磁选机的圆筒上，并随转筒到达排矿端；非磁性矿物则由于受到的磁场力小或不受磁场力作用，仍然残留于矿浆中，随矿浆排出成为非磁性产物。磁选过程如图 12-1 所示。

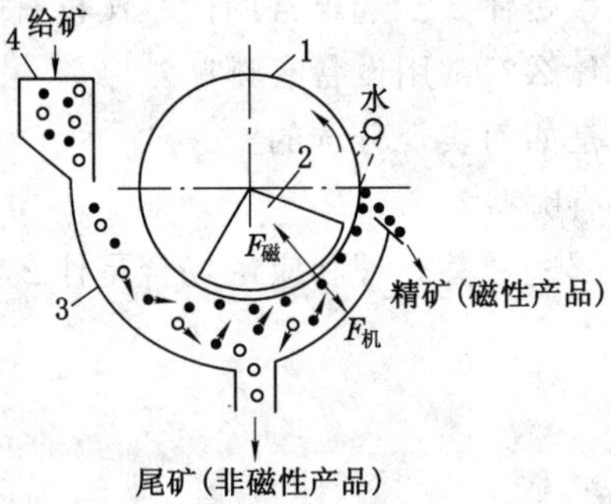

1—分选滚筒；2—磁系；3—分选筒；4—给矿箱。

图 12-1　磁选过程示意图

在磁选过程中，矿物颗粒受到磁力的同时，还受到其他机械力，如重力、离心力、惯性力、流体阻力、摩擦力、颗粒之间的吸引力和排斥力等，因此，将磁性颗粒与非磁性颗粒分离的必要条件(非充分条件)是：

$$F_{磁} > \sum F_{机}$$

式中　$F_{磁}$—— 磁性颗粒所受到的磁力；

$\sum F_{机}$—— 磁性颗粒所受到的与磁力方向相反的机械力的合力。

分离两种磁性不同的颗粒需要满足的必要条件(非充分条件) 是：

$$F_{磁1} > \sum F_{机} > F_{磁2}$$

式中　$F_{磁1}$—— 磁性较强的颗粒所受到的磁力；

$F_{磁2}$—— 磁性较弱的颗粒所受到的磁力；

$\sum F_{机}$—— 磁性颗粒所受到的与磁力方向相反的机械力的合力。

磁性较强的颗粒与磁性较弱的颗粒在磁选机中的分离主要有两种方式：一种是吸引法，是指物料在磁选机中分选时，磁性较强的颗粒虽受到磁极吸引，但在竞争力的作用下不能沉积在磁极上，只能向磁极方向运动；而磁性较弱的颗粒受到的竞争力大于磁极吸引力，背离磁极运动。另一种是吸住法，是指物料给入靠近磁极的区域，磁性较强的颗粒受到磁极的吸引而被吸到磁极上或紧靠磁极的圆筒上或聚磁介质上，进入磁性产品区；而磁性较弱的颗粒在竞争力的作用下随矿浆流或给料输送带进入非磁性区。

二、磁场

（一）磁感应强度和磁场强度

磁极间的相互作用是通过磁场发生的。磁场是指磁场强度在空间的分布，描述磁场性质的物理量有磁感应强度和磁场强度。

磁感应强度以 B 表示，单位为 T，在电磁单位制中 B 的单位为高斯(Gs)，两者的换算关系为 $1\ \mathrm{T}=10^4\ \mathrm{Gs}$。磁场中某点的磁感应强度大小等于该点处的导线通过每单位电流所受力的最大值，方向为放在该点的小磁针 N 级所指的方向。

磁场强度以 H 表示，是指在任何磁介质中，磁场中某点的磁感应强度 B 与同一点的磁导率 μ 的比值，单位为 A/m，在电磁单位制中磁场强度 H 的单位为 Oe(奥斯特)，两者的换算关系为 $1\ \mathrm{A/m}=4\pi\times10^{-3}\ \mathrm{Oe}$。

（二）磁选机的磁场

在磁选机中能使磁体产生磁力作用的空间称为磁选机的磁场。磁选机的磁场可分为均匀磁场和非均匀磁场。均匀磁场中各点的磁场强度大小相等，方向一致；非均磁场中各点的磁场强度大小和方向都是变化的。磁场的非均匀性以磁场梯度表示，以符号 $\mathrm{d}H/\mathrm{d}x$ 或 $\mathrm{grad}\ H$ 表示；磁场梯度为矢量，方向为磁场强度变化最大的方向且指向 H 增大的方向。

在均匀磁场中，颗粒只受到转矩作用，作用的结果使颗粒的长轴平行于磁场方向；在非均匀磁场中，颗粒不仅受到转矩的作用，而且还受到磁力的作用，作用的结果使颗粒不仅发生转动，而且还使颗粒向磁场梯度增加的方向移动，最后吸附在磁极的外表面上，从而实现磁性不同的颗粒的分离。因此，磁选只能在非均匀的磁场中才能实现不同磁性矿物的分离。

（三）物体的磁化

物体不受外磁场作用时，分子的热运动使分子磁矩的取向分散，其矢量和为零，此时物体不显磁性；当把物体置于磁场中，分子磁矩沿外磁场方向取向，使其矢量和不为零，从而使物体显出磁性。以上便是物体被磁化的实质。

磁性不同的物体在相同的磁场中磁化时由于分子磁矩的取向程度不同，其磁性有强弱之分，非磁性物体在磁场中分子磁矩的取向程度极小，但并不是绝对没有磁性，其磁性会随外磁场的增强而有所增强。

物体被磁化的程度以磁化强度表示，符号为 M，表示单位体积的磁矩与外磁场强度呈比例增加；对于质地均匀的物体，常用单位外磁场强度使物体所产生的磁化强度来表示它的磁性，即

$$\kappa = M/H$$

式中，κ为物质的磁化率，可用以表示物质的磁性，无量纲；但物质的质地往往是不均匀的，为此，定义物体的比磁化率χ_0来表示物体的磁性，χ_0是指单位外磁场强度在单位质量的物体上产生的磁矩，即

$$\chi_0 = \kappa/\rho$$

式中，κ为物质的磁化率；ρ为物质的密度；m为磁矩；V为物质的体积；H为外磁场强度。

三、磁性颗粒在非均匀磁场中所受的磁力

磁性颗粒进入磁场中被磁化为磁偶极子，磁偶极子在磁场中的受力行为与电偶极子在电场中的受力行为一样，只有在非均匀的磁场中才受到磁力作用，方向与磁场梯度方向一致。经推导，磁场中单位质量的颗粒所受的磁力f_m为：

$$f_m = \mu_0 \chi_0 H \mathrm{grad}\, H$$

式中，μ_0为真空磁导率，H/m；χ_0为比磁化率，m^3/kg；H为外磁场强度，A/m；grad H为磁场梯度，A/m。

矿物在非均匀磁场中受到的磁力取决于矿物本身的磁性（χ_0）以及磁场特性（H、grad H），这两个方面也是磁选研究的主要问题。强磁性矿物的比磁化率大，因此比较容易分选。此外，磁性矿物所受到的磁力还与粒度、密度、矿浆通过分选空间的平均速度有关，粒度越小、密度越大，所需的磁力也就越大。

第二节　矿物的磁性

一、矿物磁性的分类

矿物磁性是磁选的依据。物理学中常把物质的磁性分为三类：逆磁性、顺磁性、铁磁性（亚铁磁性、反铁磁性）。磁选中，按照比磁化率的不同可将矿物分为4类。

（1）强磁性矿物，如磁铁矿、磁黄铁矿、磁赤铁矿、锌铁尖晶石等，用弱磁场磁选机就可有效回收，这类矿物属亚铁磁性，比磁化率大于$3\,000\times10^{-3}\ m^3/kg$；

（2）中等磁性矿物，如半假象赤铁矿、某些钛铁矿、铬铁矿等，用中磁场磁选设备可进行回收，这类矿物属于亚铁磁性，比磁化率为$(500\sim3\,000)\times10^{-3}\ m^3/kg$；

（3）弱磁性矿物，如赤铁矿、褐铁矿、软锰矿、硬锰矿、菱锰矿、金红石、黑钨矿等，需用强磁场磁选机或其他方法才可有效回收，这类矿物属于顺磁性，比磁化率为$(15\sim500)\times10^{-3}\ m^3/kg$；

（4）非磁性矿物，这类矿物属于顺磁性和逆磁性，比磁化率小于$15\times10^{-3}\ m^3/kg$，包括方解石、长石、萤石等顺磁性矿物，方铅矿、石英、重晶石、白铅矿等逆磁性矿物，这类矿物不能直接用磁选法进行回收。

二、强磁性矿物的磁性

磁铁矿是典型的强磁性矿物，也是磁选回收的主要对象，因而，一般以磁铁矿为例介绍强磁性矿物的磁性特点。某磁铁矿的比磁化强度、比磁化率与外磁场强度的变化曲线如图12-2所示。

根据图12-2可知，磁铁矿的磁性具有以下特点：

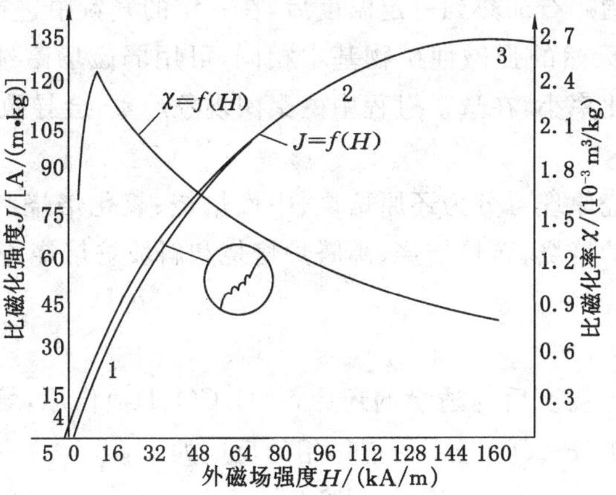

图 12-2　某磁铁矿比磁化强度、比磁化率与外磁场强度的变化曲线

(1) 比磁化强度[$J=f(H)$曲线]和比磁化率[$\chi=f(H)$曲线]值大,存在磁饱和现象。

由 $J=f(H)$ 曲线可知,随着外磁场强度 H 增加,比磁化强度 J 开始增加,当 H 增加到一定程度后,比磁化强度 J 不再随外磁场强度 H 的增加而增加,此时比磁化强度 J 达到最大值,即达到磁饱和点。

(2) 比磁化强度、比磁化率和外磁场强度之间存在曲线关系,比磁化率不是常数,与外磁场强度也不呈线性关系,在较低的外磁场强度下就能达到最大值,达到最大值后随外磁场强度的增加而有所降低。

(3) 比磁化强度除与矿物磁性有关外,还与外磁场的变化过程有关。如图 12-2 所示,比磁化强度 J 不是外磁场强度的单值函数,同一外磁场强度下的比磁化强度可有多个不同的值。

(4) 磁铁矿存在磁滞现象,当离开磁场后仍保留一定的剩磁,必须加一个反向的磁场才能去掉剩磁,使剩磁完全去掉的反磁场强度称为矫顽磁力。

(5) 磁铁矿的磁性变化与温度有关,存在温度的临界点,称为居里点,当温度超过居里点时内部的磁畴结构消失,显现顺磁性。

(6) 强磁性矿物的磁性除受到外磁场强度的影响外,还受氧化程度、形状、粒度等因素的影响。

磁铁矿的氧化过程是指其中的 Fe^{2+} 被氧化成 Fe^{3+} 的过程,磁铁矿完全被氧化后将变成假象赤铁矿,随着氧化程度增加,矿物的磁性将变弱。

强磁性矿物颗粒粒度明显影响矿物的磁性,一般来说,粒度越小的矿物越不容易被磁化,也不容易退磁;在相同的外磁场强度下,尺寸相对较长的颗粒比尺寸相对较短的颗粒的磁性要强,长条形颗粒的比磁化强度、比磁化率均比球形颗粒的大。

三、弱磁性矿物的磁性

大部分弱磁性矿物属于顺磁性物质,只有个别矿物属于反铁磁性物质;纯的弱磁性矿物的比磁化率比强磁性矿物小得多,无磁饱和现象,比磁化率与外磁场强度呈直线关系,且比磁化率只与矿物组成有关,与矿物颗粒的粒度、形状无关。

弱磁性矿物(赤铁矿、褐铁矿、黄铁矿、菱铁矿等)可通过磁化焙烧的方法人为地提高磁性。所谓磁化焙烧是指矿石加热到一定温度后，在一定的气氛中进行化学反应的过程，焙烧后矿石的磁性特点与天然的强磁性矿物基本相同，可用弱磁场磁选机进行选别，只是剩磁大、矫顽力大，且比磁化率小，在选矿过程中磁聚团现象严重，会导致精矿品位和回收率不如天然磁铁矿。

磁化焙烧按照焙烧原理可分为还原焙烧、中性焙烧、氧化焙烧和氧化还原焙烧，按照焙烧炉的形式可分为竖炉焙烧、转炉焙烧、沸腾炉焙烧和斜坡炉焙烧等，在国内应用历史最长、最为普遍的是竖炉焙烧。

（一）还原焙烧

赤铁矿加热到一定温度后与适量的还原剂（C、CO、H_2）作用，焙烧至 570 ℃左右，可被还原为磁铁矿。赤铁矿（Fe_2O_3）与还原剂作用的反应如下：

$$3Fe_2O_3 + C \xrightarrow{570\ ℃} 2Fe_3O_4 + CO\uparrow$$

$$3Fe_2O_3 + CO \xrightarrow{570\ ℃} 2Fe_3O_4 + CO_2\uparrow$$

$$3Fe_2O_3 + H_2 \xrightarrow{570\ ℃} 2Fe_3O_4 + H_2O\uparrow$$

褐铁矿（$Fe_2O_3 \cdot nH_2O$）在加热到一定温度后开始脱水，变成赤铁矿，再按上述反应被还原成磁铁矿。

（二）中性焙烧

中性焙烧用于菱铁矿、菱镁铁矿等碳酸铁矿石以及菱铁矿与褐铁矿的比值大于 1 的含有多种铁矿物的铁矿石。中性焙烧是将这些矿石与空气隔绝加热至 300～400 ℃时被分解为磁铁矿的过程。对于含有多种铁矿物的铁矿石，菱铁矿分解出的一氧化碳可将赤铁矿或褐铁矿还原成磁铁矿，化学反应为：

不通入空气： $$3FeCO_3 \xrightarrow{300\sim400\ ℃} Fe_3O_4 + 2CO_2\uparrow + CO\uparrow$$

通入少量空气： $$2FeCO_3 + \frac{1}{2}O_2 \xrightarrow{300\sim400\ ℃} Fe_2O_3 + 2CO_2\uparrow$$

$$3Fe_2O_3 + CO \xrightarrow{300\sim400\ ℃} 2Fe_3O_4 + CO_2\uparrow$$

（三）氧化焙烧

氧化焙烧用于黄铁矿。黄铁矿在氧化氛围中或通入大量空气后短时间焙烧时被氧化成强磁性的磁黄铁矿，其化学反应如下：

$$7FeS_2 + 6O_2 = Fe_7S_8 + 6SO_2\uparrow$$

如果延长焙烧时间，则磁黄铁矿继续被氧化成磁铁矿：

$$3Fe_7S_8 + 38O_2 = 7Fe_3O_4 + 24SO_2\uparrow$$

氧化焙烧还可用于稀有金属精矿的提纯。

（四）氧化还原焙烧

氧化还原焙烧用于含黄铁矿、赤铁矿或褐铁矿的铁矿石以及菱铁矿与赤铁矿的比值小于 1 的铁矿石。氧化还原焙烧法是将矿石加热到一定温度，在氧化气氛中将矿石中的 $FeCO_3$ 氧化成 Fe_2O_3，然后在还原气氛中将 Fe_2O_3 还原成 Fe_3O_4 的过程，其化学反应为：

$$4FeCO_3 + O_2 \rightarrow 2Fe_2O_3 + 4CO_2$$

$$3Fe_2O_3 + CO \rightarrow 2Fe_3O_4 + CO_2$$

第三节　磁选机的磁系

磁选设备的磁系分为永磁磁系和电磁磁系。按照磁场的特点可将磁场分为恒定磁场、交变磁场、脉动磁场和旋转磁场；按照磁极的配置方式可将磁场分为开放磁系磁场和闭合磁系磁场。

一、开放磁系磁场的特性

所谓开放磁系，是指磁极在同一侧相邻配置，且磁极之间无感应铁磁介质的磁系。开放磁系中磁力通线的流程长，磁路的磁阻大，所以这种磁系的磁场强度低，应用于弱磁选设备。常见的开放磁系形式如图 12-3 所示。

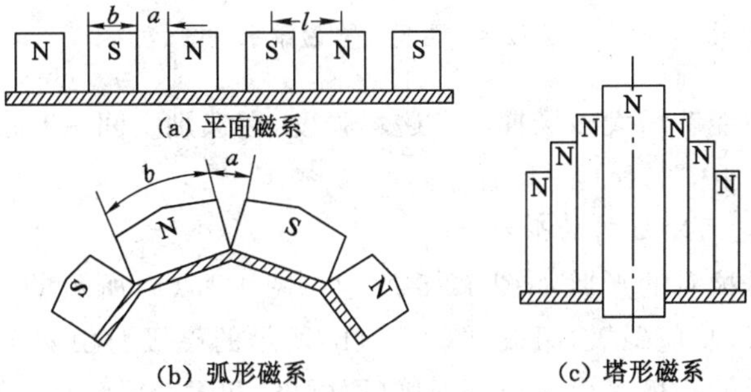

a—磁极间隙；b—磁极极面宽度；l—磁极距。

图 12-3　常见开放磁系形式

图 12-3 中的平面磁系、弧形磁系和塔形磁系的排列分别为平面、圆弧面和塔形，其中平面磁系用于带式磁选机，弧形磁系用于筒式磁选机，而塔形磁系用于某些磁力脱水槽。

在平面磁系与弧形磁系中，磁极或极隙对称面上极表面处的磁场强度和磁场力最大，且磁场力和磁场强度随离开磁极表面距离的增加而降低。

开放磁系磁场特性的影响因素为磁极极面宽度 b 与磁极间隙 a 的比值（b/a）和极距 l。根据分选过程对磁场力的要求，永磁磁系的 b/a 为 2～3 时比较合适，而对于电磁磁系，只有当 b/a＝1.2～1.5 时磁场变化才均匀，因此，b/a＝1.2～1.5 是电磁磁系最合适的比值。极距 l 是开放磁系的一个主要结构参数，主要影响磁场强度的大小、磁场的不均匀程度以及磁场力的作用深度，在开放磁系中选择合适的极距极为重要，研究表明，同一极面同 距离处，极距大的磁场强度高，磁场作用深度大，但磁场不均匀性降低。

二、闭合磁系磁场的特性

闭合磁系是磁极相对配置的磁系。这种磁系的空气间隙小，磁力线通过空气的流程短，所以这种磁系具有磁阻小、磁损漏磁小、磁场强度高、磁场梯度和磁场力大等特点，只适用于处理细粒级物料，且生产能力一般较低，应用于强磁选设备。常见的闭合磁系如图 12-4 所示。

在实际生产中有时在原磁极之间安置一个整体的、具有一定形状的感应磁介质（如转盘、转辊）构成回路，这种磁极所形成的分选空间是单层的，如图 12-4 中的（a）和（b）所示。在磁极之间安置多层分选介质，如齿板、冲压网、钢毛、球等，构成多层或多渠道的磁路，这些

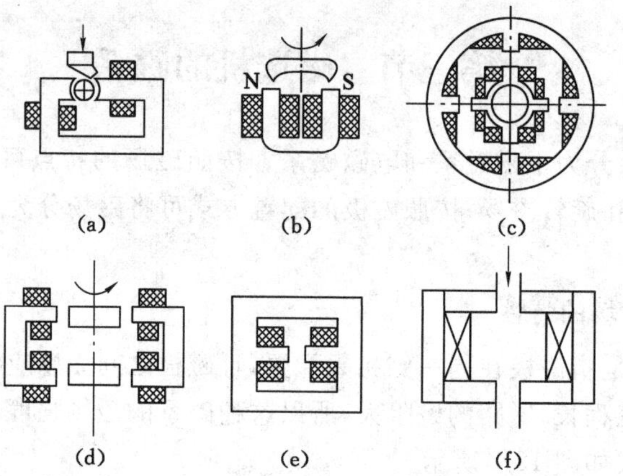

图 12-4　常见闭合磁系示意图

不同形状的聚磁介质能够增大磁场梯度和磁场强度，在选别空间中有多个分选面，具有较大的生产能力，如图 12-4 中的(c)至(f)所示。

(一) 单层分选空间磁极对的形状

单层分选空间磁极对的形状如图 12-5 所示。图 12-5(a)所示的磁极对由一个平面极(原磁极)和单个齿极(感应磁极)组成，图 12-5(b)所示的磁极对由两个双曲线形磁极组成，图 12-5(c)和(d)所示的磁极对由一个平面极(原磁极)和多个平齿或尖形齿极(感应磁极)组成，图 12-5(e)和(f)所示的磁极对由一个槽形极(原磁极)和多个平齿或尖形齿极(感应磁极)组成，图 12-5(g)所示的磁极对由弧面极和凹形极组成。

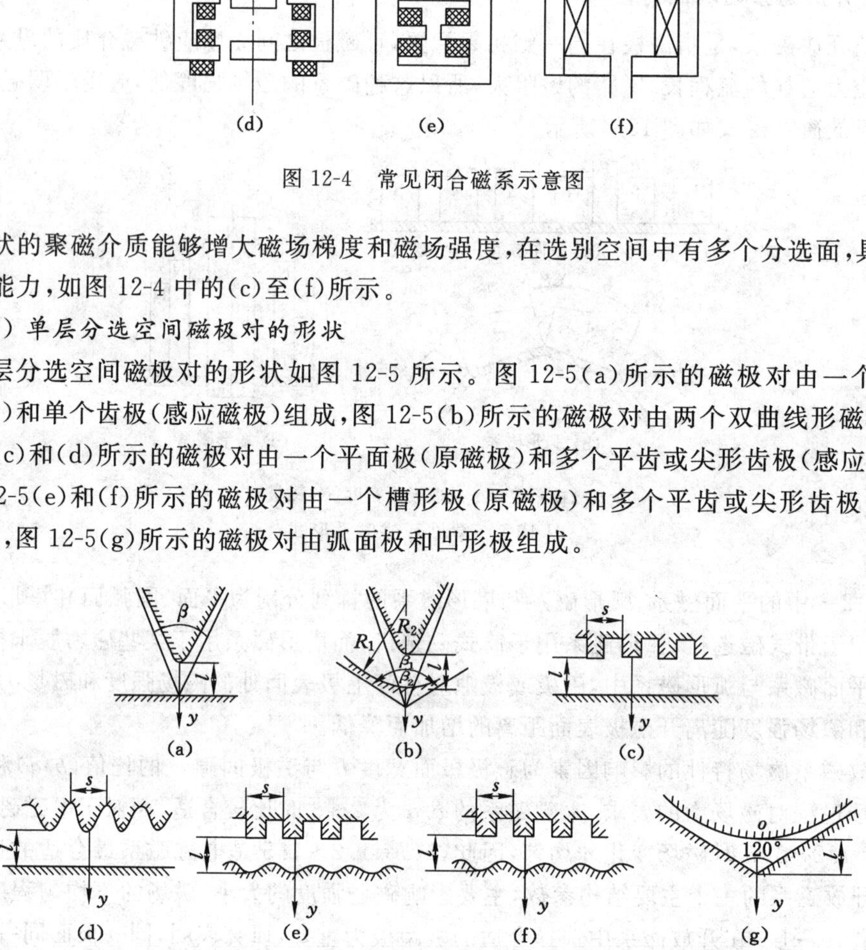

图 12-5　单层分选空间磁极对的形状

由平面极或槽形极与单个或多个磁极(平齿和尖形齿极)组成的磁极对应用于大多数分选弱磁性矿石的强磁场磁选机中，而由弧面极和凹形极组成的磁极对应用于磁性分析仪器中。

(二) 多层聚磁感应磁介质的磁场特性

1. 齿板聚磁介质的磁场特性

应用在仿琼斯型湿式强磁选机中，在齿板介质中齿极处的磁场力最大，磁场力随离开齿极距离的增加而减小，当距离等于齿距的 1/4 时磁场力为 0，因此，这种齿板的非均匀区深度为齿距的0.25倍；在实际生产中不应采用齿尖角过大或过小的齿板，一般选用80°～100°的齿尖角，因为齿尖角越小，齿极的有效吸附面积越小，这样会导致设备的生产能力越低，此外，齿尖角小还会导致磁性颗粒特别是细粒的流失，组装难度增加，齿极尖端容易达到磁饱和等。

齿距大的齿板一般适用于处理粗粒物料，反之，齿距小的齿板适用于处理细粒物料。齿板齿距与欲回收的颗粒粒度之间存在适宜的匹配关系，生产实践中，齿距 s 一般为 $(5\sim6)d_m$，其中 d_m 为物料最大粒度。

2. 丝状聚磁介质的磁场特性

钢毛是一种很微细的不锈钢磁性材料，直径一般为十几微米到几十微米，分为矩形和圆形两种。将钢毛置于均匀的背景磁场中，在钢毛周围会产生很高的磁场梯度，但磁场力的作用力范围很小。铁磁性丝介质的磁场是高梯度磁场，采用铁磁性丝介质或网状介质的磁选机称为高梯度磁选机，现在几乎所有的高岭土企业都采用高梯度磁选机去除微米级的铁钛染色杂质；通常情况下，钢毛作为周期式高梯度磁选机的分选介质，用于高岭土和废水的磁滤；钢板网作为连续性高梯度磁选机分选介质，用于细粒弱磁性矿石的磁选和煤脱硫以及玻璃砂等非金属原料的除铁。

铁磁性钢毛半径 a 与给料颗粒半径 b 有一最佳比值，在该比值下，介质丝作用在邻近磁性颗粒上的磁场力最大，这种合适的比例关系称为梯度匹配，通过数学计算可得 $a/b=2.69$ 时颗粒受到磁场力最大，由此可见，有效的磁场力范围基本限于颗粒直径范围内，因此，钢毛的每个点只能捕收一个匹配颗粒，钢毛捕获的磁性颗粒体积大致等于钢毛的体积。

第四节　磁选设备

磁选设备按照磁场强度可分为弱磁场磁选机、中磁场磁选机和强磁场磁选机三类。弱磁场磁选机用于分选强磁性矿物，其磁场强度 H 一般为72～160 kA/m，磁场力 $H\mathrm{grad}\,H$ 一般为 $(3\sim6)\times10^{11}\ \mathrm{A^2/m^3}$；中磁场磁选机用于分选中等磁性的矿物，也可用于再选作业，其磁场强度 H 一般为160～480 kA/m，磁场力 $H\mathrm{grad}\,H$ 一般为 $(6\sim300)\times10^{11}\ \mathrm{A^2/m^3}$；强磁场磁选机用于分选弱磁性矿物，其磁场强度 H 一般为480～1 600 kA/m，磁场力 $H\mathrm{grad}\,H$ 一般为 $(300\sim1\,200)\times10^{11}\ \mathrm{A^2/m^3}$。

一、弱磁场磁选设备

（一）磁滑轮

磁滑轮也称磁滚筒或干式大块磁选机，分为永磁式和电磁式两种类型。CT型永磁式磁滑轮（磁力滚筒）结构如图12-6所示。

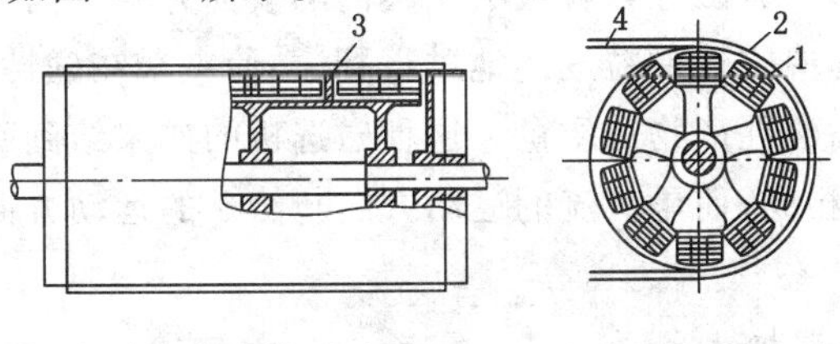

1—多极磁系；2—圆筒；3—磁导板；4—胶带。

图12-6　CT型永磁式磁滑轮结构

磁滑轮可用于10～120 mm的大块强磁性矿石的预选，可分选出混入矿石中的围岩，降低原矿的贫化现象；磁滑轮可安装在粗碎作业之后，分离出废弃尾矿和需要再处理的中间产品；或安装在磨矿和细碎作业之间，用于分选出部分废弃尾矿，降低入磨入选矿石量，提高入选矿石品位；磁滑轮还可用于处理直接入炉的富矿，在入炉前选出混入的废石，提高入炉矿石的品位。

矿石分选时，将矿石均匀地给到胶带上，经过磁滑轮时，磁性较强的矿物被吸在胶带上，由胶带带到磁滑轮的下部，胶带离开磁滑轮并伸直时，被吸住的磁性颗粒落到磁性产品槽内，而非磁性或磁性很弱的矿物在离心力与重力作用下脱离胶带。

（二）永磁筒式磁选机

强磁性矿物分选最通用的弱磁场磁选机是湿式永磁筒式磁选机，主要用于分选磁铁矿。该类磁选机按照结构形式不同可分为顺流型、逆流型和半逆流型，如图12-7所示，其中半逆流型永磁筒式磁选机应用最广。

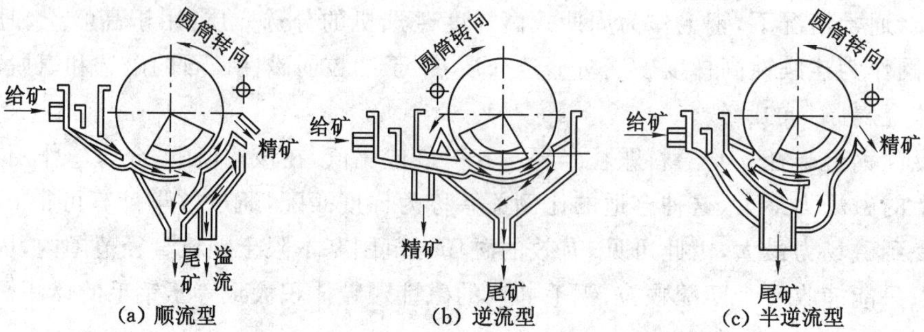

图12-7　顺流、逆流和半逆流型永磁筒式磁选机的比较

顺流型永磁筒式磁选机的给矿方向与圆筒的旋转方向或磁性产物的移动方向一致，经分选后，非磁性矿物和磁性比较弱的矿物随矿浆流一起由圆筒下面的间隙排出，磁性颗粒则被吸在圆筒上，随圆筒一起旋转到磁系边缘的磁场较弱处排出。该类型的磁选机适用于粒度为0～6 mm的粗粒强磁性矿石的粗选和精选作业。

逆流型永磁筒式磁选机的给矿方向与圆筒的旋转方向或磁性产物的移动方向相反，经分选后，非磁性矿物和磁性比较弱的矿物随矿浆流一起，经给矿口相反侧底板上的孔进入尾矿管中，磁性颗粒则被吸在圆筒上，随圆筒一起旋转并逆着矿浆流动方向进入磁性产物排出侧进入磁性产物槽中。该类型的磁选机适用于粒度为0～0.6 mm的细粒强磁性矿石的粗选和扫选作业。

半逆流型永磁筒式磁选机分选时矿浆经给矿箱进入磁选机槽体后，在喷水管喷出水的作用下呈松散状进入给矿区，磁性颗粒被吸在圆筒的表面并随圆筒一起向上移动，由于磁系的极性交替，在移动过程中磁性颗粒成链地进行翻滚，使夹杂在磁性颗粒中间的非磁性颗粒被清除出去，进而可提高磁性产物的质量。这种磁选机的矿浆给到磁系下方的中部，精矿运动方向与给矿运动方向相同，而尾矿流的运动方向与给矿的运动方向相反，因此称为半逆流型或半顺流型磁选机。

（三）磁团聚重力选矿机

磁团聚重选法是综合应用磁性和密度等多种性质的差异，在磁聚力、重力和剪切力等多种力的作用下进行分选的方法。

磁化的矿浆通过给矿槽由给矿管给入筒体的中上部，在筒体内设置外、中、内 3 层由永磁块构成的小型永磁磁系，从而在分选区内形成不均匀的磁场，使颗粒在分选区内受到间歇、脉动的磁化作用，形成适宜的轻度磁团聚。

重力分选作用主要取决于上升水流的竖直速度，通过分选水流流量控制。对于分选水流的流量的选择，应以保证入选矿石中分选粒度上限的贫连生体颗粒进入溢流为准。

剪切作用由一定压强的水流产生，分选水流的压强以能够破坏矿浆的结构化状态、使分选区内矿浆处于分散与团聚的反复交变状态为宜。

正常工作下的磁团聚重力选矿机的矿浆自上而下为悬浮溢流区、磁团聚分选与聚团交变分选区和净化聚团沉积区。在旋转上升水流的剪切作用和浮力作用下，磁性颗粒聚团的运动方向与上升水流的运动方向相反，自上而下不断得到净化，最后进入分选机底锥由排矿阀门排出，而非磁性颗粒和磁性较弱的颗粒则处于分散的状态，被上升水流带向分选机上部经溢流槽排出。

（四）磁力脱水槽

磁力脱水槽，又称磁力脱泥槽，是一种重力和磁力联合作用的选别设备，主要用于除去矿石中非磁性或磁性很弱的微细颗粒，以及用于浓缩脱水。该设备结构简单，造价低，无运动部件，在我国强磁性矿物磁选中广泛应用。磁力脱水槽的磁源分为永磁磁源和电磁磁源两种，前者既可放置于槽体底部，也可放置在顶部，后者必须放置在顶部。

磁力脱水槽结构如图 12-8 和图 12-9 所示。磁力脱水槽主要由槽体、磁源、给矿筒、给水装置和排矿装置组成。永磁磁力脱水槽的磁源为塔形磁源，是由许多永磁磁块叠加而成放置在磁导板上，并通过非磁性材料支架支撑在槽体的中下部；电磁磁力脱水槽的磁源由装成十字形的 4 个铁芯、圆套在铁芯上的激磁线圈、与铁芯连在一起的空心筒组成。

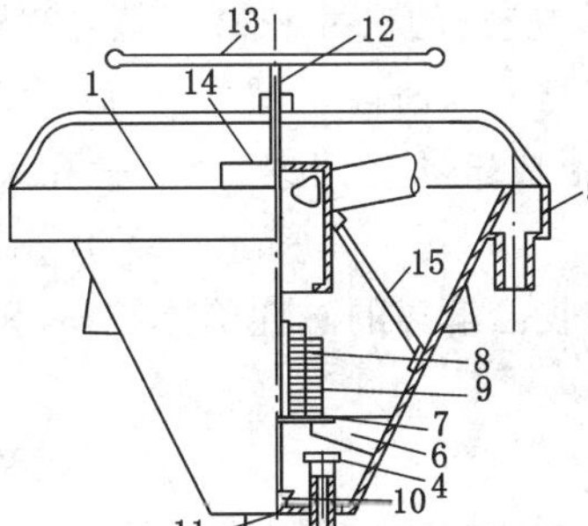

1—平底锥形槽体；2—上升水管；3—水圈；4—迎水帽；
5—溢流槽；6—支架；7—磁导板；8—磁系；
9—硬质塑料管；10—排矿胶砣；11—排矿口胶垫；
12—丝杠；13—手轮；14—给矿筒；15—支架。

图 12-8　永磁磁力脱水槽的结构

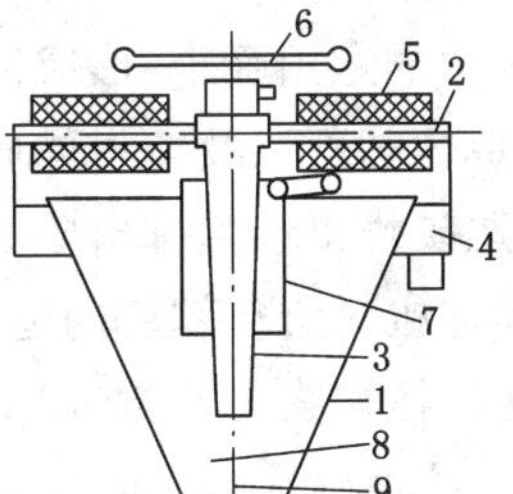

1—槽体；2—铁芯；3—铁质空心筒；
4—溢流管；5—线圈；6—手轮；
7—给矿筒；8—返水盘；
9—丝杠；10—给矿口及排矿阀。

图 12-9　电磁磁力脱水槽的结构

颗粒在磁力脱水槽中受到重力、磁场力和上升水流的作用，重力作用使颗粒下沉，磁场力作用可加剧磁性颗粒的沉降，上升水流的作用是阻止颗粒沉降；非磁性颗粒或弱磁性颗粒受到的磁场力小或不受磁场力，随上升水流一起进入溢流中，而磁性颗粒在重力和磁场力的作用下可克服水流的向上作用力而沉降到槽体底部，从排矿口排出；此外，上升水流还可使磁性颗粒呈松散状态，使夹杂在其中的非磁性颗粒冲洗出来，提高磁性产物的质量。

（五）磁选柱和磁场筛选机

使用弱磁场磁选设备选别强磁性铁矿石时，非磁性矿物颗粒的机械夹杂是影响精矿指标的关键因素之一。永磁筒式磁选机因其磁场强度较高，在分选过程中存在较强的磁团聚现象；磁力脱水槽和磁团聚重力选矿机采用的是恒定磁场，虽然上升水流可分选出脉石以及细粒连生体，但是上升水流速度较小，只能分选出细粒的脉石矿物。为了较为彻底地解决非磁性矿物的夹杂问题，研究者研制出了磁选柱和磁场筛选机。

1. 磁选柱

磁选柱的外形像浮选柱，主要由上部的给矿装置和溢流槽、中部的分选柱和电磁磁系、下部的上升给矿管和精矿排出管以及激磁电源控制系统组成。磁选柱的磁系由多个短直线圈叠加组成，在特殊的直流电控柜装置控制下，由上而下循环顺序通电断电，产生连续向下移动的磁场力。

设备运行时，矿浆由给矿斗进入磁选柱的中上部，磁性颗粒在由上而下的磁场力的作用下发生交替地团聚和分散，在上升水流的冲洗作用下，使夹杂在磁聚团中的脉石、贫连生体颗粒不断被分离出，单体磁铁矿以及富连生体颗粒在磁场力与重力的作用下由磁选柱下部排出，成为高品位精矿，脉石和贫连生体颗粒则由磁选柱的上端排出，成为尾矿，若尾矿品位较高时可返回球磨机再磨。

磁选柱可分选出高品位的磁铁矿精矿，但存在耗水量大、设备高度较大的问题。影响磁选柱分选效果的主要因素有磁场强度、磁场变换周期、上升水流和处理量等。

2. 磁场筛选机

磁场筛选机不是靠磁场直接吸引，而是利用单体矿物与连生体矿物的磁性差异，使单体矿物实现有效团聚的设备。通过增加单体矿物与连生体矿物的尺寸和密度差异，然后利用安装在磁场中的专用筛子，形成链状磁团聚的强磁性矿物沿筛面运动，然后沿筛面滚下进入精矿箱中，单体脉石以及连生体矿物由于磁性弱，难以形成链状磁团聚，小于筛孔尺寸而透过筛面，经尾矿排出装置排出成为尾矿。

磁场筛选机对给料粒度的适应范围较宽，可有效回收已解离的磁性单体矿物，只需对影响品位的连生体矿物再磨再选。

（六）干式永磁筒式磁选机

干式永磁筒式磁选机有单筒和双筒两种，双筒磁选机的构造如图 12-10 所示，其结构是由辊筒、磁系、分选箱、给料机和传动装置组成，同心磁系的旋转方向与圆筒的旋转方向相反。

辊筒是由 2 mm 厚的玻璃钢制成，其筒面上黏着一层耐磨橡胶，磁系由锶铁氧体永磁块组成，分选箱以泡沫塑料密封。在实际分选中，矿石经干式细磨后由电振给料机 1 给到上辊筒 4，其中磁性颗粒被吸在筒面上，随筒体运转并受到强烈的磁翻滚作用，不断排出夹杂在其中的连生体矿物而得到中矿，磁性颗粒则被带到无极区卸下，从磁性产物区排出而成为精矿，非磁性矿物颗粒在离心力作用下被抛离筒面，从非磁性产物区排出成为尾矿，中矿产物则经漏斗给到下辊筒再处理。

干式永磁筒式磁选机主要用于粒度较细的强磁性矿物的干选，与干式自磨机组成干选

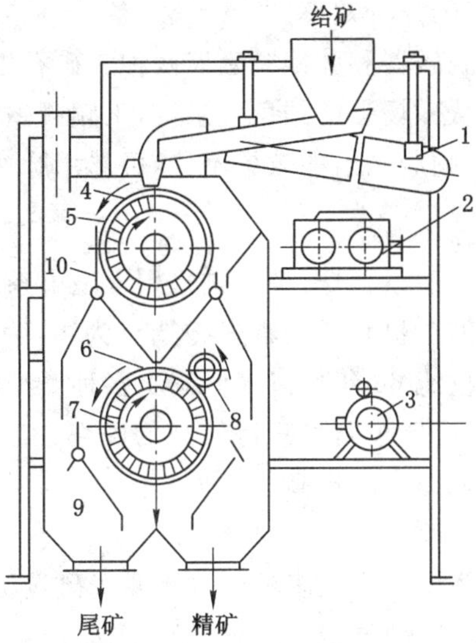

1—电振给料机；2—无极调速器；3—电动机；4—上辊筒；5—圆缺磁系；
6—下辊筒；7—同心磁系；8—感应排料辊；9—分选箱；10—可调挡板。
图 12-10 干式永磁双筒式磁选机的结构图

流程，具有工艺流程简单、设备数量少、占地面积小、节水、投资少和成本低等优点。

（七）预磁器和脱磁器

1. 预磁器

预磁器是将矿石预先磁化的设备。磁铁矿磁选厂为了提高磁力脱水槽的分选效果，在进入磁力脱水槽之前使矿浆流经预磁器，使磁铁矿颗粒彼此团聚成磁团，由于颗粒具有剩磁和较大的矫顽力，因此这种磁团在离开磁场后仍然可保留下来，磁团在磁力脱水槽内所受的重力和磁场力明显大于单个颗粒，因而可改善磁力脱水槽的分选效果。

预磁效果与矿石有关，未经氧化的磁铁矿预磁效果不佳，一般该类矿石的选矿厂不设置预磁器，焙烧磁铁矿和局部氧化的磁铁矿由于剩磁和矫顽力较大，预磁效果较好，可在磁力脱水槽前设置预磁器，此外，重介质选煤厂的介质净化与回收系统中也可设置预磁器，强化浓缩机或磁力脱水槽的浓缩作用。

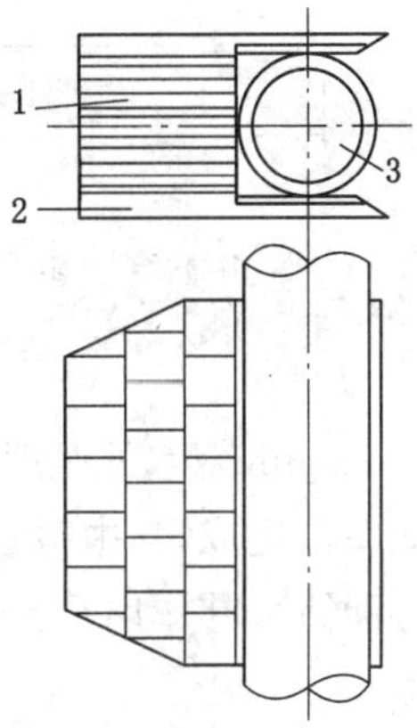

1—磁铁；2—磁导板；3—工作导管。
图 12-11 永磁预磁器

常见的永磁预磁器的结构如图 12-11 所示，该设备由磁铁、磁导板和工作导管三部分组成，管内的平均磁场强度为 40 kA/m 左右。

2. 脱磁器

脱磁器是强磁性矿物分选过程中不可缺少的辅助设备，这是因为矿石经过磁化后会留有剩磁，例如，在阶段磨矿、阶段选别的流程中，一段选出的磁选精矿在进入二段精选之前应进行二段细磨，由于粗精矿中存在磁团聚，若不经过脱磁会给二次分级带来困难，磁性产物进入分级机后会造成溢流跑粗，影响分选指标；当采用细粒筛分流程时，对细粒物料必须进行预先脱磁，否则影响细筛的筛分效率。

常用的脱磁设备有工频脱磁器和脉冲脱磁器两种。矿石磁化后去掉剩磁所需的最大磁场强度为矫顽力的5～7倍，从磁场强度的角度来讲，工频脱磁器可满足上述要求，但对于矫顽力高的焙烧磁铁矿，使用工频脱磁器的效果不佳，可选用脉冲脱磁器。

二、强磁场磁选设备

强磁场磁选机多采用电磁磁系，只有少数是采用永磁磁系。强磁场磁选机的类型很多，早期的强磁场磁选机以圆盘磁选机和感应辊式磁选机为主，为了解决细粒和微细粒弱磁性物料的分选除杂难题，自20世纪60年代以来研制了多种类型的高场强磁选机，在湿式磁选机磁场设计中采用了“多层感应磁极”，可获得较高的磁场强度和磁场梯度，增加分选区域，使湿式强磁场磁选机的处理能力大大提高。

（一）盘式强磁场磁选机

盘式强磁场磁选机是生产中使用较多的干式强磁场磁选机，分为单盘（ϕ900 mm）、双盘（ϕ576 mm）和三盘（ϕ600 mm）三种类型，目前已经系列生产且应用较广的是ϕ576 mm双盘式磁选机，其结构如图12-12所示。

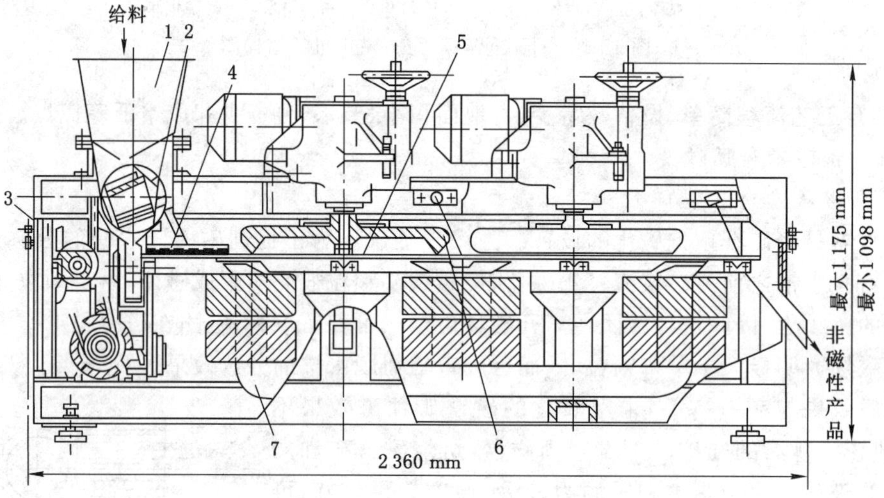

1—给料斗；2—给矿圆盘；3—强磁性矿物接料斗；4—筛料槽；5—振动槽；6—圆盘；7—磁系。

图12-12　ϕ576 mm双盘式强磁场磁选机的结构

ϕ576 mm双盘式强磁场磁选机主体部分由山字形磁系以及悬吊在磁系上方的旋转圆盘和振动槽组成，其中磁系和圆盘构成闭合磁路；在振动槽的给矿端装有弱磁场磁选机（也称为给圆筒），其作用是预先分选出给料中的强磁性颗粒，防止堵塞圆盘边缘和振动槽之间的间隙。

待选原料由给料斗1均匀给到给矿圆盘2上，首先经过弱磁场磁选机除去强磁性矿物，磁性产物落入到强磁性矿物接料斗3中，未被吸引的物料经过隔渣筛均匀分布在振动输矿槽上，在振动槽上松散而弹跳前进的颗粒经过旋转圆盘下面的分选区，弱磁性颗粒被吸引在圆盘的磁极上，并被圆盘带到振动槽外，脱离磁场，在重力和离心力的作用下，或经刷子刷下，落入精矿漏斗中，非磁性矿物颗粒经振动槽尾部卸入非磁性漏斗中。

双盘式强磁场磁选机的影响因素主要有以下几个方面：① 给料层厚度。磁性物料含量高或粒度较粗时给料层可以厚些，通常粗粒物料的给料层厚度不超过最大粒度的 1.5 倍，而中等粒度物料的给料层厚度可达到最大粒度的 4 倍左右，细粒物料可达到最大粒度的 10 倍左右。② 磁场强度。取决于物料磁性的强弱以及作业性质，处理磁性较强的物料或者用于精选作业时可选用较弱的磁场强度，若物料的磁性较弱或用于粗选、扫选作业时应选用较强的磁场强度。③ 振动槽的振动速度。振动速度与颗粒在磁场中的停留时间成反比，通常情况下，扫选时振动速度应低些，这样有利于提高回收率，精选时振动速度可适当加快。

（二）CS-1 电磁感应辊式强磁场磁选机

CS-1 电磁感应辊式强磁场磁选机是我国于 20 世纪 70 年代末研制的第一台大型双辊式湿式强磁场磁选机，其结构如图 12-13 所示。目前已经成功应用于锰矿石选矿，处理低品位弱磁性锰矿石可获得较好指标，也可用于分选中等粒级的赤铁矿、褐铁矿、镜铁矿、菱铁矿等弱磁性矿物，或用于钨矿物与锡矿物、锡矿物与褐铁矿的分离。该设备主要由给矿箱、分选辊、电磁铁芯、机架等组成，磁系由电磁铁芯、磁极头和感应辊组成，且磁极头和感应辊均由工业纯铁制成。

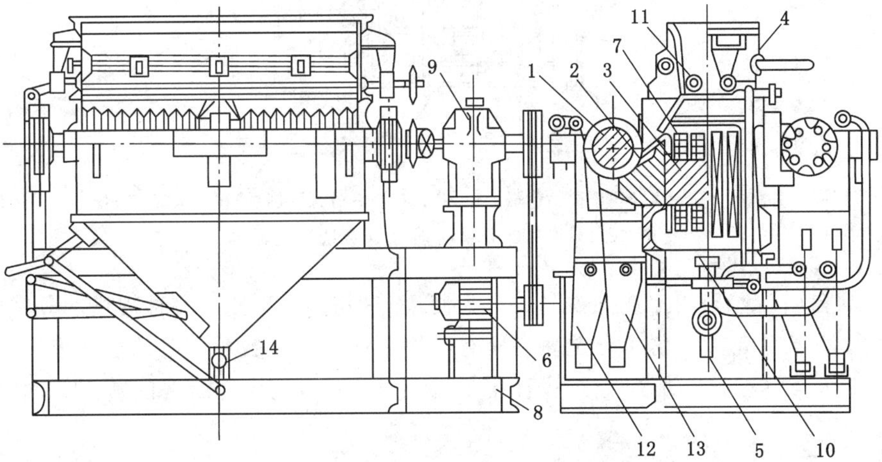

1—辊子；2—座板（磁极头）；3—铁芯；4—给矿箱；5—水管；6—电动机；7—线圈；8—机架；9—减速箱；10—风机；11—给矿辊；12—磁性产物箱；13—非磁性产物箱；14—球形阀。

图 12-13　CS-1 型电磁感应辊式强磁场磁选机的结构

矿石分选时，原矿由给矿箱侧壁的桃形孔进入分选带，沿溜板和波形板给入感应辊和磁极头之间的分选间隙后，磁性颗粒在磁场力的作用下被吸到感应辊上，然后随感应辊旋转，并在水介质的作用下受到精选的作用，离开磁场区时，在重力和离心惯性力等作用下离开辊齿，沉入磁性产物箱底；非磁性颗粒随矿浆流通过梳磁状的缺口流入非磁性产物箱内。得到分选后的磁性和非磁性物料分别从各自所对应的产物箱底部的排料阀门排出。

该设备的给矿粒度范围为 0～5 mm，分选间隙为 14～28 mm，感应辊直径为 375 mm，磁场强度为 800～1 488 kA/m。

（三）琼斯型湿式强磁场磁选机

琼斯型湿式强磁选机最早由英国发展起来，德国的洪堡工厂制成了工业上应用的大型琼斯型湿式强磁场磁选机(DP-317琼斯型湿式强磁场磁选机),国内于20世纪70年代对琼斯型湿式强磁场磁选机进行了改进,研制了SHP-1000、SHP-2000、SHP-3200(转盘直径分别为1 000 mm、2 000 mm、3 200 mm)等多种规格的双盘强磁场磁选机,在国内诸多铁矿选矿厂获得了成功应用。

琼斯型湿式强磁场磁选机的种类繁多,但结构基本相同,琼斯型双盘强磁场磁选机结构如图12-14所示。琼斯型湿式强磁场磁选机的磁路为闭合磁路,磁系包角为90°,由2个U形磁轭和2个转盘构成。2个U形磁轭装在框架上,4组励磁线圈安装在磁轭的水平部位上,线圈外部有密封保护壳,并用风扇吹风或油冷的方式冷却。分选箱和极头之间只有一道空气间隙,比一般具有内外磁极头的磁选机少了一道空气间隙,这样可减少空气磁阻,有利于提高磁场强度。

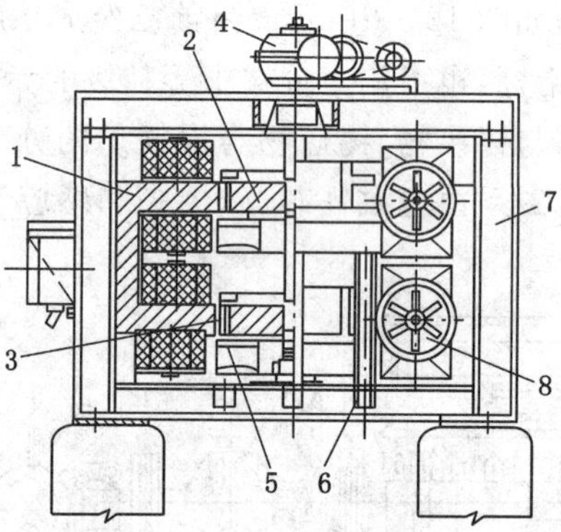

1—“口”形磁系;2—分选转盘;3—铁磁性齿板;4—传动装置;5—产品接收槽;6—水管;7—框架;8—风机。

图12-14　琼斯型双盘强磁场磁选机的结构

分选圆盘(转盘)采用工业纯铁制成。为使运转平稳,无论使用哪种规格的分选圆盘,齿板箱(分选室)均为奇数。每个分选室均装有两块单面齿板和数量不等的双面齿板。转盘和分选室通过涡轮蜗杆传动装置及垂直中心轴驱动,在U形磁轭之间旋转。如图12-15所示。

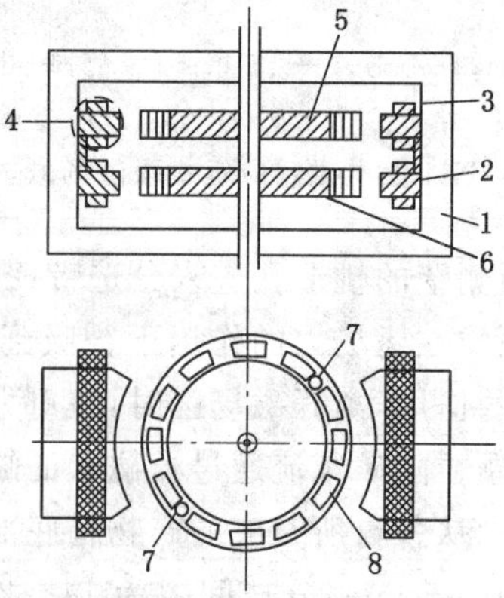

1—框架;2—磁轭;3—线圈;4—风机;5,6—上、下转盘;7—给矿点;8—分选室。

图12-15　琼斯磁选机组装示意图

分选时，矿浆由磁场进口处的给矿点进入分选室，通过分选箱内齿板缝隙，非磁性颗粒由于不受磁场作用而落入尾矿槽成为非磁性产物；磁性颗粒在磁场的作用下被吸附在齿板上，随分选箱一起移动，并在脱离磁场区域之前，被压力水清洗，使其中夹杂的非磁性颗粒和连生体颗粒被冲洗出去，进入中间产物接收槽成为中矿；当分选箱转到两极中间的位置时（$H=0$），用压力水将吸附于齿板上的磁性颗粒冲洗出去，使之进入精矿槽，成为精矿。

（四）SLon 立环脉动高梯度磁选机

高梯度磁选设备的磁选介质容易出现堵塞问题，而由我国赣州立环磁电设备高技术有限责任公司生产的 Slon 立环脉动高梯度磁选机能够较好地解决磁介质容易堵塞的问题。该设备具有富集比大、给矿粒度低、浓度和品位波动适应性强、工作可靠、操作与维修方便等优点，可分选出粒度下限为 0.010 mm 左右的弱磁性矿物，分选粒度上限可提高至 2 mm，可简化筛分作业。

SLon 立环脉动高梯度磁选机主要由脉动机构、激磁线圈、铁轭、转环和各种料斗、水斗等部件组成。分选时，转环沿顺时针方向旋转，矿浆给入分选设备后沿上铁轭的缝隙流经转环，磁性颗粒被吸引在磁介质表面，随转环带至上部的无磁场区，被冲洗水冲入磁性产物的漏斗中成为精矿。同时，给矿中不能穿过磁介质堆的粗颗粒会停留在磁介质堆的上表面，随转环带至顶部被冲洗水冲入磁性产物漏斗中。非磁性颗粒则沿下铁轭穿孔通道进入尾矿斗，最终得到尾矿。

SLon 立环脉动高梯度磁选机的脉动作用可使粒群始终保持良好的松散状态，有利于扩大振幅，有效消除非磁性颗粒的机械夹杂，提高磁性产物质量，同时，脉动作用还可有效地防止磁选介质的堵塞。

第五节　电　　选

电选是基于矿物具有不同的电学性质，当矿物颗粒经过高压电场时，在电力和机械力的作用下实现不同矿物分离的一种分选方法。

电选广泛应用于稀有金属矿石的精选作业，在有色金属、非金属矿以及黑色金属矿石分选中也得到了应用，此外，在粉煤、陶瓷、玻璃原料分选，以及建筑材料的提纯、工厂废料的回收等方面也有所应用。电选设备具有结构简单、操作维修方便、生产费用低且分选效果好等优点，但必须经过干燥、筛分和加热等预处理过程。

一、电选的基本原理

（一）矿物的电性质

矿物的电性质包括电阻（或导电率）、介电常量、比导电度和整流性等。电选过程中颗粒带电的方法主要取决于矿物自身的电性质。由于矿物组成不同，其表现出的电性质差异也会有所不同，对于同一种矿物，杂质的不同也会导致电性质不同。

1. 矿物的电阻

根据矿物的电阻差异可判断电选法对两种矿物进行分选的可能性。矿物颗粒粒度为 1 mm 时所测出的欧姆值为矿物的电阻，与矿物的导电率呈倒数关系。根据电阻值大小，常将矿物分为导体矿物、非导体矿物和中等导体矿物三种。

所谓导体矿物是指在电场中吸附电子后电子可在颗粒上自由移动的矿物，或在高压静电场中受到电极感应后能够产生自由移动正电荷的矿物，其电阻小于 $1\times10^{6}\ \Omega$，通常在电选中可作为导体矿物分选出。

所谓非导体矿物是指在电晕电场吸附电荷后电荷不能在矿物表面自由移动或传导的矿物，或在高压电场中只能极化，且正负电荷中心只能发生偏移而不能移走，离开电场后就立刻恢复原状，对外不表现电性的矿物，其电阻大于 $1\times10^{7}\ \Omega$，通常在电选中只能作为非导体矿物分选出。

中等导体矿物的导电性介于导体矿物和非导体矿物之间，绝大部分中等导体矿物为连生体矿物颗粒，在电选过程中作为中间产物被分选出。

2. 介电常量

真空中电荷之间的相互作用力与电介质中电荷间相互作用力的比值称为介电常量。导体的介电常量趋于无穷大，非导体的介电常量接近于1；介电常量与电场强度无关，与交流电的频率、温度、杂质含量、水分以及生成条件等因素有关。

3. 比导电度

根据比导电度可确定电选时需要采用的最低分选电压。电子流入或流出矿物颗粒的难易程度称为导电性，矿物的比导电度越小则导电性越好。矿物的导电性不仅与颗粒自身的电阻有关，还与颗粒与电极之间的接触界面的电阻有关。电场电位差影响矿物的导电性，在足够大的电场电位差下，非导体矿物可表现为导体的性质，即电子能够流入或流出非导体矿物。

4. 矿物的整流性

根据矿物的整流性可确定电选时需要采用的最低分选电压。有些矿物只有在高压电极为负电时，且电压达到一定数值后才表现为导体，否则为非导体，这样的矿物在电场中获得负电荷，称为正整流性矿物，如石英、辉石等。而有些矿物只有在高压电极为正电时，且电压达到一定数值后才表现为导体，否则为非导体，在电场中，这类矿物获得负电荷，称为负整流性矿物，如方解石、白云石、石膏等。对于不论高压电极为正电还是负电均可表现为导体的矿物称为全整流性矿物，如磁铁矿、锡石、金红石、钛铁矿、石墨、白钨矿等。

（二）矿物在电场中的带电方法

矿物在电场中的带电方法有传导接触带电、感应带电、电晕带电和摩擦带电等几种方式。

1. 传导接触带电

传导接触带电是将矿粒与带电的电极直接接触，导电性好的颗粒由于电荷的传导作用而获得与电极相同的电荷，受到电极的排斥力，而导电性差的颗粒只能发生极化现象，靠近电极的一端产生与电极相反的束缚电荷，远离电极的一端产生与电极相同的电荷，受到电极的吸引作用。

较早的鼓筒式电选机就是应用传导接触带电的方式使矿物带电而实现矿物分离的。现代电选机中，传导接触带电是使矿物颗粒带电的重要方法，但绝大多数矿物颗粒为半导体或半导体-非导体的混合物，良导体颗粒很少，因此矿物颗粒的电性差异不大，利用传导接触带电的方法效果不会太好，必须与其他带电方法结合才能达到电选的目的，目前，传导接触带电通常与电晕带电相结合。

2. 感应带电

与传导接触带电不同的是，感应带电是矿物颗粒不与电极直接接触，而是受到电极的感应作用而带电的方法。感应后导体颗粒产生的正负电荷均可移走，而非导体颗粒在电场中只能极化，正负电荷中心产生偏移不能移走。这样，在强电场作用下导体颗粒极化后，若移走其中的一种电荷，就会使矿物颗粒运动轨迹发生较大偏移，从而实现导体颗粒与非导体颗粒的分离。

3. 电晕带电

目前，大多数电选机都是采用电晕带电的原理进行分选的。电晕带电是在电晕电场中进行的，是高压电选中使颗粒带电的最有效的方式，又称离子碰撞带电。电晕场是一个极不均匀的电场，其中一个电极的曲率半径远小于另一个电极的曲率半径，曲率半径小的的电极称为电晕极，曲率半径大的电极称为接地极。矿物在电晕电场中，无论是导体颗粒还是非导体颗粒均可通过电晕放电获得电荷，导体颗粒的介电常量大于非导体颗粒，因而导体颗粒可获得更多的电荷，但导体颗粒具有良好的导电性，可在极短的时间内经接地极传走，且离开电晕电场后甚至可带上与接地极相同的电荷而受到排斥。非导体颗粒则由于导电性差或不导电，离开电晕电场后仍保留大量的剩余电荷，因而可较强地吸附在接触电极表面，有利于实现非导体颗粒与导体颗粒的分离。

4. 摩擦带电

摩擦带电是基于物体间电子逸出功的差异而实现矿物带电的。物体相互摩擦后温度升高，增强了物体内部分子和原子的热运动，电子获得能量后从逸出功小的物体流向逸出功大的物体，从而使两物体带上不同性质的电荷。电选中可使性质不同的矿物颗粒相互摩擦，或利用矿粒与给料槽表面相互摩擦的方式带电，在电场中电场力的作用下实现分离。

摩擦带电方法主要适用于非导体矿物的分选，这是因为导体颗粒的导电性好，导体摩擦带电后很快被中和，而非导体不易被中和，可在摩擦过程中积累较多的电荷。

（三）电选分离的条件

各国使用的电选机中鼓筒式电选机占绝大多数，故以此类电选机为例分析电选分离的基本条件。

矿物颗粒进入电场带电后受到三种电力作用，分别为库仑力（f_1）、不均匀电场引起的作用力 f_2（又称质动力）和界面吸力 f_3，此外还受到重力 $G(G=mg)$、离心力（f_4）等机械力的作用。矿物颗粒进入电场后，机械力和电力的大小决定了颗粒的运动轨迹，为保证不同电性矿物颗粒的分离，需满足以下条件（见图 12-16）：

（1）导体颗粒在 AB 区（落入导体产品斗中）：

$$f_2 + f_4 > f_1 + f_3 + G\cos\alpha$$

（2）中间产品半导体颗粒在 BC 区（落入中矿斗）：

$$f_2 + f_4 > f_1 + f_3 - G\cos\alpha$$

（3）非导体颗粒在 CD 区（落入非导体产品斗）：

$$f_3 > G\cos\alpha + f_4$$

二、电选设备

电选机是实现不同电性矿物分选的设备，电选机的分类方法较多，根据电场特性可分为静电场电选机、电晕电场分选机和复合电场分选机；根据颗粒带电方法可分为接触带电电选

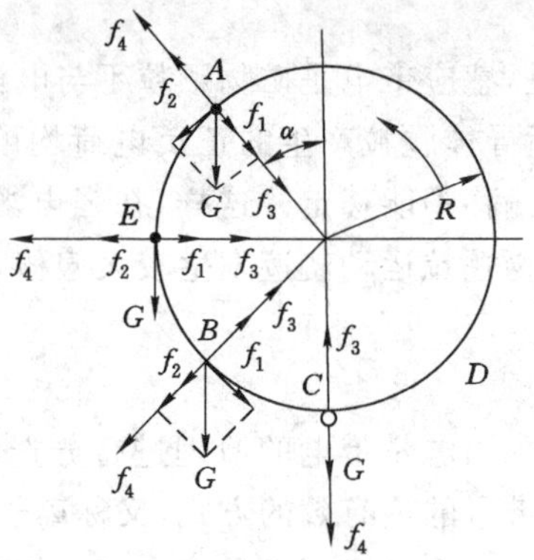

图 12-16　电选过程中颗粒的受力分析

机、摩擦带电电选机和电晕带电电选机；根据设备结构可分为筒式电选机、箱式电选机、板型电选机和筛网型电选机。生产中常用的电选机为筒式（直径小的也称为辊式）电选机。

（一）ϕ1 200 mm×1 500 mm 双滚筒电选机

该类电选机由给矿装置、接地辊筒电极、电晕电极、偏转电极和分料调节板等部分组成，具有运转可靠、操作方便、分选指标好、处理量大、高压直流电源简单等优点，可满足一般的分选要求，广泛应用于白钨矿-锡石、锆石-金红石、钛铁矿-锆石-独居石的分离，其缺点是电压较低，导致应用范围受到限制。

电晕电极采用直径为 0.3～0.5 mm 的镍铬丝制成，偏转电极采用直径为 40 mm 的铝管制成，两者与辊筒轴线平行，并被固定在支架上。

当电晕电极和偏转电极电压升高到一定值后，它们之间会形成电晕电场，而在偏转电极和辊筒之间会形成静电场。电晕电场可使导体颗粒和非导体颗粒都带上电荷，但导体颗粒放电速度快，非导体颗粒放电速度慢，因此，当颗粒随辊筒旋转离开电晕电场后导体颗粒所带电荷少于非导体颗粒，进入静电场后导体颗粒几乎不受电场力作用，在机械力的作用下脱离辊筒落入导体产物槽内，非导体颗粒在静电场中受到的电场力大于机械力，因而被吸引到辊筒表面，直到被辊筒后面的刷子刷下，落入非导体产物槽内，对于介于导体颗粒和非导体颗粒之间的颗粒则落入中间产物区。

偏转电极有利于导体颗粒的偏离，但对非导体颗粒几乎没影响，这是因为偏转电极产生高压静电场，使导体颗粒进入电场后在靠近偏转电极的一端感应产生正电，另一端则产生负电，由于负电放电速度很快，因而在颗粒上只剩下正电荷，这样导体颗粒就被吸引到偏向电极的地方，在机械力的作用下使导体颗粒下落轨迹更远。

（二）DX-1 型高压电选机

DX-1 型高压电选机主要由电极、转鼓、给料部分、毛刷、传动装置和排料装置等组成。该类电选机的分选过程及工作原理与双滚筒电选机相同，但该电选机的电压可高达 60 kV，电场力更强，电场作用的区域也更大，矿物在电场内荷电的机会增加，有利于提高分选效果。该类电选机适于分选 0～2 mm 粒度的物料，每台每小时的处理能力为 0.2～0.8 t。

（三）YD 系列高压电选机

目前，YD 系列高压电选机有 4 种型号，分别为 YD-1、YD-2、YD-3、YD-4 型。YD 系列高压电选机采用多元电晕静电复合弧形结构电极，放电区域较宽，矿物颗粒在电场中带电机会大，高电压、圆筒的直径大并配备加热装置，有利于强化电选过程，YD-1、YD-2 主要用于试验室，YD-3、YD-4 为工业型电选机。

第六节　煤炭的电磁选

一、煤粉摩擦电选技术

电选是利用矿物之间在高压电场内导电性的差异而达到分选目的的一种干法分选方法。图 12-17 所示为微粉煤摩擦电选的原理图。煤和矿物质颗粒在气流夹带作用下通过摩擦器，颗粒与摩擦器壁及颗粒与颗粒之间相互碰撞摩擦使得煤中的有机质和矿物质颗粒分别带上极性相反的电荷，带电颗粒群被引入高压电场中，在电场力作用下，有机质和矿物质颗粒因带电极性不同分别被吸引、吸附到极性相反的极板上，从而实现两者的分离。

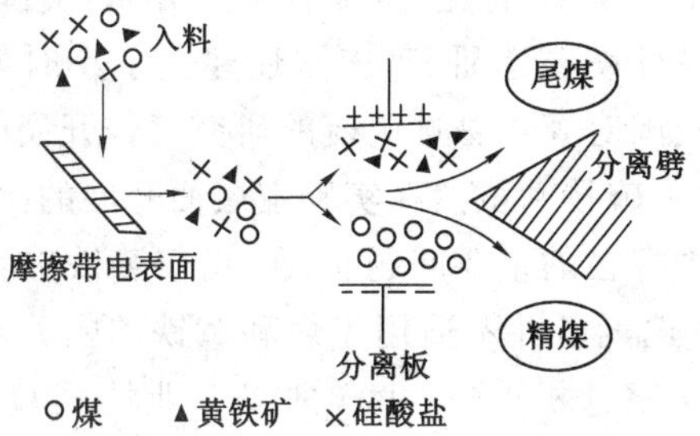

图 12-17　微粉煤摩擦电选原理示图

由于微粉煤的摩擦电选不用水和药剂，不存在脱水问题，因此工艺较为简单。美国、意大利、加拿大、澳大利亚和我国都先后开展了摩擦静电选煤的研究并在理论和实践上取得了一定的成果。美国的匹兹堡能源技术中心对不同地区的煤进行了分选试验研究，结果表明用该方法能使煤中黄铁矿的脱除率达到 75%～88%，脱灰率可达 88%，可燃体回收率达 70%～80%。加拿大西安大略大学应用稀相回旋分选机进行煤的电选试验，黄铁矿的脱除率为 47%，脱灰率为 68.6%。中国矿业大学在国内率先进行了微粉煤摩擦电选技术的研究工作，取得了较为满意的研究结果，应用该项技术可以制备出灰分小于 2%的低灰精煤，黄铁矿硫脱除率达到 50%～85%，目前正在进行工业性试验。

微粉煤摩擦电选技术的主要缺点为：对不同煤种的适应性差、分选过程易受空气湿度影响和分选上限偏低等。此外，由于煤中各组分微粒在摩擦带电器中的带电环境和带电过程的复杂性，许多情况下颗粒的带电机理尚未得到充分认识。

二、煤炭磁选脱硫技术

纯煤主要是 C 元素，是逆磁性物质，而煤系黄铁矿及部分灰分矿物质是顺磁性物质。1932 年，Frantz 等人提出了采用磁选的方法从煤中脱出黄铁矿和灰分矿物质的方法，1944 年，Wooster 等人验证了英国煤的逆磁性，随后 Honda(1957)、Bivin(1960)、Ergun(1968)、郑建中(1990)等人先后测定了不同种类的煤及煤系黄铁矿、煤中矿物质的比磁化率。煤中主要矿物的比磁化率参见表 12-1。

表 12-1　　煤中主要矿物的比磁化率

组　分	比磁化率/(×10⁻⁹ m³/kg)	组　分	比磁化率/(×10⁻⁹ m³/kg)
黄铁矿	3.4	方解石	12.0
磁黄铁矿	强磁性	黏　土	250～490
褐铁矿	700	页　岩	490～570
菱铁矿	4 000	砂　岩	180～250
铁的硅酸盐	1 260	煤	−5.0

受磁选技术发展状况的限制，早期细粒煤磁选研究大都采用的是低磁场强度和低磁场梯度的磁选设备，通过试验人们认识到，要得到良好的磁选脱硫效果，必须做到以下两点：① 将煤细粉碎使得其中的硫化矿物质等充分解离；② 磁选前采用煤系矿物磁性强化技术以增大硫化矿物的比磁化率。从20世纪70年代初期开始，美国、英国等多个发达国家的研究机构分别开展了细粒煤高梯度磁选研究，美国还建立了小时处理能力1 t的煤粉干法高梯度磁选连续中试系统。我国对煤炭磁选脱硫的研究工作开展的较少。

到目前为止，煤炭磁选脱硫技术虽然在实验室层面开展的比较广泛和深入，但真正的工业性应用却并未出现。其中存在的主要问题有：① 由于黄铁矿的磁性较弱和煤结构及组成的复杂性，现有的高梯度磁选设备并不适用于煤和黄铁矿的分离；② 大多数研究采用的是周期式（批处理形式）高梯度磁选机，连续生产的半工业性试验很不成熟；③ 缺乏洁净、高效、经济的选前黄铁矿表面磁性强化技术；④ 就湿法高梯度磁选而言，煤浆浓度仍然偏低，而干法磁选仍未很好地解决微粉煤的黏结成团现象，同时两者的处理量均很低，不能满足大规模工业化生产的需要。

思考题

1. 强磁性矿物和弱磁性矿物的磁性各有什么特点？
2. 弱磁性铁矿石磁化焙烧的方法有哪些？
3. 磁系的类型有哪些？各有什么特点？
4. 闭合磁性单层分选空间磁极对的形状及其磁场特征是什么？
5. 磁选机是如何分类的？主要的磁选设备有哪些？
6. 矿物在电场中的带电的方法有哪几种？其原理是什么？

第十三章　固液与尾矿处理

选矿生产中,矿石分选一般都是采用湿法分选,所得的产物都是以固、液两相流体的形式存在,绝大多数情况下需要进行固液分离作业。所谓固液分离是指从悬浮液中分离出固相和液相物料,在生产中完成固液分离的作业称为脱水,其目的是得到含水量较少、固体含量占优的产品以及基本上不含固体的水。

固液分离按照工作原理可分为三类:① 机械分离法,是利用机械力使水分与固体分离的方法,如沉淀浓缩、过滤、重力脱水和离心脱水等;② 加热法,是利用热能使水汽化而与固体分离的方法,如干燥;③ 物理化学方法,是指利用吸水性化学品,如石灰、无水氯化钙等吸收固体物料的水分的方法。

固液分离流程按照产品的用途不同可分为以下几种:

(1) 精矿脱水。一般采用图 13-1 所示的流程。其目的是回收几乎不含固体的清水供循环使用,用于处理浮选或细粒重选精矿,以满足后续作业对原料水分的要求,或在严寒地区防止由于精矿冻结而影响装卸。采用真空过滤机进行精矿脱水后所得的湿精矿,有时还需要干燥。

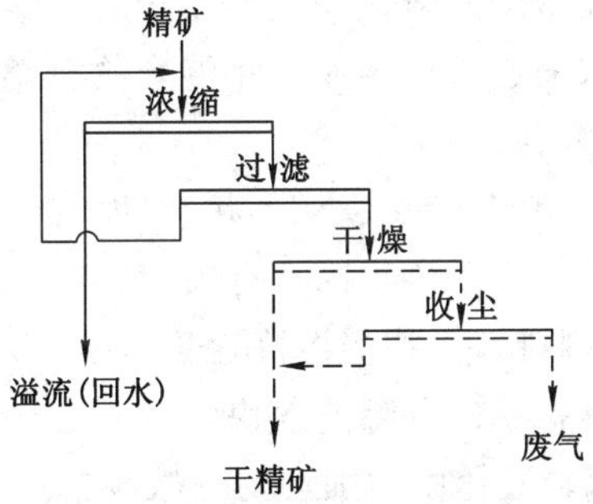

图 13-1　精矿脱水原则流程

(2) 中矿脱水。其目的是提高中矿或低品位粗精矿的矿浆浓度,为下一步作业提供浓度合适的矿浆,或回收脱出的清水,供循环使用,其原则流程如图 13-2 所示。

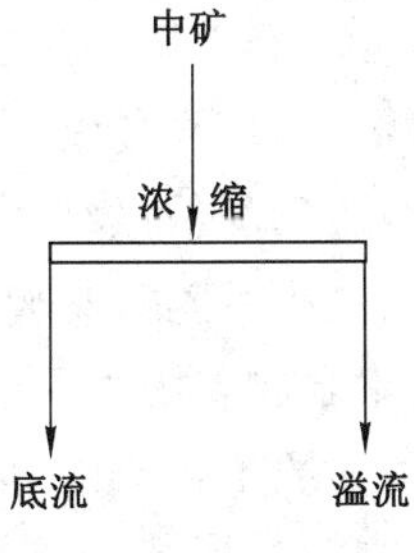

图 13-2　中矿脱水、脱泥原则流程

(3) 分级脱泥。其目的是分出矿浆中细粒或矿泥，为下一步选别作业提供合适的矿浆，或回收粗粒选矿产品，或将溢流单独处理或丢弃，其原则流程如图 13-2 所示。

(4) 尾矿脱水。分为细粒尾矿脱水(图 13-3)和粗粒尾矿脱水(图 13-4)。其目的是回收清水或固体含量很低的水，在选矿厂区域内将尾矿中多余的水脱除，供循环使用，或提高尾矿浓度，减少尾矿运输量，节约能源，提高选矿厂的经济效益。

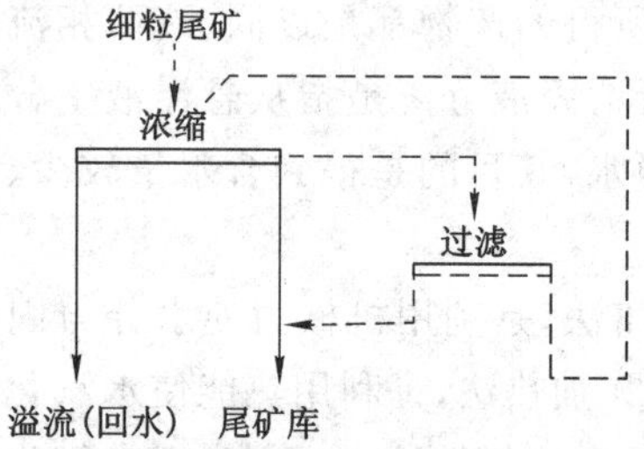

图 13-3　细粒尾矿脱水原则流程

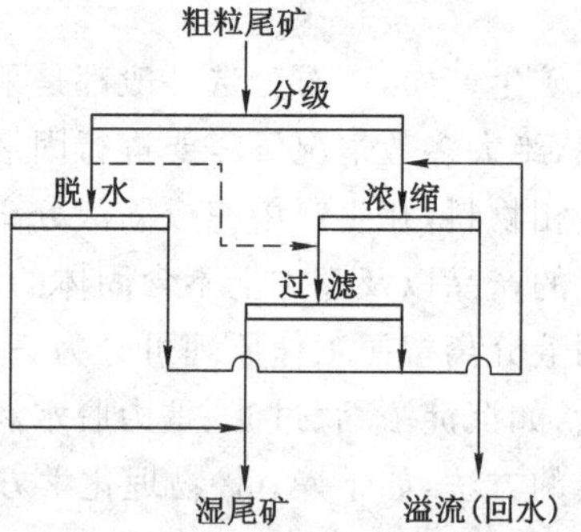

图 13-4　粗粒尾矿脱水原则流程

第一节　重力沉降浓缩

重力沉降浓缩是利用相间密度差使颗粒在重力作用下发生下沉或上浮来实现非均相混合物分离的过程。重力沉降浓缩通常作为非均相混合物分离的第一道工序，一般在沉降槽中进行，设备构造简单且容易操作。

重力沉降浓缩效果与分散相的颗粒大小、形状、浓度、连续相或介质的黏度、凝聚剂和絮凝剂的种类及用量、沉降面积、沉降距离等因素有关。

(1) 颗粒性质。同种固体颗粒，粗粒的沉降速度大于细粒；对于体积相同的颗粒，球形或近似于球形的颗粒比非球形颗粒的沉降速度快。

(2) 悬浮体系中颗粒浓度。液体中增加均匀分散颗粒的数量会减小每个单独颗粒的沉降速度。

(3) 介质性质。对于一定的固体颗粒，介质密度和黏度显著影响沉降速度，介质密度与颗粒密度差异越大，介质的黏度越小，颗粒的沉降速度就越大。通过调节温度可改变介质的黏度，温度升高会降低介质黏度，因而可提高沉降速度。

(4) 凝聚剂和絮凝剂的种类和用量。凝聚剂主要为无机电解质，如硫酸、硫酸铝、碱式聚合硫酸铝、氢氧化钙等，在各种凝聚剂中，聚合物凝聚剂作用效果最好。凝聚剂是通过消除或压缩固体悬浮颗粒表面的双电层，达到降低微细颗粒间排斥能目的的。一般来说，凝聚对微细颗粒作用明显，产生的凝聚体粒度小、密实、易碎，但碎后可重新凝聚。絮凝的机理则是利用含有多个极性官能团的高分子聚合物，通过架桥作用使多个颗粒形成絮团。絮凝体的特点是粒度大、疏松、强度大，但碎后一般不再成团，即絮凝过程是不可逆的。工业上广泛应用的絮凝剂为聚丙烯酰胺及其衍生物。凝聚剂和絮凝剂的选择应根据具体情况以及实际应用效果而定。

(5) 沉降容器。沉降槽的分离效率随物料在容器中停留时间的增加而提高,但停留时间延长意味着处理能力降低;通过缩短颗粒的沉降距离可在不延长停留时间或加大沉降面积的情况下提高处理能力或澄清度。

重力沉降浓缩常用的设备有沉降池、耙式浓缩机(分为中心传动式耙式浓缩机和周边传动式耙式浓缩机)、高效浓缩机、深锥浓缩机、多层倾斜板浓缩机等。图 13-5 为中心传动式耙式浓缩机,其主要组成部分包括浓缩池、耙架、传动装置、耙架提升装置、给料装置以及卸料斗等,其国产规格为直径 3 m、6 m、9 m、12 m、15 m、20 m。

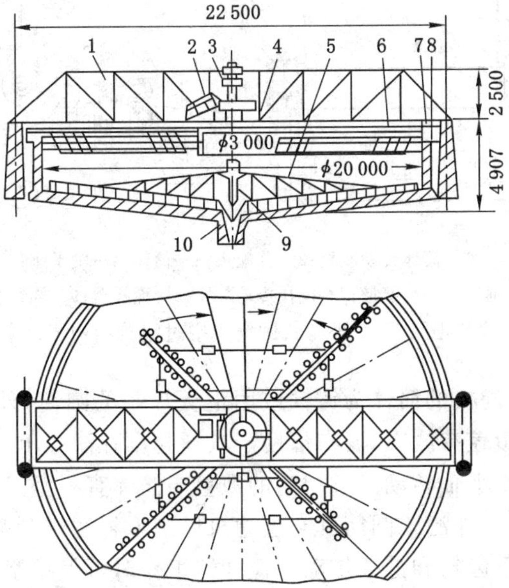

1—衔架;2—传动设备;3—耙架提升系统;4—受料筒;5—耙架;
6—倾斜板;7—浓缩池;8—环形溢流槽;9—竖轴;10—卸料斗。

图 13-5　中心传动式耙式浓缩机(尺寸单位:mm)

耙式浓缩机具有构造简单、操作方便等优点,广泛应用于浓缩各种固体物料,其缺点是占地面积较大,物料粒度大时易于堵塞底部,不能处理粒度大于 3 mm 的物料。

第二节　过　　滤

过滤在悬浮液分离中应用较多,其中,过滤用的悬浮液称为滤浆或料浆,分离所得的清液为滤液,截留在过滤介质上的颗粒层称为滤饼或滤渣。过滤是分离非均相混合物的常用方法,是借助过滤介质和压强差对矿浆进行固液分离的过程,其物理实质是流体通过多孔介质以及颗粒床层的流动过程,所用的基本构件是具有微细孔道的过滤介质。

过滤机是实现过滤的设备,影响过滤机生产能力的因素包括过滤机的推动力、料浆性质、过滤介质性质以及助滤剂的种类和用量等。值得注意的是,浮选药剂也是影响滤饼水分含量和过滤机生产效率的重要因素之一,如脂肪酸类捕收剂和起泡剂可使矿浆黏度增加,给过滤带来困难,石灰用量过大时也会导致过滤困难。

选矿厂所用的过滤机主要有陶瓷过滤机、圆筒真空过滤机、圆盘式真空过滤机、折带式真空过滤机、永磁真空过滤机、带式压滤机等，其中圆筒真空过滤机是金属矿选矿厂应用最多的脱水设备。圆盘式真空过滤机和陶瓷过滤机适用于过滤细粒产物；折带式真空过滤机改变了卸料方式，过滤效果好而且设备的生产能力都有所提高；圆筒真空过滤机可分为内滤式和外滤式两种，按照内部结构又可分为有格式和无格式两种，按照卸料方式又可分为折带卸料和刮刀卸料两种。外滤式圆筒真空过滤机的结构如图 13-6 所示。该类过滤机是一种连续性的过滤机，可将过滤、洗涤、去饼等操作在同一回转的装置中同时完成。

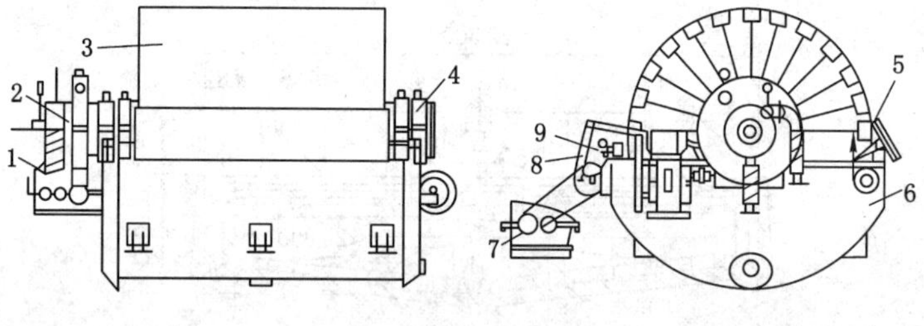

1—筒体传动装置；2—分配头；3—筒体；4—轴承座；
5—刮刀；6—料浆槽；7—搅拌传动装置；8—搅拌器；9—绕线装置。

图 13-6 外滤式圆筒真空过滤机结构图

外滤式圆筒真空过滤机的筒体为铸铁或用钢板焊制的圆筒，外表面以槽形格子分割成若干过滤室，格子板上覆盖有滤布，滤布借助于铁丝扎牢在滤板上。筒体的下部浸入料浆槽中，经齿轮系统传动绕水平轴转动。过滤室的数量与筒体直径呈正相关关系，即直径大的筒体则过滤室的数量也多。外滤式圆筒真空过滤机以刮刀将滤饼刮落，料浆槽内装有搅拌器，位于筒体以下，借助扇形齿轮和链条传动。搅拌器工作时可使矿浆在槽内保持悬浮状态。

分配头是过滤机的重要部分，分为平面接触式和圆柱面接触式两种结构形式，前者是大多数过滤机采用的结构形式，后者磨损后不易修复，且容易被矿粒卡住，因此应用较少。滤液通过分配头排出，并在过滤过程中交错进行抽吸与压气，使矿浆形成滤饼，并由真空抽吸状态变为被压气吹落状态，有效控制过滤作业顺序。

内滤式圆筒真空过滤机结构如图 13-7 和图 13-8 所示。该类过滤机的内表面即为过滤面，当矿浆给到筒体内，在重力的作用下粗粒物料首先沉积于滤布上，形成间隙较大的粗粒料层，随着细粒物料逐渐沉积，在孔隙中发生“架桥现象”，使小于孔道的细粒物料也被拦住，提高过滤效果；滤饼过滤过程中真正发挥作用的是滤饼层，而不是过滤介质，因此，内滤式圆筒真空过滤机在形成滤饼时除了依靠真空作用外还可借助物料沉降作用，在过滤易沉降的物料时可获得较高的生产能力，对过滤粗粒物料和磁性团聚现象严重的磁铁矿尤为适宜。该类型过滤机具有较大的滤布清洗区，滤饼卸载后可有较长的清洗时间来恢复滤布的透气性。

内滤式圆筒真空过滤机的工作原理与外滤式圆筒真空过滤机的工作原理相同，前者的内滤面分为多个滤室，通过真空管对滤室进行抽吸和吹气，真空管与分配头相连，分配头的原理与后者相同。筒体旋转一周，可完成过滤、脱水、吹风、卸料、清洗滤布的循环过程；内滤式圆筒真空过滤机的缺点是更换滤布较麻烦，机体庞大，操作中观察机内工作状况不便。

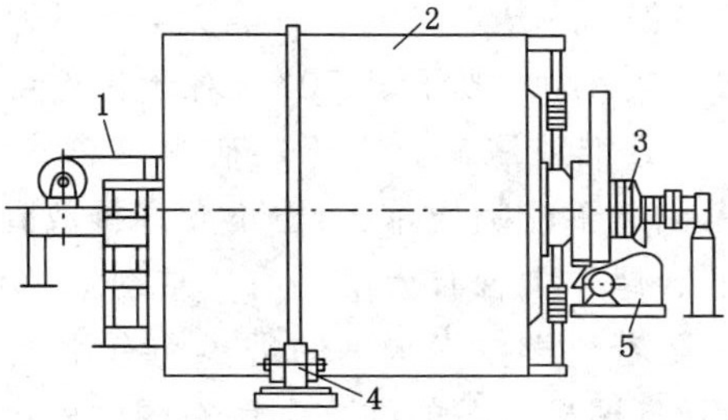

1—胶带;2—筒体;3—分配头;4—托辊;5—传动装置。

图 13-7　内滤式圆筒真空过滤机(中心胶带卸料)

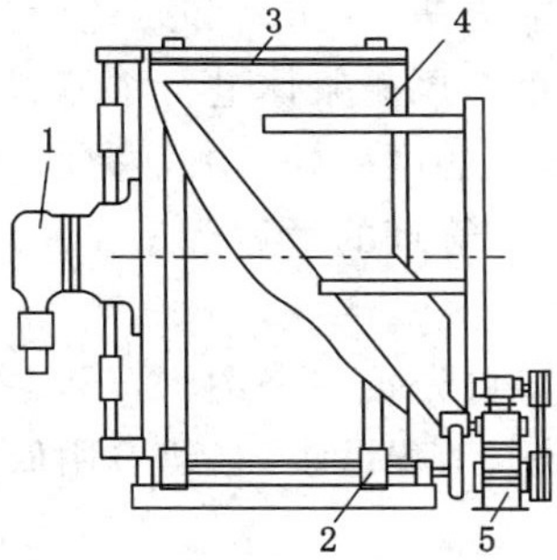

1—分配头;2—托辊;3—卸料装置;4—筒体;5—传动装置。

图 13-8　内滤式圆筒真空过滤机(溜槽卸料)

第三节　干　　燥

干燥是指含有水分或其他溶剂的湿物料,受热之后使其中的水分或其他溶剂汽化,除去湿分的过程。与浓缩、过滤等机械脱液分离过程不同,干燥是一个传热传质的过程,可较彻底地除去物料的水分。由于干燥比机械去湿法的能耗大、费用高,故只对精矿水分有特殊要求的产品考虑干燥。

工业生产中常用的干燥设备有圆筒干燥机、流化床干燥器、振动式载体干燥机和旋转闪蒸干燥机等。圆筒干燥机是矿业中应用最普遍且广泛的一种干燥设备,应用于干燥金属和非金属矿的磁、重、浮选精矿以及水泥行业的黏土和煤炭工业的煤泥等,具有生产效率高、操作方便的优点。流化床干燥器也被称为沸腾床干燥器,可用来处理散粒物料或均匀小块物料;当流化床干燥器处理的干燥颗粒粒度较大、密度较重,同时又只需较小的热空气流量时,空气的流速不足以形成物料的流化状态,可采用机械振动的方法处理,使流化床的床面产生高频率的振动,也能使物料产生流化的效果,称为振动流化床,其优点是可用机械振动的参数严格控制物料在流化床面上的向前运动速度和停留时间,达到均匀干燥的目的。

第四节　选矿尾矿处理

原矿在选矿厂经过准备作业、选别作业获得精矿后,尾矿则以矿浆的状态排出,对于有色金属选矿厂,精矿产率一般仅为 10%~20%,换言之,产率为 80%以上以尾矿形式被排出,铁矿石或锰矿石产率相对较小,一般不足 50%,对于生产年限和服务年限较长的选矿厂,必须有一个场地很大的地方堆放尾矿。由于尾矿中常含大量药剂或有害物质,会对人体、牲畜、鱼类、农田等有害,因此不能随便排放,也不允许排放到江流湖泊。

尾矿的概念又是相对的。尾矿中含有大量的有用成分,必须妥善贮存的另一个原因是考虑将来再利用的可能性。随着科学技术水平的进步和有用组分价格的上升,其中的部分有用成分可能得到综合利用,且尾矿资源的综合利用在国内外已经有诸多实例。

一、尾矿库的形式

尾矿贮存的方式取决于尾矿的粒度组成和水分含量。重选厂排出的粗粒尾矿可采用矿车、胶带输送机、索道和铁路等运输方法,浮选厂和磁选厂排出的尾矿为浆体,一般采用砂泵运输,通过管道运送至尾矿库,也可对尾矿浆体进行浓缩、压滤后堆置。

目前,多数选矿厂采用的最广泛的尾矿处理方法是将尾矿堆存在专门修筑的尾矿库内,其中,筑坝和维护坝的安全是尾矿库管理的最重要工作。尾矿库分为山谷型、山坡型和平地型三种类型。

山谷型尾矿库是在山谷的出口首先筑一个主坝,子坝在主坝之上向上游一侧按一定的坡度逐次增高。其特点是初期坝短,工程量小,基建费用低,尾矿堆坝工作量小,管理维护简单,应优先选用。

山坡型尾矿库的初期坝平面形式是利用山坡阶地二面或三面贮坝。其特点是初期坝长,工程量大,基建费用高,尾矿堆坝工作量大,尾矿维护复杂,安全性差,只有在无合适的山谷作尾矿库时才选用。

平地型尾矿库的初期坝平面形式是在平地四面贮坝。其特点与山坡型尾矿库基本相同。

二、尾矿坝

尾矿坝是尾矿设施中最重要的组成部分,直接关系到尾矿库安全。尾矿库应尽量靠近选矿厂,减少尾矿的运输距离,以自流为宜,需要扬送时应尽可能减少扬送高度;筑坝之前应进行工程地质评价,确保坝址以下的土层和岩石结构可靠。尾矿库的初期坝可采用土、石材筑成,应透水,初期坝是在选矿厂基建时建成的,设计时一般只考虑堆存一年左右的尾矿量,以后的尾矿量靠选矿厂投产后的尾矿和附近的黏土堆坝来解决。

建筑尾矿坝比较常见的方法为上游筑坝法和下游筑坝法。

(一)上游筑坝法

上游筑坝法建成的尾矿库如图 13-9 所示,山谷型尾矿库多采用这种方法。这种方法是初期坝建在最下游点,子坝在基坝之上向上游一侧按一定的坡度逐渐增高,尾矿经管道进入初期坝的顶部,必要时经旋流器分级,然后经支管均匀排放到尾矿坝内,尾矿中粗粒部分在坝体附近沉积下来,而细粒部分则随矿浆一起流到池中央,随着尾矿排入;初期坝形成的库容填满时,子坝则利用尾矿中粒度较粗的部分筑成而增加坝体高度,以增加新的库容。尾矿库的中央设置溢流井,库内澄清水通过溢流井进入排水管道排出,这部分水通常作为选矿厂的回水使用。利用尾矿堆积子坝直至达到设计高度,子坝堆成时要经过压实,并调整尾矿排放管的位置。

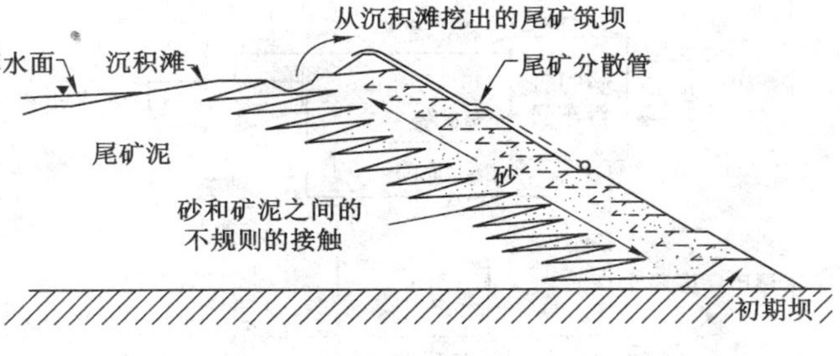

图 13-9　上游筑坝法建成的尾矿库

要严禁在尾矿坝的外层种植根深的植物，以免坝体吸吮大量水分，导致坝体的润湿程度增加从而降低坝体的稳定性。从环境保护的目的出发，可在坝体外层覆盖一层优质表土，种植草类植物。

（二）下游筑坝法

这种方法是利用粗粒尾矿在初期坝的基础上沿中心线向下游方向移动来堆筑后期坝的方法，如图 13-10 所示。大型尾矿坝多采用这种方法加高后期坝和增加库容，选矿厂初期投产利用尾矿堆坝，尾矿量不能满足需求时就需要在附近取土或采场运出的废石填方，这种筑坝方法安全可靠，但筑坝费用较高，需要人长期筑坝。

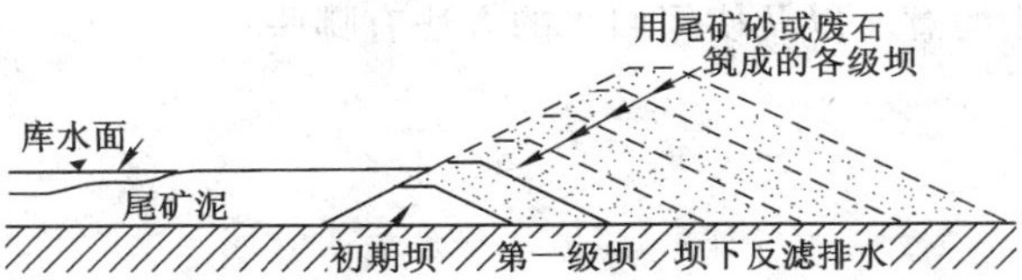

图 13-10　下游筑坝法建成的尾矿库

三、尾矿水的循环利用

回水利用设施也是整个尾矿设施中的重要环节。使用回水后新鲜水的用量会大幅降低，水源供水不足的矛盾可得到缓和，尾矿水对环境的污染也可以大大降低。磁选厂或重选厂的尾矿经浓缩机处理后溢流可作为回水循环使用，不仅不影响选矿过程，而且还可大大降低新鲜水的耗量，有利于提高经济效益。浮选厂的回水利用比较复杂，尾矿水中含有剩余药剂制约了回水的利用。随着选矿技术的发展，选矿厂规模逐渐扩大，环境污染问题急需解决，回水的利用日益受到重视。

使用回水的方法有以下两种：

(1) 尾矿经浓缩机浓缩后，浓缩机的溢流作为回水使用，底流送到尾矿库，回水率可达 40%～70%，适用于重选厂或磁选厂。这种方法的优点是可减少输水管道的长度和动力消耗，减少尾矿矿浆的输送量，缺点是回水质量较差。

(2) 尾矿矿浆全部输送到尾矿库，经过较长时间的沉淀和分解后澄清水经溢流井用管道再送回选矿厂，回水率可达 50%。这种方法的优点是回水水质好；缺点是回水的管路较长，动力消耗大，经营费用较高。

图 13-11 为尾矿库溢流回水循环使用示意图。

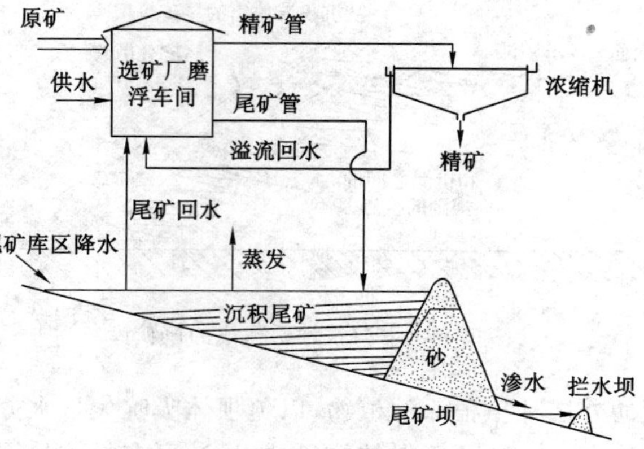

图 13-11　尾矿库溢流回水循环使用示意图

思　考　题

1. 选矿产品固液分离的工艺流程主要有哪些？
2. 常用的过滤设备和干燥设备有哪些？
3. 尾矿回水利用的意义以及使用回水的方法有哪些？

参考文献

[1]《尾矿设施设计手册》编写组.尾矿设施设计手册[M].北京:冶金工业出版社,1998.
[2]《选矿手册》编辑委员会.选矿手册[M].北京:冶金工业出版社,1991.
[3] 蔡永乐,胡创义.矿井通风与安全[M].2版.北京:化学工业出版社,2013.
[4] 曹树刚,勾攀峰,樊克恭.采煤学[M].北京:煤炭工业出版社,2017.
[5] 陈炎光,徐永圻.中国采煤方法[M].徐州:中国矿业大学出版社,1991.
[6] 程卫民.矿井通风与安全[M].北京:煤炭工业出版社,2016.
[7] 初明祥,李万江.井巷工程[M].北京:煤炭工业出版社,2014.
[8] 东兆星,刘刚.井巷工程[M].3版.徐州:中国矿业大学出版社,2013.
[9] 董立国.巷道施工技术[M].北京:煤炭工业出版社,2018.
[10] 杜计平,孟宪锐.采矿学[M].2版.徐州:中国矿业大学出版社,2014.
[11] 段希祥.破碎与磨矿[M].北京:冶金工业出版社,2012.
[12] 高永涛,吴顺川.露天采矿学[M].长沙:中南大学出版社,2010.
[13] 郭军杰,冯拥军.井巷工程[M].2版.北京:煤炭工业出版社,2014.
[14] 郭忠平,臧传伟.采煤概论[M].北京:煤炭工业出版社,2015.
[15] 胡为柏.浮选[M].北京:冶金工业出版社,1989.
[16] 胡熙庚,黄和慰,毛钜凡,等.浮选理论与工艺[M].长沙:中南工业大学出版社,1991.
[17] 胡湘宏.巷道施工[M].北京:煤炭工业出版社,2018.
[18] 胡岳华,冯其明.矿物资源加工计算与设备[M].北京:科学出版社,2006.
[19] 胡岳华.矿物浮选[M].长沙:中南大学出版社,2014.
[20] 姬长生.露天采矿方法[M].徐州:中国矿业大学出版社,2014.
[21] 解世俊.金属矿床地下开采[M].2版.北京:冶金工业出版社,2006.
[22] 李开学,张建超,陈拓琪.巷道施工[M].徐州:中国矿业大学出版社,2018.
[23] 李启衡.破碎与磨矿[M].北京:冶金工业出版社,1983.
[24] 李耀永.矿井通风与安全[M].2版.北京:中国劳动社会保障出版社,2018.
[25] 卢寿慈.矿物浮选原理[M].北京:冶金工业出版社,1998.
[26] 卢义玉.井巷工程设计与施工[M].北京:科学出版社,2010.
[27] 卢义玉,王克全,李晓红.矿井通风与安全[M].重庆:重庆大学出版社,2006.
[28] 罗茜.固液分离[M].北京:冶金工业出版社,1997.
[29] 骆中洲.露天采矿学:上册[M].徐州:中国矿业大学出版社,1986.
[30] 钱鸣高,石平五,许家林.矿山压力与岩层控制[M].徐州:中国矿业大学出版社,2010.
[31] 任凤玉.金属矿床地下开采[M].3版.北京:冶金工业出版社,2018.
[32] 宋子岭.露天开采工艺[M].徐州:中国矿业大学出版社,2015.
[33] 孙玉波.重力选矿[M].北京:冶金工业出版社,1993.

[34] 孙仲元.磁选理论[M].长沙:中南工业大学出版社,1987.
[35] 王常任.磁电选矿[M].北京:冶金工业出版社,1986.
[36] 王德明.矿井通风与安全[M].徐州:中国矿业大学出版社,2012.
[37] 王淀佐.浮选剂作用原理及应用[M].北京:冶金工业出版社,1982.
[38] 王淀佐,卢寿慈,陈清如,等.矿物加工学[M].徐州:中国矿业大学出版社,2003.
[39] 王淀佐,邱冠周,胡岳华.资源加工学[M].北京:科学出版社,2005.
[40] 魏德洲.固体物料分选学[M].北京:冶金工业出版社,2009.
[41] 谢广元.选矿学[M].徐州:中国矿业大学出版社,2012.
[42] 徐永圻.煤矿开采学[M].徐州:中国矿业大学出版社,1999.
[43] 徐永圻.采矿学[M].徐州:中国矿业大学出版社,2003.
[44] 杨荣新.露天采矿学:下册[M].徐州:中国矿业大学出版社,1990.
[45] 姚书典.重选原理[M].北京:冶金工业出版社,1992.
[46] 张先尘,钱鸣高.中国采煤学[M].北京:煤炭工业出版社,2003.
[47] 赵兴东.井巷工程[M].北京:冶金工业出版社,2010.
[48] 周英.采煤概论[M].北京:煤炭工业出版社,2006.
[49] 周英.采煤概论[M].2版.北京:煤炭工业出版社,2015.
[50] 朱建光.浮选药剂[M].北京:冶金工业出版社,1993.